**福建省高等学校计算机规划教材**
福建省高等学校计算机教材编写委员会　组织编写

# 大学计算机基础
## ——走进智能时代实验指导

主　编　徐　涛
副主编（以姓氏笔画为序）
王明令　叶福兰　江速勇

厦门大学出版社 XIAMEN UNIVERSITY PRESS
国家一级出版社
全国百佳图书出版单位

**图书在版编目（CIP）数据**

大学计算机基础：走进智能时代实验指导 / 徐涛主编. -- 厦门：厦门大学出版社，2021.12(2023.7 重印)
ISBN 978-7-5615-8416-3

Ⅰ. ①大… Ⅱ. ①徐… Ⅲ. ①电子计算机—教材 Ⅳ. ①TP3

中国版本图书馆CIP数据核字(2021)第255155号

出版人　郑文礼
策划编辑　宋文艳
责任编辑　眭　蔚
封面设计　李嘉彬
技术编辑　许克华

出版发行　厦门大学出版社
社　　址　厦门市软件园二期望海路 39 号
邮政编码　361008
总　　机　0592-2181111　0592-2181406(传真)
营销中心　0592-2184458　0592-2181365
网　　址　http://www.xmupress.com
邮　　箱　xmup@xmupress.com
印　　刷　厦门市明亮彩印有限公司

开本　787 mm×1 092 mm　1/16
印张　16
字数　380 千字
版次　2021 年 12 月第 1 版
印次　2023 年 7 月第 3 次印刷
定价　39.00 元

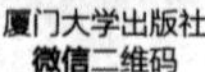
厦门大学出版社
微信二维码

厦门大学出版社
微博二维码

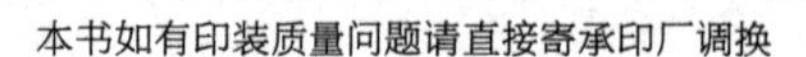

# 前言

信息社会里，个人对于信息的获取、表示、存储、传输、处理、控制和应用越来越成为一种最基本的生存能力，也被社会作为衡量一个人文化素质高低的重要标准。党的二十大报告指出："教育、科技、人才是全面建设社会主义现代化国家的基础性、战略性支撑。"因此，在大学教育中计算机应用能力是当代大学生知识结构中不可或缺的部分。

本书作为《大学计算机基础——走进智能时代》教材的配套实验指导书，反映了信息技术的发展现状与实践的实际需求，采用了与国家计算机等级考试(简称"国考")接轨的 Windows 7＋Office 2016 版本。全书的章节以实验项目方式进行设计，包含六个大实验项目和 3 套模拟试卷，每个大的实验项目包含基础实验与拓展实验两大部分。实验的设计不是单一、片段、零散的功能操作练习，而是通过创设问题与活动情境，关联书本知识与实际事物和背景，将知识点与典型应用场景融合设计综合案例，循序渐进，逐步深入，激发学生的学习兴趣，达到综合应用、解决实际问题的目标，从而锻炼学生应用所学知识解决实际问题的能力。本书实验不仅有 Office 软件的应用，还拓展了日常办公中经常使用的软件应用实验。例如，设置文件共享及打印机共享，打印机的使用，配置办公室无线网络，使用网盘存储办公文件以及移动办公设备的使用等。本书提供了基础实验、拓展实验，选用本书的老师可依据各自的教学目标、进度安排、学生原有的基础以及学生实际掌握的情况，选用不同的案例进行实践教学与操作，可避免教学过程中的"一刀切"；习题与模拟题的设计与国考对接，学生可了解国考的要求，方便学生参加全国计算机等级考试(我们可以提供模拟国考的上机考试)。

本书实验项目 1、实验项目 6 由叶福兰编写，实验项目 2 由徐涛、江速勇、王明令共同编写，实验项目 5 及 3 套模拟试卷由王明令编写，实验项目 3、实验项目 4 由徐涛编写。本书由徐涛任主编，并负责全书的架构设计和统稿。

在本书的编写过程中，参考了大量的文献资料，在此对这些文献资料的作者表示感谢。

由于水平有限，加之时间仓促，书中疏漏和失当之处在所难免，恳请读者批评指正。

作　者
2023 年 7 月

请扫描下面二维码下载素材及参考答案

# 目　录

# 实验项目1　操作系统及其使用

## 1.1　操作系统基础

Windows是目前使用最为广泛的一种操作系统,其以图形化的界面使计算机操作变得直观、容易。Windows操作系统包括多个版本,本实验项目以Windows 7系统为例。通过对本实验项目的学习,可了解Windows 7操作系统相关概念,熟悉Windows 7操作系统的基本操作,掌握文件管理、磁盘管理、控制面板以及系统设置的常用方法。完成本实验项目操作主要涉及以下知识点。

### 知识点1:操作系统的基本知识

操作系统(Operating System,简称OS)是管理计算机硬件与软件资源的计算机程序。操作系统位于计算机底层硬件与用户之间,是两者沟通的桥梁。操作系统的功能包括处理器管理、存储器管理、设备管理、文件管理、作业管理等。操作系统是计算机系统软件的核心,按结构和功能分类,一般分为批处理操作系统、分时操作系统、实时操作系统、网络操作系统和分布式操作系统;按用户数目分类,一般分为单用户操作系统和多用户操作系统。

### 知识点2:Windows 7系统桌面

Windows 7系统桌面包括桌面图标、桌面背景和任务栏等,是用户与计算机进行交流的窗口,可以放置经常用到的快捷方式和文件夹图标,如图1-1所示。

图标代表一个程序、数据文件、系统文件或文件夹等对象的图形标记,用户可以根据自己的需要在桌面上建立其他应用程序或存储路径的快捷方式图标。常用的桌面图标包括计算机、网络、Internet Explorer、回收站等。

图 1-1 Windows 7 系统桌面组成

进入 Windows 7 系统后，在屏幕底部有一条狭窄条带，称为“任务栏”，主要由“开始”按钮、任务按钮区、通知区域、显示桌面等四个区域组成，如图 1-2 所示。“开始”按钮是操作计算机程序、文件夹和系统设置的主通道，用户可以通过“开始”菜单启动各种程序和文档。任务按钮区主要放置固定任务栏上的程序以及正打开的程序和文件的任务按钮。通知区域包括“时间”“音量”等系统图标和在后台运行的程序图标。

图 1-2 任务栏结构

## 知识点 3：Windows 7 系统基本操作对象

(1)窗口：Windows 7 中启动程序或打开文件夹时，系统会打开一个矩形方框，这就是窗口。Windows 7 窗口分为文件夹窗口和应用程序窗口，窗口的基本操作主要有：打开与关闭窗口、调整窗口大小、移动窗口、排列窗口与切换窗口等。不同窗口的组成元素不同，典型元素包括菜单栏、工具栏、窗口控制按钮和滚动条等。

(2)对话框：对话框是 Windows 7 系统中系统与用户对话的窗口，用于提供参数选项供用户设置。不同的对话框，其组成元素不同，图 1-3 所示为“文件夹选项”对话框。

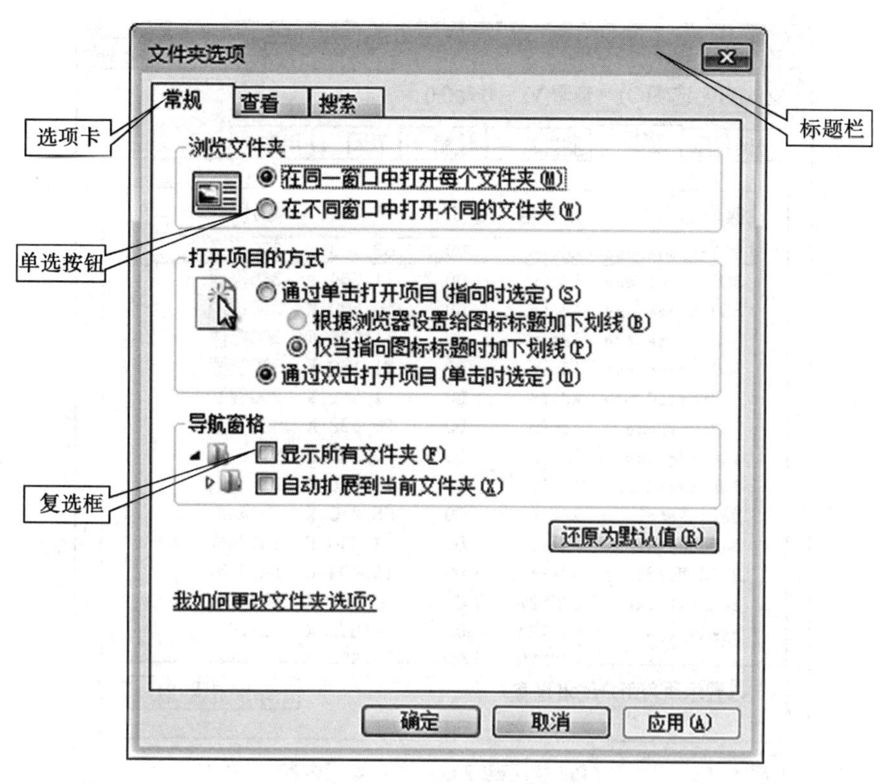


图 1-3　“文件夹选项”对话框

(3)菜单:菜单以列表形式组织命令,通过执行菜单中的命令执行操作。Windows 7 系统菜单包括“开始”菜单、窗口控制菜单、应用程序菜单(下拉菜单)和右键快捷菜单等。菜单中常用的符号含义如表 1-1 所示。

表 1-1　菜单常用符号与含义

| 名称 | 含义 |
|---|---|
| 灰色菜单 | 表示当前状态下不可使用 |
| 命令后有“…” | 表示执行该命令会弹出对话框 |
| 命令前有“●” | 表示一组命令中,有“●”标识的命令当前被选中 |
| 命令前有“√” | 表示此命令有两种状态:已执行和未执行。有“√”标识,此命令已执行;反之,未执行 |

(4)任务管理器:Windows 7 系统中,按下 Ctrl+Alt+Delete 组合键可弹出任务选项列表,执行“启动任务管理器”命令,弹出如图 1-4 所示的“Windows 任务管理器”对话框。“应用程序”选项卡可直接关闭应用程序;“进程”选项卡显示当前正在运行的进程;除此之外,通过任务管理器还可以观察当前已登录的用户数、CPU 的使用率等信息。

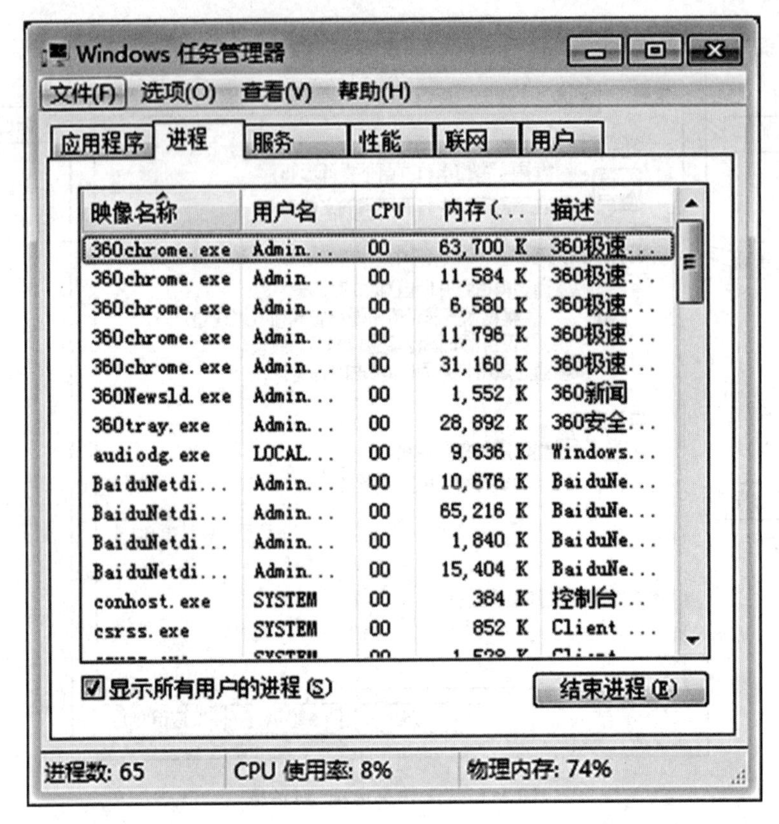


**图 1-4 Windows 任务管理器**

## 知识点 4:Windows 7 系统的文件管理

(1)文件:计算机中的程序和数据以文件的形式保存在计算机外存储器中。文件是计算机用来存储和管理信息的基本单位。文件名由主名和扩展名组成,中间用“.”隔开,主名最多由 255 个字符组成;扩展名决定了文件类型,由 3 或 4 个字符组成。文件名不能包含以下字符:“\”“/”“:”“*”“?”“|”“"”“＜”“＞”。文件的属性有三种类型:只读、存档、隐藏。

(2)文件夹:文件夹是用来组织和管理磁盘文件的一种数据结构,一般采用树状结构存储。文件夹的命名规则同文件的命名规则。

(3)资源管理器:资源管理器用于管理或查看本地计算机的所有资源,以树形文件系统结构更直观展示计算机中的文件和文件夹,同时提供了搜索功能,便于快速查找文件或文件夹,如图 1-5 所示。

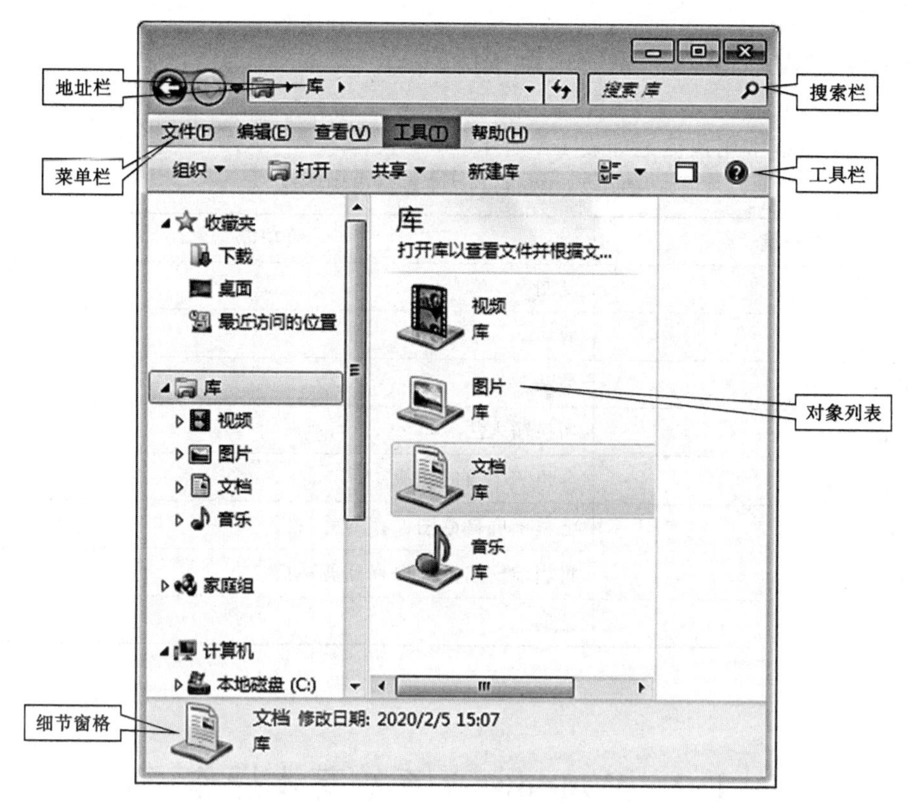


图 1-5　“资源管理器”窗口

## 知识点 5:Windows 7 系统的控制面板

控制面板是用户对计算机系统进行设置的重要工作界面,用于对设备进行设置和管理。允许用户查看并对基本的系统环境进行设置,如添加/删除软件,用户账户管理,修改日期和时间选项,添加/删除输入法,添加/删除打印机硬件设备等,如图 1-6 所示。

图 1-6　“控制面板”窗口

### 知识点 6：Windows 7 系统常用快捷键

Windows 系统常用快捷键如表 1-2 所示。

表 1-2 Windows 7 系统常用快捷键

| 快捷键 | 功能 |
|---|---|
| Ctrl+C | 复制 |
| Ctrl+X | 剪切 |
| Ctrl+V | 粘贴 |
| Ctrl+Shift | 切换输入法 |
| Shift+Space | 全角和半角的切换 |
| Print Screen | 将整个屏幕截图保存到剪贴板 |
| Alt+Print Screen | 将当前窗口截图保存到剪贴板 |
| F1 | 帮助 |

## 1.2 Windows 7 系统基本操作

### 实验 1-1 Windows 7 系统的安装

实验目的

掌握 Windows 7 系统的安装方法。

实验内容

使用闪存盘安装 Windows 7 操作系统。

实验步骤

使用闪存盘安装 Windows 7 操作系统。
步骤(1)：准备好闪存启动盘，并复制好 Windows 7 系统安装程序到闪存盘；
步骤(2)：进入 BIOS 设置，将首先启动的设备设置为 USB 设备；
步骤(3)：插好闪存盘启动计算机，选择安装 Windows 7 系统；
步骤(4)：安装过程自动完成后，拔下闪存盘重新启动计算机，即可完成安装过程。

## 实验 1-2　Windows 7 系统的启动、关闭和重启(注销)

### 实验目的

1. 掌握 Windows 7 系统的开、关机方法；
2. 掌握 Windows 7 系统重新启动(注销)方法。

### 实验内容

1. 启动 Windows 7 系统；
2. 关闭 Windows 7 系统；
3. 重新启动(注销)Windows 7 系统。

### 实验步骤

1. 启动 Windows 7 系统。

步骤(1)：连接显示器与主机电源。

步骤(2)：打开显示器电源开关。

步骤(3)：打开主机电源开关。

步骤(4)：开机后，计算机进入自检状态，显示主板型号、CPU 型号、内存容量等信息。

步骤(5)：引导 Windows 7 操作系统后，若设置了密码，则出现登录验证界面，单击用户账号出现密码输入框，输入密码后按回车键可正常进入系统；若没有设置密码，系统会自动进入 Windows 7 系统。

2. 关闭 Windows 7 系统。

步骤(1)：保存文档，关闭所有已打开的应用程序。

步骤(2)：单击“开始”按钮，弹出“开始”菜单→单击“关机”按钮，如图 1-7 所示。

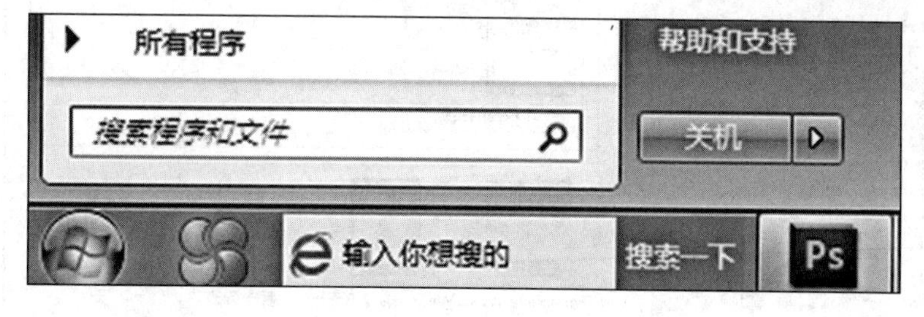


图 1-7　“关机”按钮

步骤(3)：等显示器黑屏后，按下显示器的电源开关，关闭显示器。

步骤(4)：若长时间不使用计算机，则应切断主机和显示器电源。

3. 重新启动(注销)Windows 7 系统。

步骤(1)：单击“开始”按钮，选择“关机”菜单项右侧的箭头按钮图标▶。

步骤(2)：在出现的子菜单中选择“重新启动”(或“注销”)。

## 实验 1-3 Windows 7 系统个性化设置

### 实验目的

1. 掌握 Windows 7 系统桌面背景设置；
2. 掌握调整屏幕分辨率的方法；
3. 掌握屏幕保护设置方法。

### 实验内容

1. 设置 Windows 7 系统桌面背景；
2. 调整屏幕分辨率；
3. 设置屏幕保护程序。

### 实验步骤

1. 设置 Windows 7 系统桌面背景。

步骤(1)：桌面空白处右击→在弹出的快捷菜单中选择“个性化”，弹出如图 1-8 所示窗口。

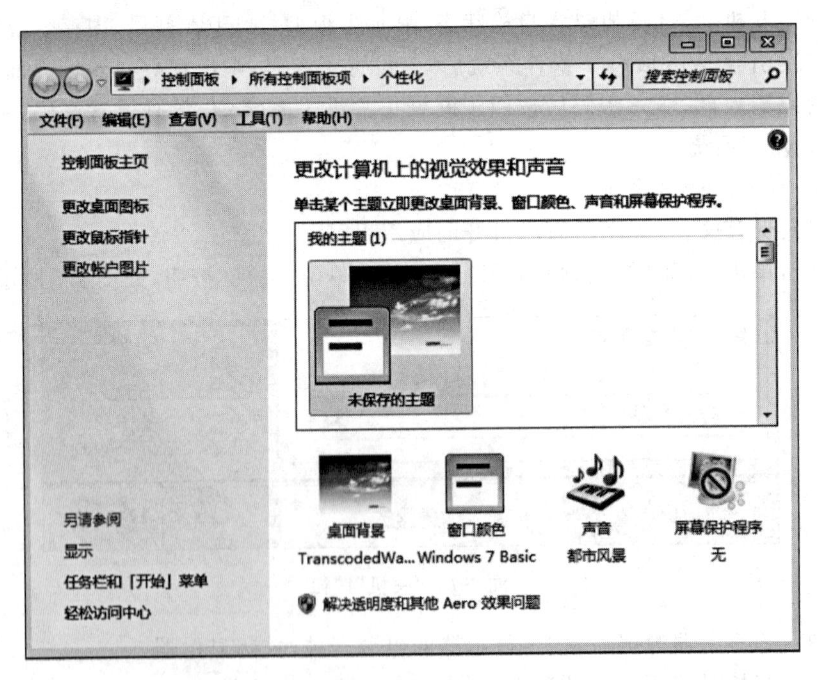


图 1-8 “个性化”窗口

步骤(2)：在“个性化”窗口中，单击“桌面背景”图标，弹出如图 1-9 所示的对话框，选择桌面背景。

图 1-9　选择桌面背景

步骤(3):选择某一背景图片,或单击"浏览"按钮选择计算机中的图片作为桌面背景。

步骤(4):单击"保存修改",完成桌面背景设置。

2. 调整屏幕分辨率。

步骤(1):桌面空白处右击→在弹出的快捷菜单中选择"屏幕分辨率",弹出如图 1-10 所示窗口。

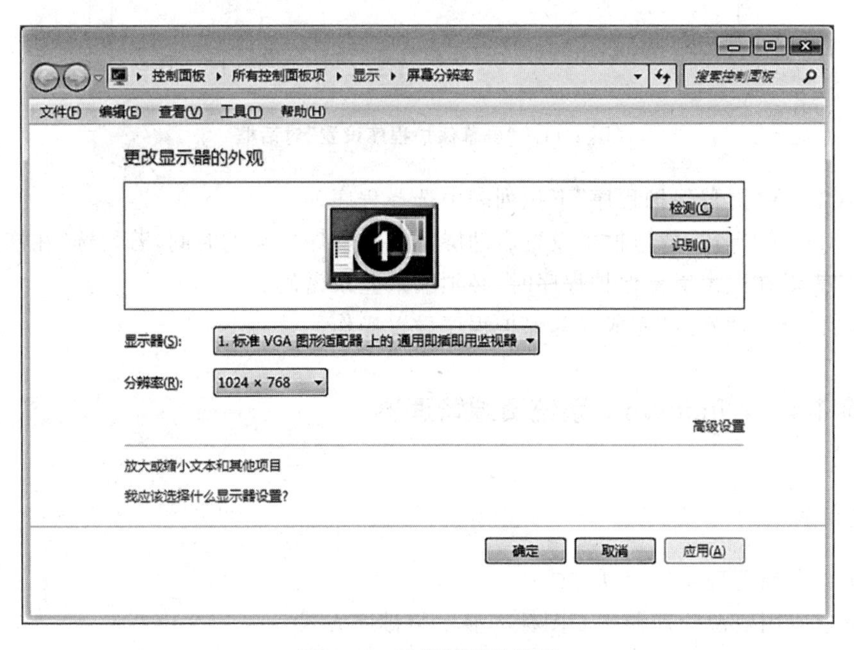


图 1-10　设置屏幕分辨率

步骤(2):在“显示器”下拉列表中,选择用于工作的显示器→在“分辨率”下拉列表中,拖动滑块以调整显示器分辨率。

步骤(3):单击“确定”,完成分辨率修改操作。

3. 设置屏幕保护程序。

步骤(1):在图 1-8 所示的“个性化”窗口中,单击“屏幕保护程序”图标,弹出图 1-11 所示的“屏幕保护程序设置”对话框。

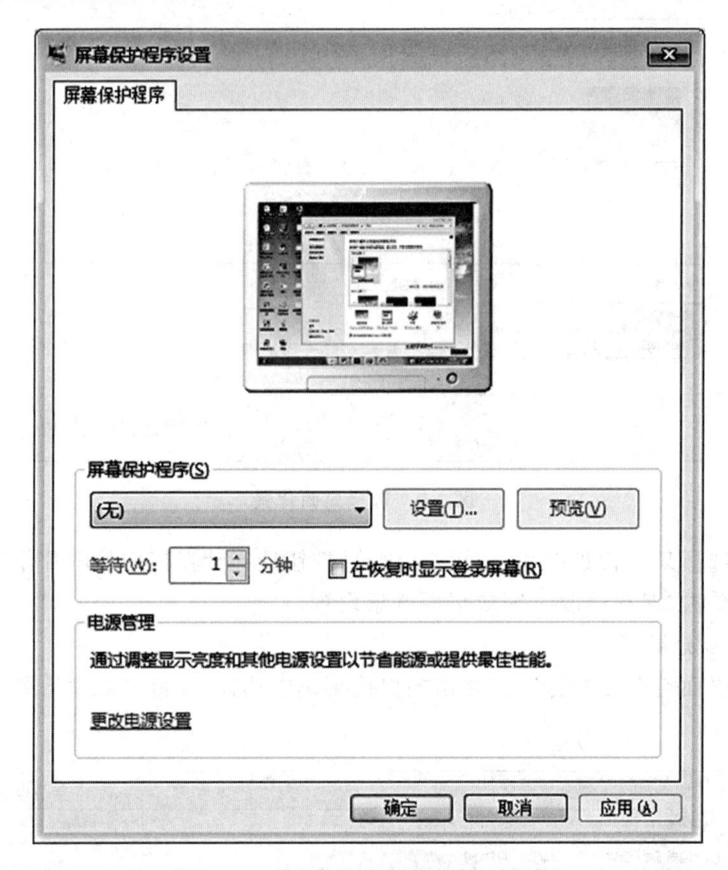


图 1-11 “屏幕保护程序设置”对话框

步骤(2):在“屏幕保护程序”下拉列表中选择程序。

步骤(3):在“等待”数值框中设置启动屏幕保护程序所需的时间,若勾选“在恢复时显示登录屏幕”表示在退出屏幕保护程序时,必须输入登录密码。

步骤(4):单击“确定”完成屏幕保护程序设置操作。

## 实验 1-4 Windows 7 系统资源管理器

### 实验目的

1. 学会资源管理器的启动方式;
2. 掌握应用资源管理器改变图标的显示与排序方式。

实验内容

1. 启动资源管理器；
2. 改变图标显示方式；
3. 改变图标排序方式。

实验步骤

1. 启动资源管理器。

法一：右击“开始”菜单→选择“打开 Windows 资源管理器”。

法二：单击“开始”→“所有程序”→“附件”→“Windows 资源管理器”。

法三：按下键盘上的 ⊞+E 组合键。

2. 改变图标显示方式。

步骤：“资源管理器”窗口的对象列表空白区域右击→选择“查看”，如图 1-12 所示，选择图标显示方式。

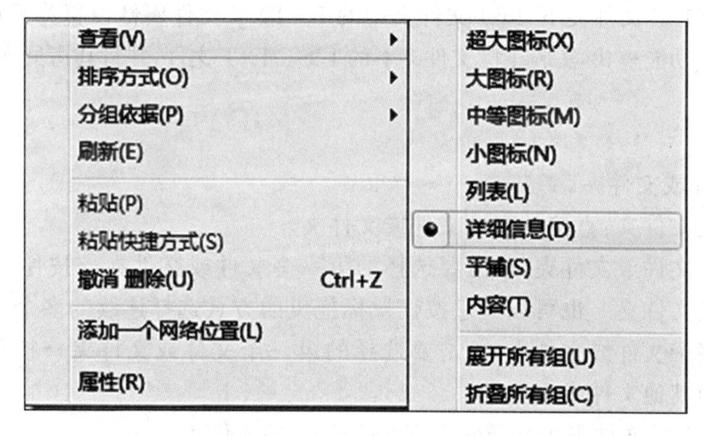


图 1-12　改变图标显示方式

3. 改变图标排序方式。

步骤：“资源管理器”窗口的对象列表空白区域右击→选择“排序方式”，如图 1-13 所示，选择图标排序方式。

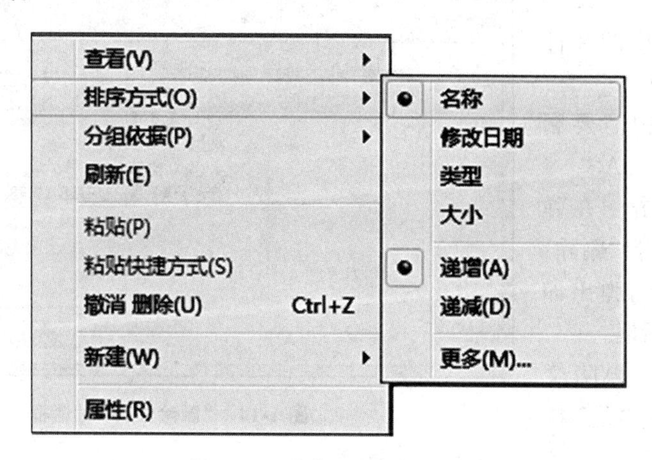


图 1-13　改变图标排序方式

## 实验 1-5 Windows 7 系统文件或文件夹管理

### 实验目的

1. 熟练掌握文件或文件夹选择、新建、重命名、移动和复制等操作；
2. 学会查找文件或文件夹。

### 实验内容

1. 选择文件或文件夹；
2. 在“实验 1-5”文件夹中新建一个名为 BEST 的文件夹；
3. 将“实验 1-5”文件夹下 TIU 文件夹中的文件 ZHUCE.BAS 删除；
4. 将“实验 1-5”文件夹下 TIU 文件夹中的 YIN.DOCX 文件复制到同一文件夹下的 TYZ 文件夹中，并重命名为 DNC.DOCX；
5. 将“实验 1-5”文件夹下 TIU 文件夹中的 FJ.TXT 文件属性设置为只读；
6. 利用查找功能查找“实验 1-5”文件夹下的 LIST.TXT 文件，并将其拷贝到 TIU 文件夹下。

### 实验步骤

1. 选择文件或文件夹。

单个文件或文件夹：直接单击该文件或文件夹。

连续的多个文件或文件夹：单击要选择的第一个文件或文件夹→按住“Shift”键→单击最后一个文件或文件夹。也可以通过按住鼠标拖曳的方式选择连续的多个文件或文件夹。

不连续的多个文件或文件夹：单击要选择的第一个文件或文件夹→按住“Ctrl”键→依次单击要选择的其他文件或文件夹。

2. 在“实验 1-5”文件夹中新建一个名为 BEST 的文件夹。

步骤(1)：打开“实验 1-5”文件夹。

步骤(2)：窗口空白处右击→“新建”→选择“文件夹”。

步骤(3)：输入文件夹名字“BEST”→按 Enter 键。

3. 将“实验 1-5”文件夹下 TIU 文件夹中的文件 ZHUCE.BAS 删除。

步骤(1)：选中需要删除的文件 ZHUCE.BAS。

步骤(2)：右击→在弹出的快捷菜单中选择“删除”(或按下 Delete 键)，弹出如图 1-14 所示的对话框。

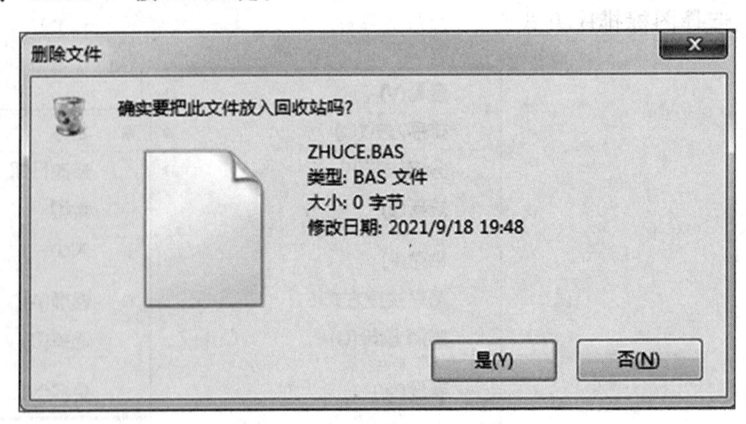


图 1-14 “删除文件”对话框

步骤(3)：在“删除文件”对话框中单击“是”按

钮，即可删除文件。

删除文件夹的方法同上。以上方法删除的文件或文件夹会被放入回收站中，通过右击回收站中的文件或文件夹，在快捷菜单中选择“还原”，如图 1-15 所示，即可将删除的文件还原回原来的位置。在以上步骤(2)操作中，若使用快捷键 Shift+Delctc，则实现文件彻底删除，文件不再放入回收站中。

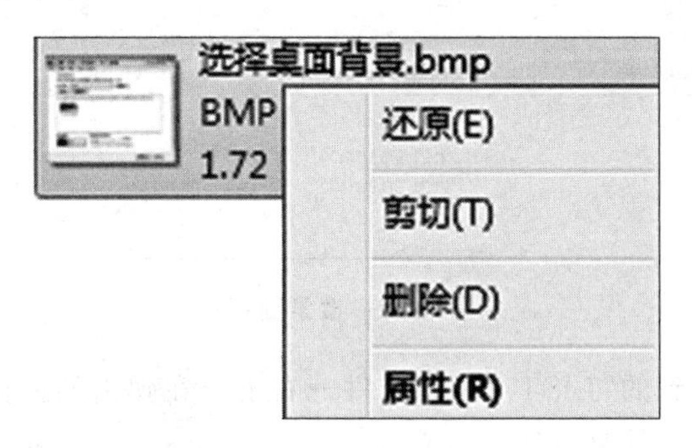


图 1-15　还原菜单

4. 将“实验 1-5”文件夹下 TIU 文件夹中的 YIN.DOCX 文件复制到同一文件夹下的 TYZ 文件夹中，并重命名为 DNC.DOCX。

步骤(1)：选中要复制的文件 YIN.DOCX。

步骤(2)：右击→在弹出的快捷菜单中选择“复制”(也可以使用快捷键 Ctrl+C)。

步骤(3)：打开目标文件夹 TYZ。

步骤(4)：空白处右击→在弹出的快捷菜单中选择“粘贴”(也可以使用快捷键 Ctrl+V)。

步骤(5)：单击需要重命名的文件 YIN.DOCX→右击→选择“重命名”→输入新的名字 DNC.DOCX→按 Enter 键，即可完成文件或文件夹的重命名。

5. 将“实验 1-5”文件夹下 TIU 文件夹中的 FJ.TXT 文件属性设置为只读。

步骤(1)：选中要修改属性的文件 FJ.TXT。

步骤(2)：右击→在弹出的快捷菜单中选择“属性”。

步骤(3)：在打开的如图 1-16 所示窗口，选中“只读”复选框。

步骤(4)：单击“确定”，完成文件属性修改操作。

6. 利用查找功能查找“实验 1-5”文件夹下的 LIST.TXT 文件，并将其拷贝

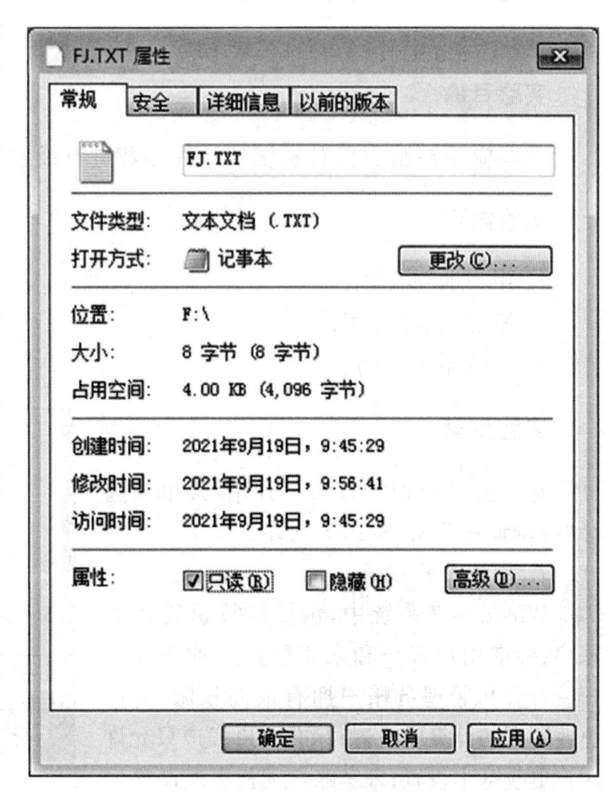


图 1-16　修改属性

到 TIU 文件夹下。

步骤(1):打开“实验 1-5”文件夹,在其右侧搜索中(如图 1-17)输入“LIST.TXT”,按下 Enter 键,系统自动搜索文件。

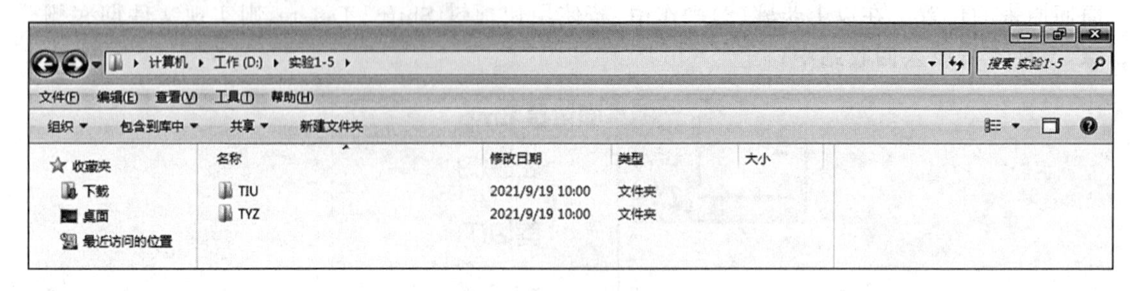


图 1-17 搜索窗口

步骤(2):选中搜索到的“LIST.TXT”文件→右击→在弹出的快捷菜单中选择“复制”。

步骤(3):打开目标文件夹 TIU。

步骤(4):空白处右击→在弹出的快捷菜单中选择“粘贴”,完成操作。

有时不一定记得文件或文件夹的全名,可以借助通配符“*”或“?”实现模糊查找,“*”代表一个或多个任意字符,“?”只代表一个字符。如“? c*.bmp”表示第二个字符为 c 的 bmp 图片文件。

## 实验 1-6 使用控制面板

### 实验目的

掌握应用控制面板对系统软硬件参数进行设置。

### 实验内容

1. 用户账户设置;
2. 添加/删除程序;
3. 修改系统时间。

### 实验步骤

打开控制面板的方法:“开始”菜单→选择“控制面板”,如图 1-18 所示。

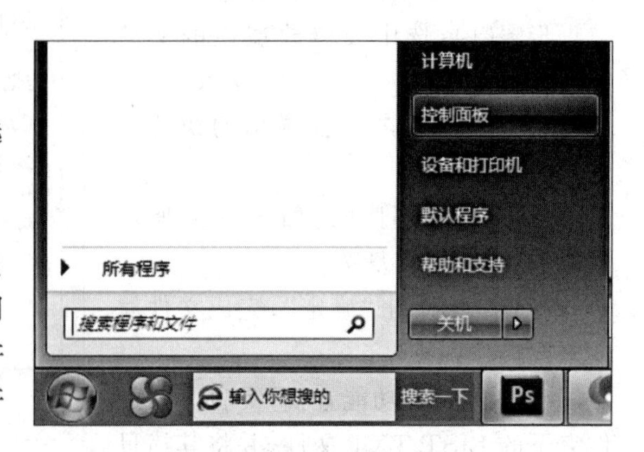


图 1-18 打开控制面板

1. 用户账户设置。

Windows 7 系统中,包括计算机管理员账户、标准用户账户和来宾账户三种类型用户。计算机管理员账户拥有最高权限,允许更改所有的计算机设置;标准用户账户只允许用户更改基本设置;来宾账户无权更改设置。

创建新用户步骤如下:

步骤(1):用计算机管理员账户身份登录计算机。

步骤(2):打开“控制面板”窗口。

步骤(3):单击“用户账户”按钮,在弹出窗口中选择“创建一个新账户”。

步骤(4):在弹出的如图 1-19 所示窗口中输入新账户名。

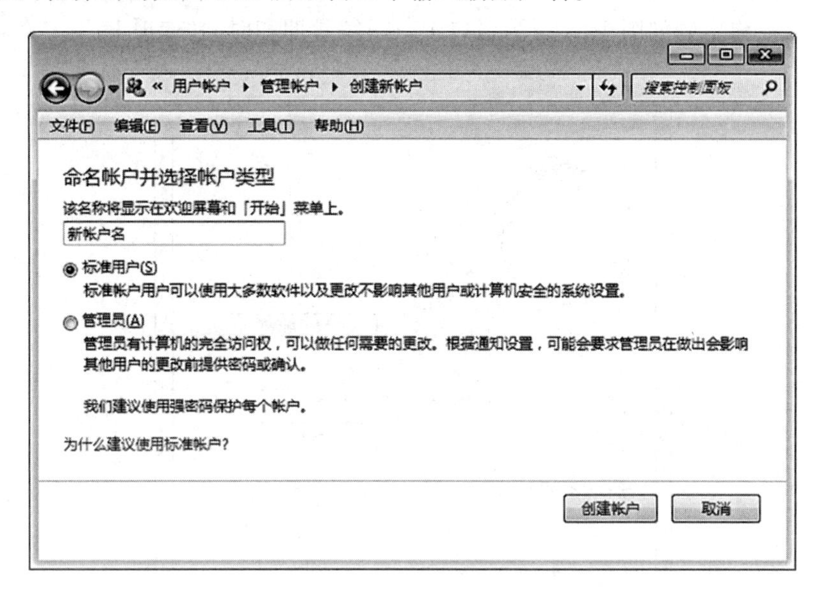


图 1-19　创建新账户

步骤(5):单击“创建账户”按钮,完成新账户创建步骤。

2. 添加/删除程序。

若需要添加程序,下载需要安装的应用程序,找到安装包中扩展名为“.exe”的安装文件,双击安装文件,根据安装向导,完成应用程序安装。

卸载应用程序步骤如下:

步骤(1):打开“控制面板”窗口→单击“程序”按钮→单击“程序和功能”按钮。

步骤(2):在弹出的如图 1-20 所示窗口中,右击需要卸载的应用程序名称。

图 1-20　卸载程序

步骤(3):在弹出的快捷菜单中选择“卸载”。

步骤(4):根据提示完成程序卸载相关步骤。

3. 修改系统时间。

步骤(1):打开“控制面板”窗口→单击“时钟、语言和区域”按钮→单击“日期和时间”按钮。

步骤(2):在弹出的如图1-21所示窗口中,选择“日期和时间”选项卡。

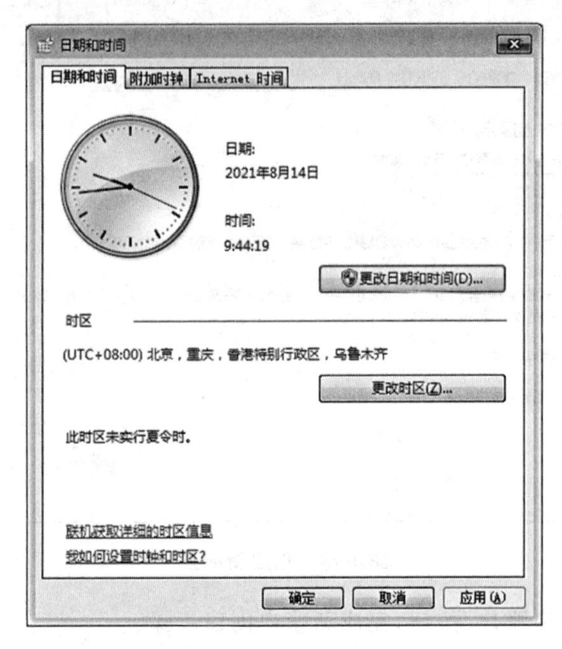


图1-21 修改系统时间

步骤(3):单击“更改日期和时间”按钮。

步骤(4):设定新的日期和时间,完成设置。

通过单击任务栏右侧的时间区域,在弹出的如图1-22所示窗口中单击“更改日期和时间设置”按钮,同样可以打开“日期和时间”窗口。

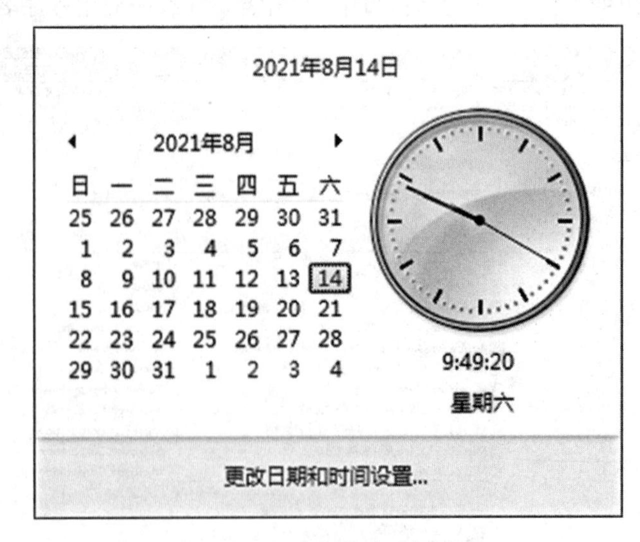


图1-22 任务栏修改系统时间

## 实验 1-7　Windows 7 系统的附件程序

### 实验目的

1. 掌握画图软件使用方法；
2. 掌握应用计算器进行进制转换操作。

### 实验内容

1. 利用画图软件绘制一个红色五角星，保存为 256 色位图文件；
2. 利用计算器将十进制数 125 转换为二进制数。

### 实验步骤

1. 利用画图软件绘制一个红色五角星，保存为 256 色位图文件。

步骤(1)：单击“开始”菜单→选择“所有程序”→“附件”→“画图”。

步骤(2)：在弹出的窗口中，选择“颜色”选项组中“红色”，并在“形状”选项组的“形状”下拉列表中选择五角星，如图 1-23 所示。

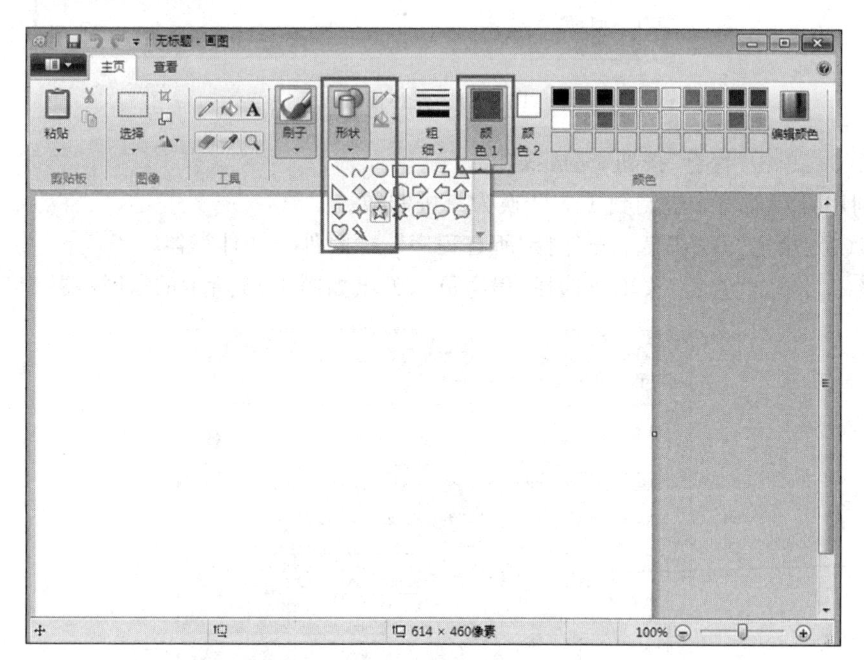


图 1-23　画图软件

步骤(3)：按住 Shift 键拖动鼠标，画出五角星图案。

步骤(4)：单击保存按钮，在弹出的对话框中，保存类型下拉列表框选择“256 色位图”，如图 1-24 所示。

图 1-24 保存图片

步骤(5):单击“保存”按钮,完成操作。

2. 利用计算器将十进制数 125 转换为二进制数。

步骤(1):单击“开始”菜单→选择“所有程序”→“附件”→“计算器”。

步骤(2):单击“查看”菜单→选择“程序员”,弹出如图 1-25 所示的“计算器”窗口。

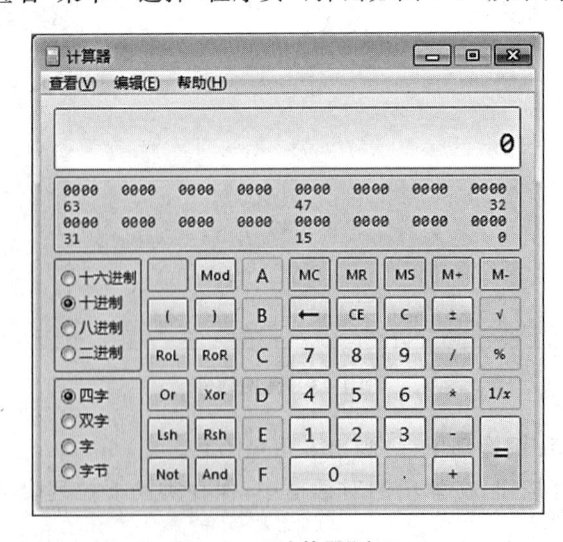


图 1-25 “计算器”窗口

步骤(3):选中“十进制”左侧的单选按钮。

步骤(4):输入十进制数125。

步骤(5):单击“二进制”左侧的单选按钮,完成数据进制转换操作。

# 1.3　操作系统拓展实践

## 实验1-8　远程桌面的配置与使用

### 实验目的

掌握应用远程桌面功能实现通过网络远程控制某台计算机。

### 实验内容

1. 开启远程桌面;
2. 登录远程桌面。

### 实验步骤

当某台计算机开启了远程桌面连接功能后,就可以在网络另一端控制这台计算机。通过远程桌面功能可以实时操作这台计算机,实现安装软件、运行程序、查看数据等功能。

1. 开启远程桌面。

步骤(1):右击桌面“计算机”图标→“属性”。

步骤(2):在弹出的窗口中,单击“远程设置”。

步骤(3):在弹出如图1-26所示的“系统属性”窗口中,选择“远程”选项卡。

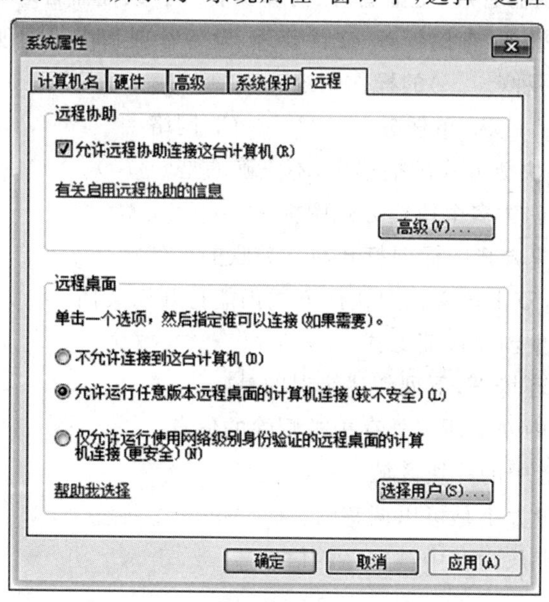


图1-26　“系统属性”窗口

步骤(4):在“远程协助”组中选中“允许远程协助连接这台计算机(R)”,在“远程桌面”组中选中“允许运行任意版本远程桌面的计算机连接(较不安全)(L)”,也可以单击“选择用户”指定允许远程的用户。

步骤(5):单击“确定”按钮。

步骤(6):进入控制面板的用户账号,在打开的窗口中设置账户名及密码,完成远程桌面设置。

2. 登录远程桌面。

单击“开始”菜单→选择“所有程序”→“附件”→“远程桌面连接”→输入计算机名或者IP 地址→“连接”→输入密码→单击“确定”。

## 1.4 习题

一、选择题

1. 操作系统对磁盘进行读/写操作的物理单位是(　　)。

A. 字节　　B. 扇区　　C. 文件　　D. 磁道

2. 操作系统是(　　)。

A. 用户与计算机的接口　　B. 主机与外设的接口

C. 系统软件与应用软件的接口　　D. 高级语言与汇编语言的接口

3. 计算机操作系统通常具有的五大功能是(　　)。

A. 硬盘管理、U 盘管理、CPU 的管理、显示器管理和键盘管理

B. 启动、打印、显示、文件存取和关机

C. CPU 管理、显示器管理、键盘管理、打印机管理和鼠标器管理

D. 处理器(CPU)管理、存储管理、文件管理、设备管理和作业管理

4. Windows 7 是一种(　　)的操作系统。

A. 单用户多任务　　B. 单任务　　C. 网络　　D. 多用户

5. 下列 Windows 快捷方式的描述中,不正确的是(　　)。

A. 一个文档可以创建多个快捷方式图标

B. 双击某文件快捷方式图标即打开与之关联的文件

C. 删除某文档后,双击该文档原快捷方式仍能打开该文档

D. 可为文件夹对象创建快捷方式

6. 在 Windows 7 环境下,下列叙述错误的是(　　)。

A. 可从“回收站”中恢复所有外存中被删除的信息

B.“回收站”是硬盘中的一块区域

C.“回收站”的容量大小是可以调整的

D.“回收站”无法存放内存中被删除的信息

7. 在 Windows 环境下，组合键 Ctrl+C 的常用功能是(　　)。

A. 粘贴　　B. 终止　　C. 剪切　　D. 复制

8. 在 Windows 环境下，用户无法通过“控制面板”实现的操作是(　　)。

A. 调整鼠标的速度　　B. 设置显示属性

C. 创建用户账户　　D. 改变 BIOS 的设置

9. 设某文件名为 BOOK.TXT，下面说法正确的是(　　)。

A. 该文件扩展名为 BOOK.TXT　　B. 该文件主名为 BOOK.TXT

C. 该文件扩展名为 TEXT　　D. 该文件主名为 BOOK

10. (　　)文件不能用 Windows 7 的“画图”工具打开。

A. BMP　　B. JPEG　　C. Excel　　D. GIF

11. 在 Windows 中运行某应用程序时，若长时间无响应，要中断该程序，首选的处理方法是(　　)。

A. 使用任务管理器　　B. 重新启动

C. 关闭电源　　D. 注销

12. 在搜索文件或文件夹时，应输入(　　)即可搜索文件名中第 2 个字符为 e 且扩展名为 TXT 的所有文件。

A. *E*.txt　　B. ?E*.txt　　C. ?e?.txt　　D. ?e*.*

13. Windows 7 的文件组织结构是(　　)。

A. 网格结构　　B. 线形结构　　C. 二维表结构　　D. 树形结构

14. 在资源管理器中，选中某文件并按下 Delete 键，若欲恢复此文件，可以(　　)。

A. 在回收站中选中此文件后，右击执行“还原”命令

B. 用其他选项的 3 种办法

C. 在回收站中执行“编辑”→“撤销删除”命令

D. 在回收站中将此文件拖回原位置

15. 在 Windows 7 环境下，当一个程序长时间未响应用户要求时，欲结束该任务需按(　　)键。

A. Alt+Shift+Enter　　B. Ctrl+Space

C. Alt+Esc　　D. Ctrl+Alt+Del

16. Windows 7 环境下，不能在“任务栏”内进行操作的是(　　)。

A. 快捷启动应用程序　　B. 排列和切换窗口

C. 排列桌面图标　　D. 设置系统日期的时间

17. 在搜索文件或文件夹时，若用户给出的文件名是 *.*，其含义是(　　)。

A. 当前驱动器上的所有文件　　B. 当前盘当前文件夹中的所有文件

C. 硬盘上的所有文件　　D. 根目录下的所有文件

18. 在 Windows 7 中，下列说法正确的是(　　)。

A. 用户可通过不同的用户账户使用同一台计算机

B. Windows 7 是多用户多任务的操作系统

C. 在回收站中被“还原”的文件通常存放在C盘中

D. 程序窗口最小化后，该程序终止运行

19. 在Windows 7中，可以复制屏幕的是(　　)。

A. Ctrl+Ins　　B. Ctrl+C　　C. Ctrl+V　　D. Print Screen

20. 在浏览计算机资源时，使用“查看”菜单的(　　)选项方式下可以按文件或文件夹的修改时间顺序显示。

A. 大图标　　B. 小图标　　C. 列表　　D. 详细资料

二、操作题

1.打开实验项目1素材中的“习题1”文件夹，完成以下Windows基本操作。

(1)将OFFICE文件夹中的P1.pptx文件删除；

(2)在KIN文件夹中新建一个名为LING的文件夹；

(3)将INDE文件夹中的文件TEN.txt设置为只读和隐藏属性；

(4)将SOUP\HDY文件夹中的YT.docx文件复制到PAGE文件夹中；

(5)搜索“习题1”文件夹下的文件READ.txt，为其创建一个名为READ的快捷方式，放在“习题1”文件夹下。

2.打开实验项目1素材中的“习题2”文件夹，完成以下Windows基本操作。

(1)将QING\LIN文件夹下的BOOK.PRG文件移动到MING文件夹下；

(2)将KPT文件夹中的文件JIA.TMP文件删除；

(3)将QING\LIN文件夹下的SONG.FOR文件复制到KPT文件夹中；

(4)在KUN文件夹下新建文件夹PUB；

(5)将KUN文件夹下的YOU.PDF文件设置为隐藏属性。

3.打开实验项目1素材中的“习题3”文件夹，完成以下Windows基本操作。

(1)在PUB文件夹下新建文件夹ABS；

(2)将HIG\YI文件夹中的文件API.BAT重命名为FAN.BAT；

(3)将PUB文件夹下的LEAF.MAP设置为只读；

(4)将HIG\YI文件夹中的FILE.DOCX文件复制到TAB文件夹中；

(5)将YUP文件夹中的EAP.PPTX文件删除。

# 实验项目 2　Word 2016 基本操作与拓展实践

Microsoft Office 2016 是一个功能强大的办公软件包，包括 Word、Excel、PowerPoint、Outlook、Publisher、OneNote、Access、Skype for Business、Office 2016 上载中心、遥测日志、遥测仪表板、Skype for Business 录制管理器、Database Compare 2016、Spreadsheet Compare 2016 等组件。办公软件可以帮助创建专业而优雅的文档，对数据资料进行整理、统计与分析，创建和展示动态效果丰富的演示文稿等，提升工作效率。办公软件已经成为日常工作必备的基础软件。

## 2.1　Word 2016 基础

### 知识点 1：Word 2016 的启动与退出

(1)启动 Word 2016

①单击“开始”→“所有程序”→“Microsoft Office”→“Microsoft Office Word 2016”命令。

②双击桌面上 Word 2016 的快捷启动图标，或选择 Word 2016 的快捷启动图标，按 Enter 键。

③若计算机中保存有 Word 2016 创建的文档，双击该文档可启动 Word 2016 并打开该文档。

(2)退出 Word 2016

①单击 Word 窗口右上角的“关闭”按钮。

②单击“文件”→“关闭”命令。

③右击标题栏，在弹出的快捷菜单中选择“关闭”命令。

④使用快捷键 Alt＋F4。

Microsoft Office 2016 中的各个应用程序的启动与退出方法类似。

### 知识点 2：Word 2016 窗口的组成

启动 Microsoft Office 2016 软件后，在打开的界面中列出了最近使用过的文档名称与地址信息，用户选择创建的文档类型后，进入 Word 2016 窗口界面，窗口中包含标题栏、功能选项卡、文档编辑区、状态栏、视图切换按钮、比例缩放工具、滚动条、任务窗格等，如

图 2-1 所示。

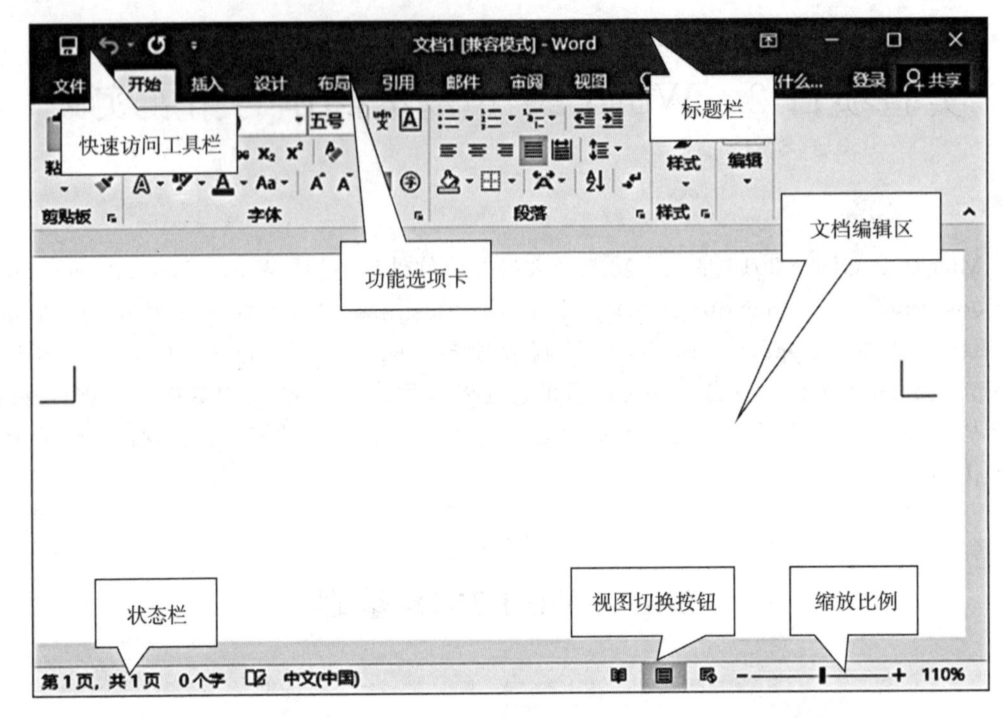


图 2-1 Word 2016 窗口界面

(1)标题栏：位于窗口的最上面，显示当前正在编辑的文档名称，在标题栏的右部还包括“最小化”、“还原”和“关闭”按钮。

(2)功能选项卡：位于标题栏下方，默认状态下 Word 2016 包含 9 个功能选项卡(文件、开始、插入、设计、布局、引用、邮件、审阅和视图)，单击任一选项卡可以打开对应的功能区，在每个功能区中按命令的功能与类型分成若干个命令组，例如“开始”下有剪贴板、字体、段落、样式、编辑五个命令组，每个命令组包含相应的功能集合，用于完成文本的各类操作。

(3)快速访问工具栏：默认状态下快速访问工具栏位于标题栏的左部，用来显示一些常用的工具按钮。用户可以单击“快速访问工具栏”左侧的下拉按钮，在打开的下拉列表中单击选择相应的选项进行设置，如图 2-2 所示。

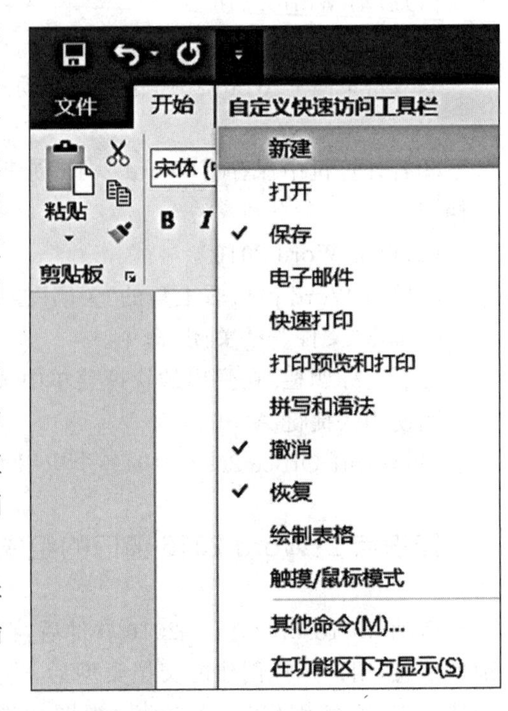


图 2-2 快速访问工具栏

(4)文档编辑区：显示文档内容，供用户编辑和显示文档的内容，光标闪烁点即为文本的插入点。

(5)状态栏：在窗口最底部，主要是用于提示当前文档的工作信息。如光标所在的当前页数、文档总页数、字数，输入的状态是插入还是改写等信息。

(6)任务窗格：任务窗格是一个提示与操作界面，可以执行相应的操作。例如，在“视图”→“显示”组→勾选“导航窗格”命令，则在窗口文本编辑区的左侧出现“导航”任务窗格。

## 知识点 3：Word 2016 文档的视图

Word 2016 提供了五种视图模式，分别是阅读视图、页面视图、Web 版式视图、大纲视图及草稿，如图 2-3 所示。

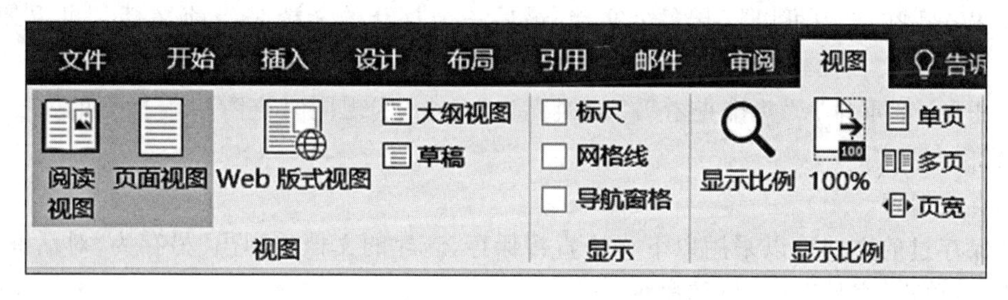


图 2-3 “视图”选项卡

(1)页面视图：是用户最常用的视图。显示的文档与打印出来效果几乎一致，文档中的页眉、页脚、分栏等显示在实际打印的位置，即“所见即所得”。

(2)阅读视图：文档的内容以书页的形式显示，页面填满屏幕，便于用户阅读文档，同时可以标注读者的建议与注释。该模式模仿书本阅读的方式，让读者感觉在翻阅书籍。

(3)Web 版式视图：模拟 Web 浏览器显示文档，在该视图下，文本将以适应窗口的大小自动换行。

(4)大纲视图：主要用于查看文档的结构。切换到大纲视图后，屏幕上会显示“大纲”选项卡，通过选项卡的命令可以选择查看文档的标题，升降各标题的级别等。

(5)草稿：适合对文档进行输入和编辑操作，可以完成大多数录入和编辑工作，也可以设置字符和段落格式，但是只能将多栏显示为单栏格式，页眉、页脚、页号、页边距等显示不出来。在草稿视图下，页与页之间使用一条虚线表示分页符，这样更易于编辑和阅读文档。

用户可以根据需求通过“视图”→“视图”组中的命令在各视图模式进行切换，或者通过状态栏右部的“视图切换”按钮进行切换。

## 知识点 4：Word 2016 文档的创建、打开、保存与关闭

(1)创建空白文档

①Word 2016 启动后，选择“空白文档”，软件会创建一个空白文档，默认文件名为“文档 1”。

②单击快速访问工具栏中的“新建”按钮（快捷键 Ctrl+N）。

③使用“文件”选项卡：单击“文件”→“新建”命令，在界面右侧列表中选择“空白文档”。

(2)根据模板创建文档

Word 2016 内置了多种文档模板,例如“书法字帖”“求职信”等,在模板中包含了许多已设置好的内容与格式,可以节省编辑的时间。单击“文件”→“新建”命令,在界面右侧列表中选择需要的模板,在打开的对话框中单击“创建”命令,即可根据选择的模板创建文档;用户还可以根据自定义的模板来创建新文档。

(3)打开已经建立的文档

①在“Windows 资源管理器”中找到需要打开的 Word 文档,双击文档图标。

②单击“开始”→“打开”命令,在右侧的“最近”列表中单击需要打开的 Word 文档。

③单击快速访问工具栏上的“打开”按钮(快捷键 Ctrl+O)。

在 Word 2016 中可以打开多个文档,最后一个打开的文档是当前文档。可以通过单击任务栏上的文档图标按钮,实现这些文档间的切换;也可以在“视图”选项卡的“窗口”组中单击“全部重排”/“并排查看”/“切换窗口”命令,实现同时查看多篇打开的文档。

(4)保存文档

①直接保存

已保存过的文档可以采用以下方法直接保存,新建的文档将弹出“另存为”对话框。

法一:单击“文件”→“保存”命令。

法二:单击功能区的“保存”图标按钮。

法三:快捷键 Ctrl+S。

②另存为

法一:单击“文件”→“另存为”命令,弹出“另存为”对话框,对文档命名后可保存文件。

法二:新建的文档单击“文件”→“保存”命令,将弹出“另存为”对话框,对文档命名后可保存文件。

③保存为模板文件

单击“文件”→“另存为”命令,单击“浏览”命令,弹出“另存为”对话框,选择保存类型为“Word 模板(*.dotx)”,单击“保存”按钮。保存的模板文件可以应用制作同类文档。

④自动保存

单击“文件”→“选项”命令,打开“Word 选项”对话框,单击“保存”选项,在“保存自动恢复信息时间间隔”右侧文本框中设定保存的时间间隔,如图 2-4 所示,设置完成后每隔设定的间隔时间软件会自动保存文档。

(5)关闭文档

①单击“文件”→“关闭”命令。

②单击“菜单栏”右上角的“关闭”按钮。

③若要关闭当前所有打开的文档,可右击任务栏上的文档,在打开的快捷菜单中选择“关闭所有窗口”。

图 2-4　Word 自动保存设置

## 知识点 5:输入文本

(1)输入状态

单击状态栏的“改写”/“插入”按钮,或者通过按键盘上的 Insert 键实现插入与改写状态的切换。

(2)即点即输文本

在输入文本时,必须先将鼠标移动到要输入文本的位置,单击鼠标左键即可输入文本,若在空白处,要双击鼠标左键才有效,这就是 Word 2016 的“即点即输”功能。

(3)特殊字符的输入

①利用软键盘按钮:右击“输入法状态窗口”的软键盘按钮,选择需要的符号。

②使用 Word 插入特号功能,单击“插入”→“符号”组→“符号”下拉按钮,选择需要的符号。

(4)日期和时间的输入

①快捷键输入:按下 Alt+ Shift+D 组合键可快速输入当前系统的日期,按下 Alt+Shift+T 组合键可快速输入当前系统的时间。

②利用插入日期和时间功能:单击“插入”→“文本”组→“日期和时间”按钮。

## 知识点6:编辑文本

(1)选择文本

①文档区中使用鼠标

拖曳:这是最常用、最基本的方法。

Shift+单击:在要选定内容的开始处单击鼠标,然后按 Shift 键,并单击所要选定部分的结尾处。

②在文档左侧的空白区使用鼠标

单击:选中该行。

双击:选中该段落。

三击或 Ctrl+单击:选定整个文档。

③选择矩形文本块

Alt+单击斜对角拖曳:列方式选定部分文档。

④快捷键 Ctrl+A 选定整个文档。

(2)删除文本

选中要删除的文本,然后按 Delete 键或 Backspace 键。

(3)移动与复制文本

①使用鼠标拖放:将光标移至选定文本中,按住左键拖曳到目标处释放,即完成了文本的移动。若按住左键拖曳时加按 Ctrl 键,即完成了文本的复制。

若选定文本后,右键拖曳至目标处释放,在弹出的快捷菜单中选择相应的命令也可实现文本的移动和复制。

②使用剪贴板技术:选定文本,单击"开始"→"剪贴板"组→"剪切"/"复制"按钮,然后将插入点移至目标处,单击"开始"→"剪贴板"组→"粘贴"按钮,即可完成文本的移动/复制操作。

③利用快捷键 Ctrl+C(复制)、Ctrl+X(剪切)、Ctrl+V(粘贴)可实现文本的移动或复制操作。

(4)撤销与恢复

①撤销:单击快速访问工具栏中的"撤销"按钮(快捷键 Ctrl+Z),可执行单步撤销操作。利用"撤销"按钮的下拉列表,选择某步操作,可以撤销该操作前的所有操作。

②恢复:单击快速访问工具栏中已经变成可用状态的"恢复"按钮(快捷键 Ctrl+Y),执行单步的恢复操作。

(5)查找与替换

①查找:单击"开始"→"编辑"组→"查找"命令或按 Ctrl+F 键,打开"导航"任务窗格,如图 2-5(a)所示,在搜索框中输入需要查找的内容,按 Enter 键后,文档中查找到的内容会突出显示。单击搜索框右侧下拉箭头,打开下拉列表,选择"高级查找"命令,则打开"查找和替换"对话框,如图 2-5(b)所示。

②替换:单击"开始"→"编辑"组→"替换"命令或按 Ctrl+H 键,打开"查找和替换"对话框。

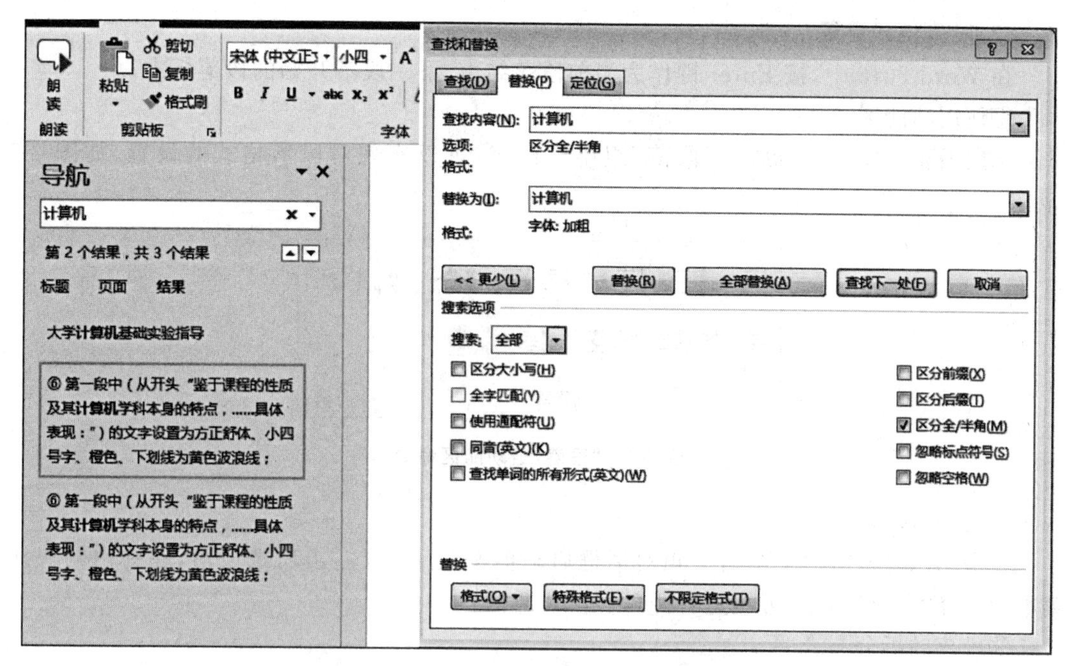


(a)"导航"任务窗格　　　　　　(b)"查找和替换"对话框

**图 2-5 "导航"任务窗格及"查找和替换"对话框**

提示:若在"查找和替换"对话框中单击"更多"按钮,再单击"查找"(或"替换")栏下"格式"按钮,可查找、替换那些有带格式的字符或文本;若在"搜索选项"中选择"使用通配符",就可以利用通配符"?"(表示任意一个字符)进行模糊匹配查找。

## 知识点 7:设置文档的字体和段落格式

(1)字符格式设置

①使用功能区

选定文本,单击"开始"→"字体"组中的命令,如图 2-6 所示。

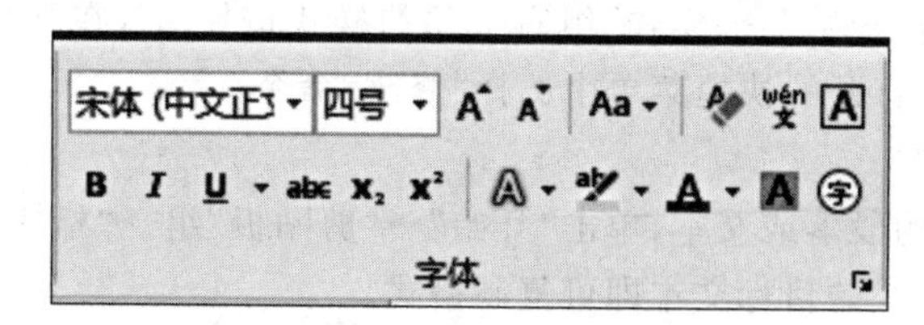


**图 2-6 "字体"组功能区命令**

②使用浮动工具栏

选定文本时,其右侧会出现一个若隐若现的、半透明的浮动工具栏。

③使用"字体"对话框

单击"开始"→"字体"组右下角对话框启动器按钮 ,或右击所选文本,在弹出的快捷菜单中选择"字体"命令,可快速打开"字体"对话框。

(2)段落格式设置

在 Word 2016 中,按 Enter 键作为当前段落结束、下一段落开始的段落标志。

①使用功能区

选定段落,单击“开始”→“段落”组中的命令,可以实现对段落格式的设置,如图 2-7 所示。

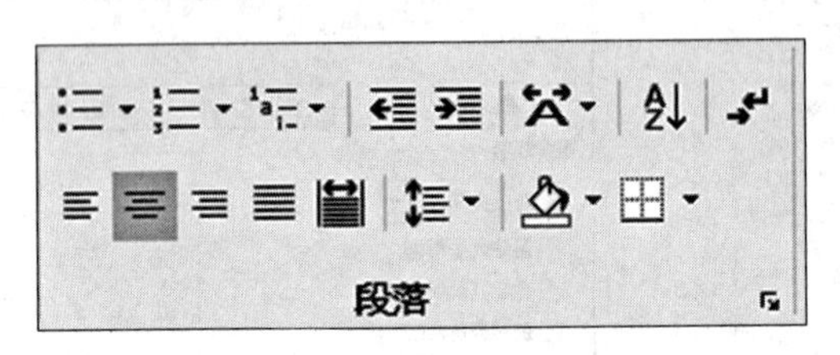


图 2-7 “段落”组功能区命令

②使用“段落”对话框

单击“开始”→“段落”组右下角对话框启动器按钮,或右击所选段落,在弹出的快捷菜单中选择“段落”命令,可快速打开“段落”对话框。

③段落的拆分与合并

段落的拆分:在插入状态下,将插入点移到段落拆分处按 Enter 键即可。

段落的合并:若要将两段合并成一段,可将插入点移到第一段的段末按 Delete 键,或者插入点移到第二段的段首按退格(Backspace)键。

④设置段落边框和底纹

选择段落,单击“开始”→“段落”组→“下框线”下拉按钮,在下拉列表中选择“边框和底纹”命令。

⑤为段落添加项目符号和编号

选择段落,单击“开始”→“段落”组→“项目符号”下拉按钮(或“编号”下拉按钮)。

(3)使用样式

①应用样式:先选定段落或文本,然后单击“开始”→“样式”组→“其他”命令,在打开的 Word 内置的“快速样式”库中选择样式。

②修改样式:单击“开始”→“样式”组右下角的样式按钮,在弹出的“样式”窗格中右击准备修改的样式,在打开的快捷菜单中选择“修改”命令。

(4)使用“格式刷”

选择要复制格式的段落或文本,单击“开始”→“剪贴板”组→“格式刷”命令,鼠标呈现小刷子形状,单击应用格式的目标文本即可复制格式。

若双击“格式刷”,则可将格式多次应用;需要取消“格式刷”,再次单击“开始”→“剪贴板”组→“格式刷”命令。

## 知识点 8:页面格式设置

(1)分节

节是页面设置的最小有效单位。单击“布局”→“页面设置”组→“分隔符”下拉按钮,在打开的下拉列表的“分节符”区域中选择分节符类型。

(2)分页

①自动分页:“自动分页”是指在完成页面设置之后,Word 将自动根据页面参数的设置,对文档进行分页。

②人工分页:将插入点移到要分页的位置,单击“布局”→“页面设置”组→“分隔符”下拉按钮,在下拉列表中选择“分页符”命令。

(3)分栏

选定需要分栏的文本,单击“布局”→“页面设置”组→“分栏”下拉按钮,在打开的下拉列表中选择所需的栏数,或单击“更多分栏”命令打开“分栏”对话框进行设置。

(4)页面设置

单击“布局”→“页面设置”组右下角的对话框启动器按钮,打开“页面设置”对话框,对页边距、纸张、版式和文档网格进行设置,如图 2-8 所示。

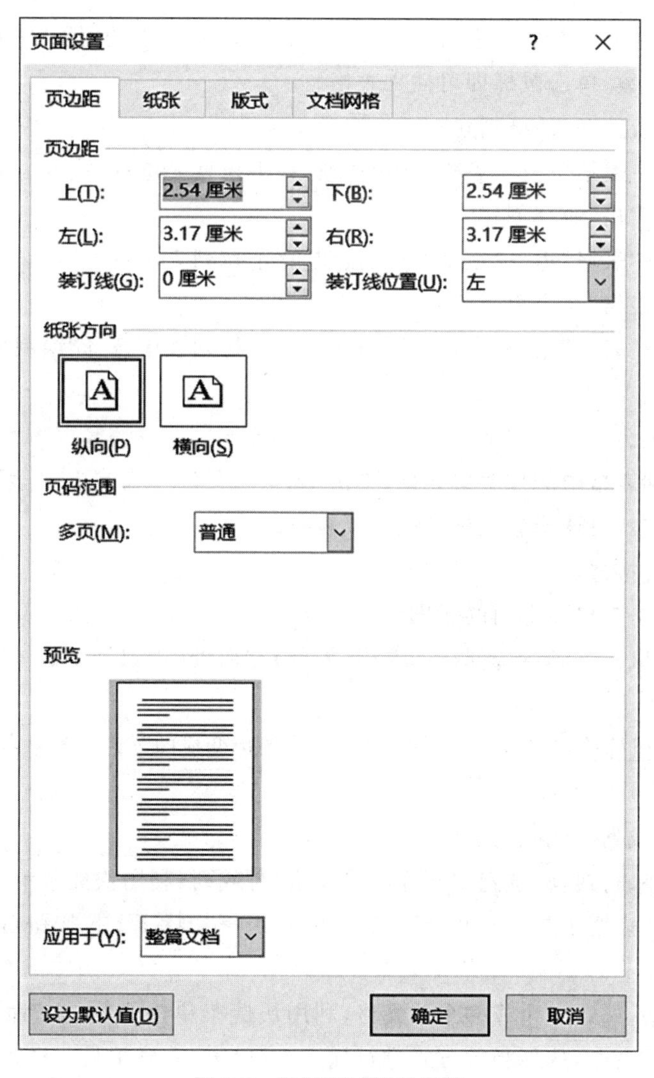


**图 2-8　“页面设置”对话框**

(5)插入页眉和页脚

单击“插入”→“页眉和页脚”组→“页眉”(或“页脚”)命令。

单击“布局”→“页面设置”组右下角对话框启动器按钮，打开“页面设置”对话框，单击“版式”选项卡，勾选“奇偶页不同”，文档可设置奇偶页不同的页眉和页脚。

(6)插入页码

单击“插入”→“页眉和页脚”组→“页码”下拉按钮，在下拉列表中可选择页码出现的位置，并设置页码格式。

## 知识点9：表格的创建、编辑与格式化

(1)创建表格

①使用功能区的命令按钮创建

单击“插入”→“表格”组→“表格”下拉按钮，在下拉列表中的“插入表格”预览区中拖动鼠标选择列数和行数，单击鼠标即可插入表格。

②使用“插入表格”对话框创建

单击“插入”→“表格”组→“表格”下拉按钮，在下拉列表选择“插入表格”命令。

③使用“快速表格”命令创建

单击“插入”→“表格”组→“表格”下拉按钮，在下拉列表中选择“快速表格”命令。

④使用“绘制表格”命令手工绘制

单击“插入”→“表格”组→“表格”下拉按钮，在下拉列表中选择“绘制表格”命令。

(2)选择表格

①利用功能区命令按钮选定

定位插入点到表格中的任意单元格，单击“表格工具”→“布局”→“表”组→“选择”下拉按钮，打开下拉列表，可选择单元格、行、列或表格。

②利用鼠标直接选定

选择表格：单击表格左上角的⊞图标。

选择一行：将鼠标移到待选择行的左边(表外)空白处，当鼠标变成45°箭头时单击左键可选择该行；

选择一列：将鼠标移到待选择列的顶端线上，当鼠标变成向下箭头时单击左键可选择该列。

(3)编辑表格

①单元格、行或列的删除与插入

◇删除单元格、行或列：选定要删除的单元格、行或列，利用快捷菜单中对应的删除命令进行删除；或单击“表格工具”→“布局”→“行和列”组→“删除”下拉按钮，在下拉列表中选择删除方式。

◇插入单元格：选定一个或多个单元格，利用快捷菜单中的“插入”命令，选择二级菜单中的“插入单元格”命令，选择相关方式进行插入；或单击“表格工具”→“布局”→“行和列”组右下角的对话框启动器按钮，利用弹出的“插入单元格”对话框也可插入单元格。

◇插入行或列：在欲插入行(或列)的相邻单元格中利用快捷菜单中的“插入”命令，选择二级菜单中的“插入行”或“插入列”命令进行插入；或单击“表格工具”→“布局”→“行和列”组的相关命令也可插入行或列。

②单元格的拆分与合并

◇拆分单元格：单击“表格工具”→“布局”→“合并”组→“拆分单元格”命令，或使用快捷菜单中的“拆分单元格”命令，或单击“表格工具”→“布局”→“绘图”组→“绘制表格”命令，在单元格内绘制直线。

◇合并单元格：单击“表格工具”→“布局”→“合并”组→“合并单元格”命令，或使用快捷菜单中的“合并单元格”命令，或单击“表格工具”→“布局”→“绘图”组→“橡皮擦”命令，擦除相邻单元格之间的框线实现单元格的合并。

③表格的拆分与合并

要将表格拆分，先选中要成为第 2 个表格首行的那一行，再单击“表格工具”→“布局”→“合并”组→“拆分表格”命令，将表格拆分为两个表格；若将两表格之间的空行删除，两个表格合并为一个表格。

④表格属性的修改

选定单元格使用快捷菜单中的“表格属性”命令，或单击“表格工具”→“布局”→“表”组→“属性”命令 (或单击“单元格大小”组右下角的对话框启动器按钮)，在弹出的“表格属性”对话框中修改表格属性。

⑤绘制斜线表头

单击“插入”→“表格”组→“表格”下拉按钮，在下拉列表中选择“绘制表格”命令，或单击“表格工具”→“布局”→“绘图”组→“绘制表格”命令，鼠标显示笔的形状，直接在单元格中绘制即可。

(4)表格的格式化

①表格内容的对齐方式

打开“表格工具”→“布局”选项卡，在“对齐方式”组中选择对齐方式，或使用快捷菜单中的“单元格对齐方式”命令。

②边框和底纹

◇使用功能区命令按钮设置表格边框：在“表格工具”→“设计”→“边框”组中，分别设置“边框样式”“笔画粗细”“笔颜色”，再单击“表格样式”组右侧的下拉按钮，打开下拉列表，设置边框样式。

◇使用功能区命令按钮设置表格底纹：单击“表格工具”→“设计”→“表格样式”组→“底纹”下拉按钮，从下拉列表中选择所需的颜色。

单击“表格工具”→“设计”→“边框”组→“边框”下拉按钮，选择下拉列表中的“边框和底纹”命令，或右击选定的单元格或表格，选择快捷菜单中的“边框和底纹”命令，在打开的“边框和底纹”对话框中设置。

③套用表格内置样式

单击“表格工具”→“设计”→“表格样式”组右侧下拉按钮，在样式库中选择一种表格样式，单击即可将它应用到表格中。

## 知识点 10:图文混排

(1)插入图片

Word 2016 中可以插入两种类型的图片：一是 Word 2016 自带的图片文件，如 SmartArt、形状等；另一种是来自外部文件的图片。

①插入 SmartArt 图形

单击“插入”→“插图”组→“SmartArt”命令。

②插入图片文件

单击“插入”→“插图”组→“图片”命令。

(2)编辑图片

编辑图片主要通过“图片工具”的“格式”选项卡进行操作，如图 2-9 所示。

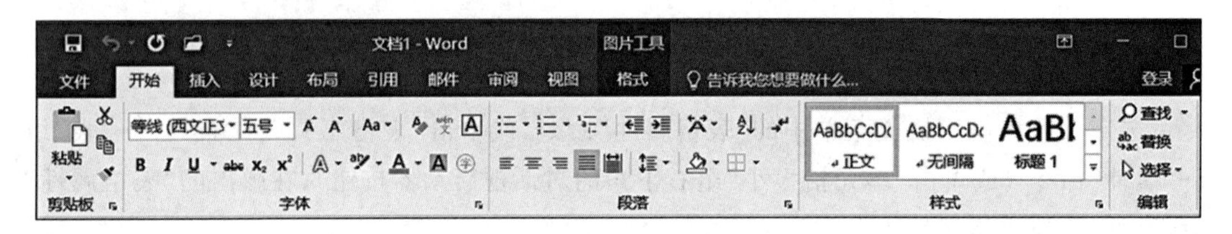


图 2-9 “图片工具”的“格式”选项卡

①改变图片的大小

选择图片后，图片出现 8 个控点，当鼠标停在控点上时鼠标变成白色的双向箭头，此时按住鼠标左键拖曳可调整图片的大小；或选定图片后单击“图片工具”→“格式”→“大小”组右下角的对话框启动器按钮，打开“布局”对话框调整图片的大小。

②移动图片

将鼠标置于要移动位置的图片上，鼠标显现双向十字箭头，此时按住鼠标左键拖动图片到目标位置即可。

③设置图片的颜色、亮度和对比度

单击“图片工具”→“格式”→“调整”组→“颜色”和“更正”下拉按钮，打开下拉列表进行选择设置；或右击图片，在弹出的快捷菜单中选择“设置图片格式”命令，打开“设置图片格式”任务窗格，在任务窗格中进行相应的设置。

④设置图片版式

单击“图片工具”→“格式”→“排列”组 →“环绕文字”下拉按钮，打开下拉列表，选择一种环绕方式；或单击该列表中的“其他布局选项”，打开“布局”对话框，在“文字环绕”选项卡中设置环绕方式，实现图文混排，如图 2-10 所示。

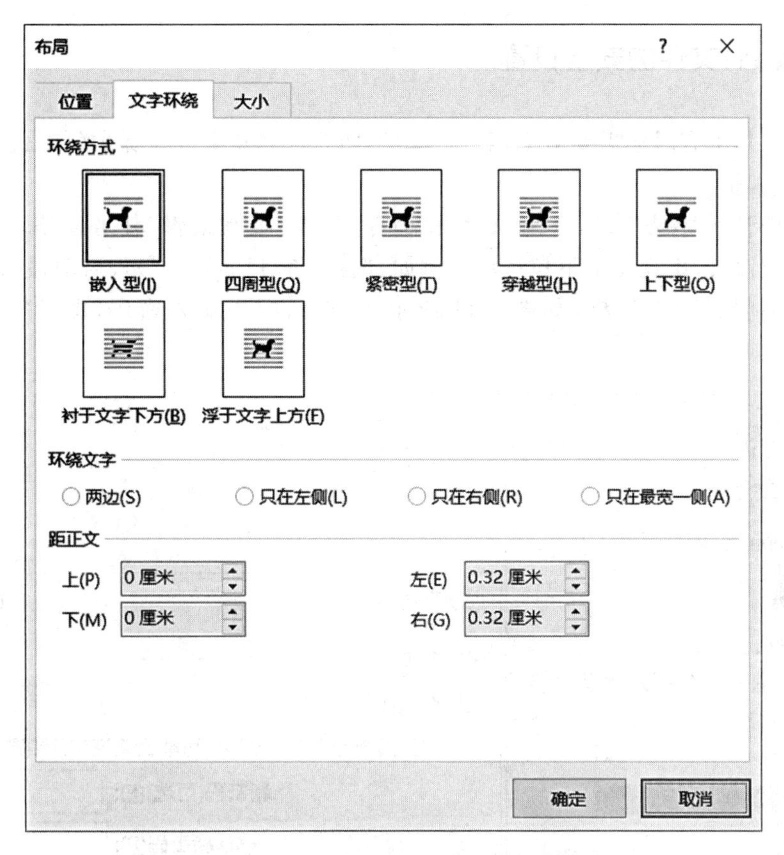


**图 2-10　“布局”对话框“文字环绕”选项卡**

使用图片快捷菜单的“环绕文字”或“大小和位置”命令，也可实现图文混排。

(3)插入形状

单击“插入”→“插图”组→“形状”下拉按钮，在打开的下拉列表中选择一种形状，按住 Shift 键拖曳鼠标，可以绘出标准的“正”的图形。例如，选择矩形，按住 Shift 键绘制的是正方形；按住 Ctrl 键，绘制的图形中心固定。

自选图形绘制结束后，系统自动打开“绘图工具”的“格式”选项卡，利用该选项卡中的命令可以对自选图形进行编辑，改变插入的形状、形状样式、排列、自选图形的大小等。

(4)插入文本框

单击“插入”→“文本”组→“文本框”下拉按钮，在打开的下拉列表中选择一种文本框样式。

(5)插入艺术字

单击“插入”→“文本”组→“艺术字”下拉按钮，在打开的下拉列表中选择一种艺术字样式，即在文本编辑区插入一个艺术字占位符，在该占位符中输入艺术字后，可通过“绘图工具”→“格式”→“艺术字样式”组中相应命令进行进一步设置。

(6)插入公式

单击“插入”→“符号”组→“公式”下拉按钮，在打开的下拉列表中进行相应操作。

## 知识点 11:文件的安全设置

在日常工作中有时候需要对文档进行保护,防止被恶意篡改。保护的方式有以下 3 种。

(1)限制编辑

单击“审阅”→“保护”组→“限制编辑”命令,打开“限制编辑”任务窗格,勾选“编辑限制”,单击下拉箭头,出现 4 个下拉选项。例如,选择“修订”,单击 “是,启动强制保护”按钮,弹出“启动强制保护”对话框,如图 2-11 所示,在对话框中输入密码,即可完成对文档的保护。

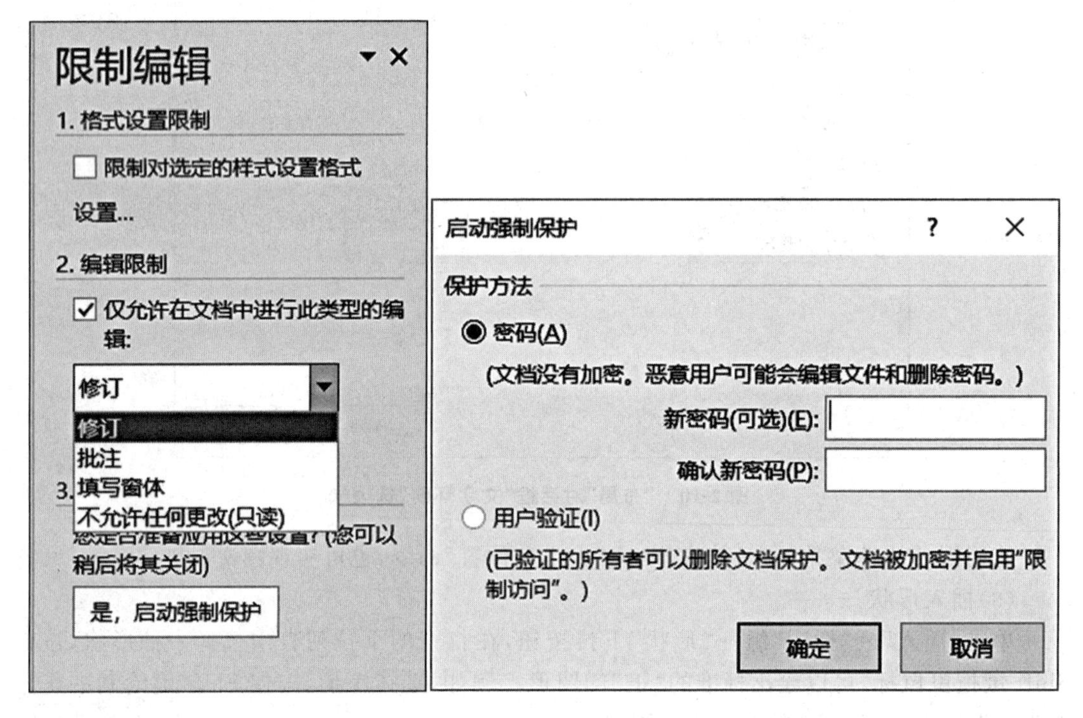


图 2-11　启动强制保护

要取消限制编辑,只需在“限制编辑”任务窗格中单击“停止保护”按钮。

(2)将 Word 文档转换为 PDF 文档并且加密

单击“文件”→“导出”→“创建 PDF/XPS”命令,在弹出的“发布为 PDF 或 XPS”对话框中单击“选项”,弹出“选项”对话框,勾选“使用密码加密文档”,单击“确定”按钮,弹出“加密 PDF 文档”对话框,输入密码,如图 2-12 所示,单击“确定”按钮。

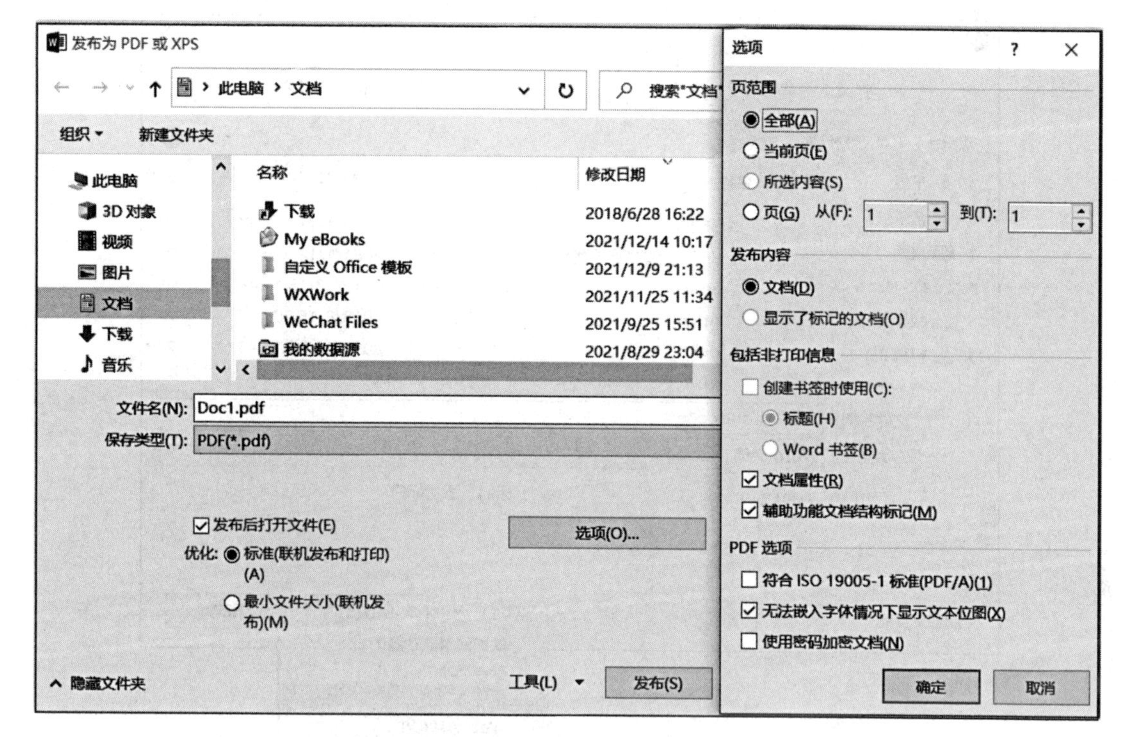


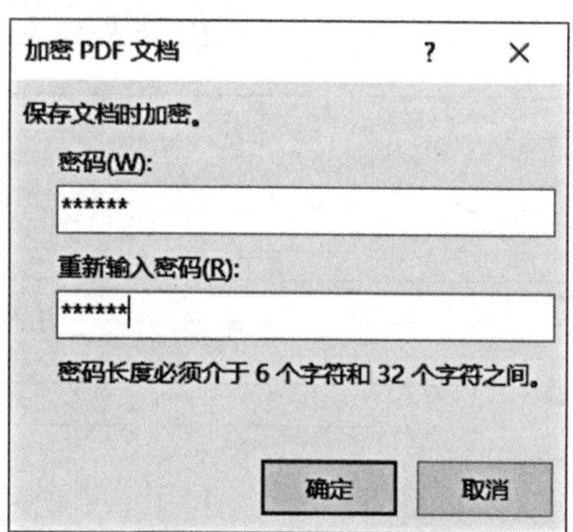


图 2-12　加密 PDF 文档

(3)用密码保护文档

法一：单击“文件”→“信息”右侧的“保护文档”下拉箭头，在下拉列表中选择“用密码进行加密”命令，打开“加密文档”对话框，输入密码单击“确定”，弹出“确认密码”对话框，再次输入相同密码，单击“确定”按钮即可实现文档保护。

法二：单击“文件”→“另存为”→“浏览”命令，打开“另存为”对话框，单击对话框中“工具”下拉按钮，在打开的列表中选择“常规选项”命令，打开“常规选项”对话框，在两个文本框中分别输入文件打开和修改的密码，单击“确定”按钮，如图 2-13 所示。

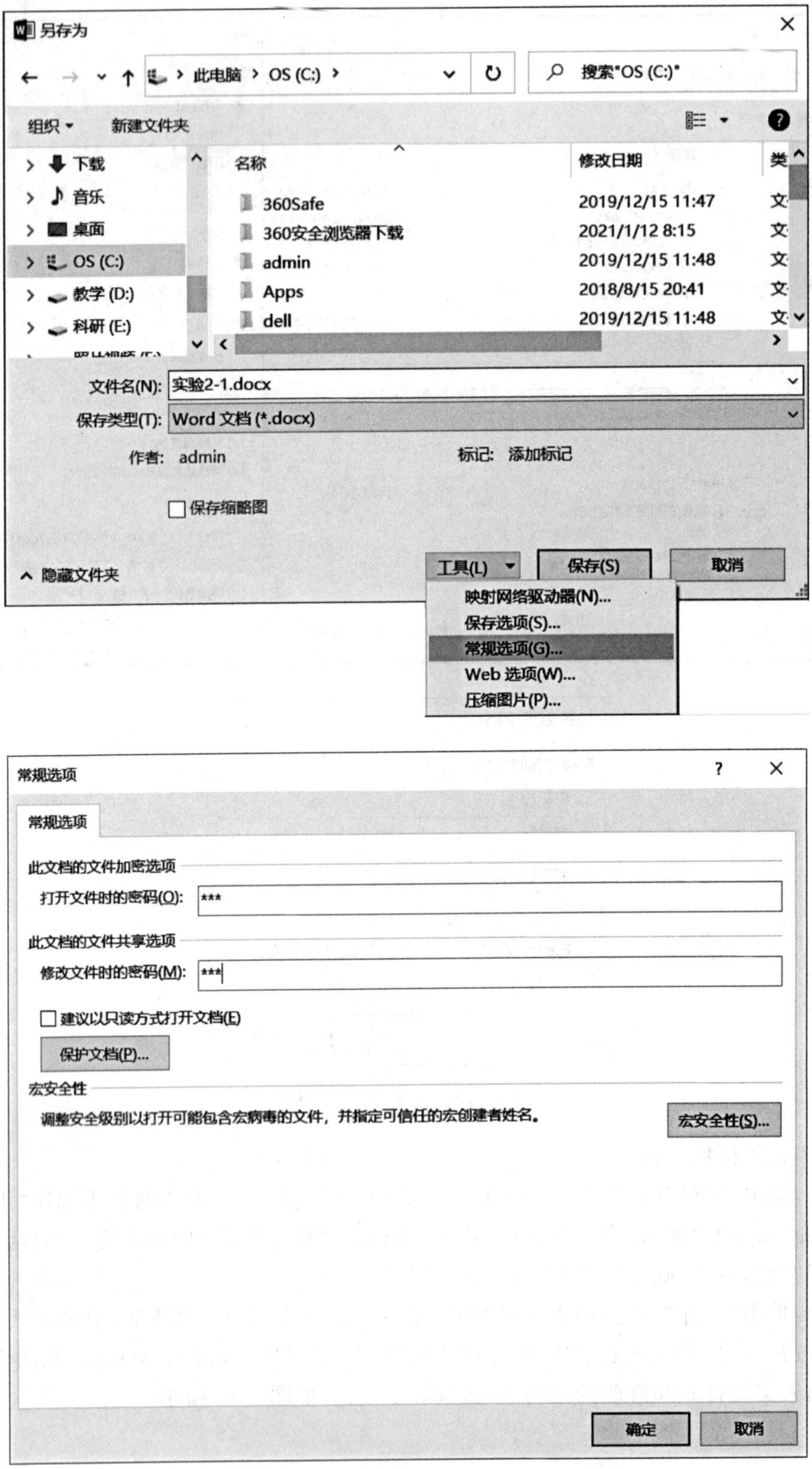

另存为

← → ↑ 此电脑 › OS (C:) ›　搜索"OS (C:)"

组织▾　新建文件夹

下载
音乐
桌面
OS (C:)
教学 (D:)
科研 (E:)

| 名称 | 修改日期 | 类 |
|---|---|---|
| 360Safe | 2019/12/15 11:47 | 文 |
| 360安全浏览器下载 | 2021/1/12 8:15 | 文 |
| admin | 2019/12/15 11:48 | 文 |
| Apps | 2018/8/15 20:41 | 文 |
| dell | 2019/12/15 11:48 | 文 |

文件名(N): 实验2-1.docx

保存类型(T): Word 文档 (*.docx)

作者: admin　　标记: 添加标记

保存缩略图

隐藏文件夹　　工具(L) ▾　保存(S)　取消

映射网络驱动器(N)...
保存选项(S)...
常规选项(G)...
Web 选项(W)...
压缩图片(P)...

常规选项

常规选项

此文档的文件加密选项

打开文件时的密码(O): ***

此文档的文件共享选项

修改文件时的密码(M): ***

建议以只读方式打开文档(E)

保护文档(P)...

宏安全性

调整安全级别以打开可能包含宏病毒的文件，并指定可信任的宏创建者姓名。　宏安全性(S)...

确定　取消

图 2-13　设置打开文件和修改文件的密码

(4)添加水印

在页面中添加水印也可以起到保护文档的作用。单击“设计”→“页面背景”组→“水印”下拉按钮,在列表中选择一种样式进行设置,如图 2-14 所示。

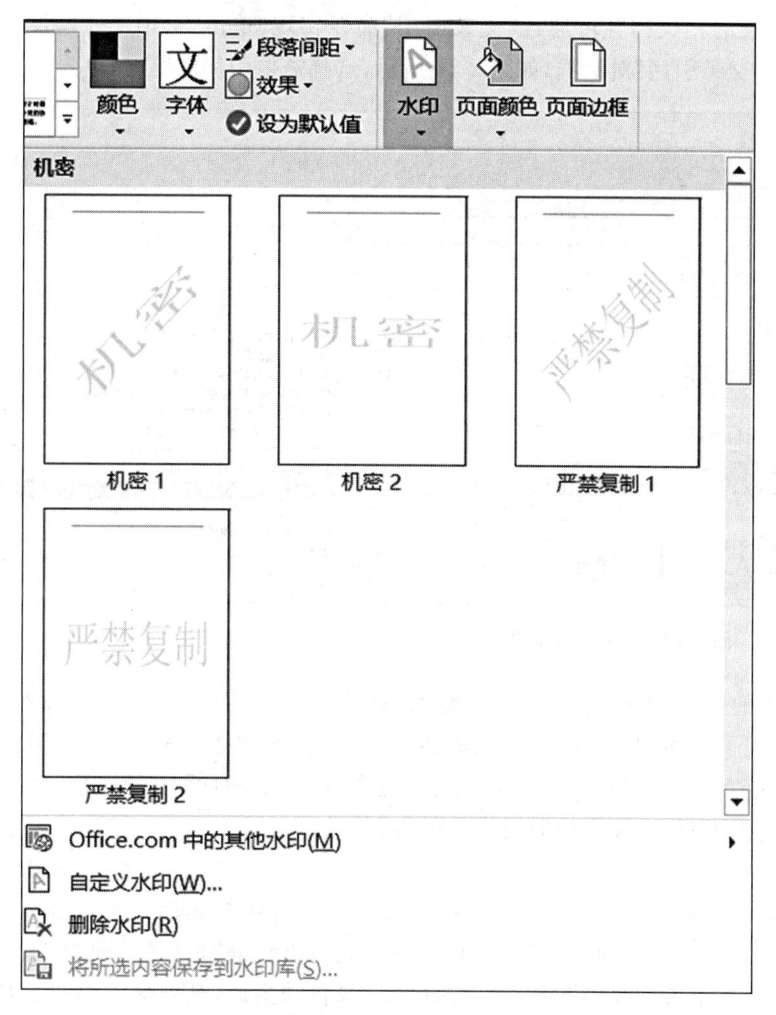


图 2-14　添加水印

## 知识点 12:高级应用

(1)引用

Word 2016 提供的引用功能包括脚注、尾注、题注、目录等。

①脚注和尾注

脚注和尾注用于给文档加注释。单击“引用”→“脚注”组→“插入脚注”命令/“插入尾注”命令。要删除脚注和尾注只需将插入点定位在脚注和尾注引用标记前,按 Delete 键。

②题注和交叉引用

长文档中常出现大量的图片、表格和公式,用户需要对这些图片、表格和公式进行编号、添加名称或用途说明。使用题注可以对长文档中图片、表格和公式进行自动编号。单击“引用”→“题注”组→“插入题注”命令，打开“题注”对话框，如图 2-15 所示，可以新建标签或选择已有的标签，在“题注”下的文本框中输入文字后，单击“确定”按钮，完成题注的插入；正文中需要引用题注的相关内容可通过“交叉引用”命令实现，单击“引用”→“题注”组→“交叉引用”命令，打开“交叉引用”对话框，如图 2-16 所示，选择需要引用的题注，单击“确定”按钮。

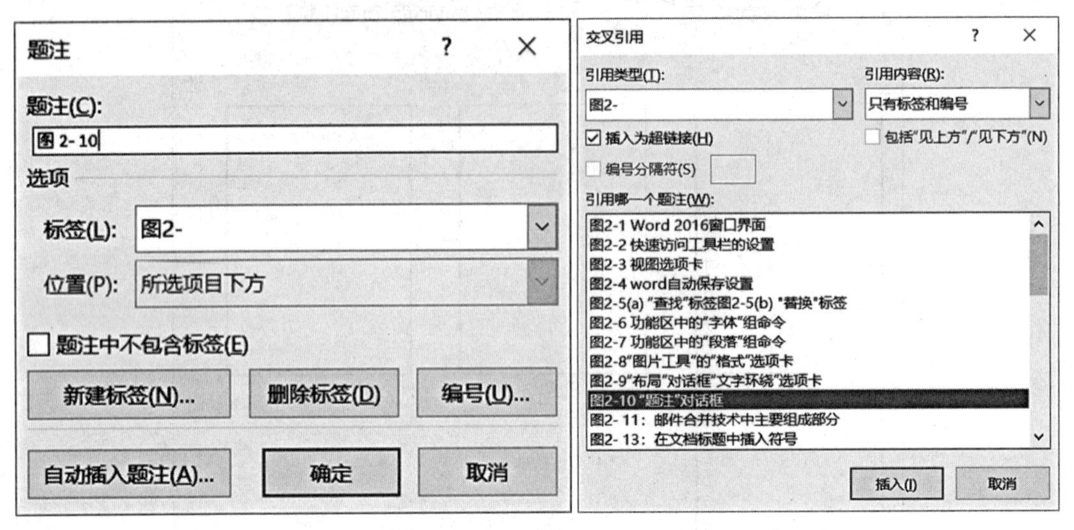


图 2-15 “题注”对话框　　　　图 2-16 “交叉引用”对话框

当文档中的图片、表格、公式进行了增减、改变了顺序，手工修改编号不仅工作量大而且容易出错，使用了题注，新插入的图片、表格、公式会自动顺序编号，而正文中使用了交叉引用，可以选择全文，右击打开快捷菜单，单击“更新域”命令，即可对选定文本中的题注和交叉引用的内容进行更新，为长文档的编辑提供方便。

③目录

目录主要是用来显示文档的结构，列出文档中的各级标题以及标题在文档中的页码。目录的插入方式可以分为两大类，一类是利用制表位进行静态目录手动创建，另一类是自动生成目录，包括基于大纲级别和基于标题样式目录自动生成，其中最常用的是基于标题样式的目录自动生成，其使用及更新都比较方便。以下主要介绍目录的自动生成。

◇基于大纲级别的目录自动生成设置

在目录生成之前，先定义“目录项”(用来显示成为目录内容的一段或一行文本)。单击“视图”→“视图”组→“大纲视图”命令，将视图切换成大纲模式，选择文章标题，将之定义为“1 级”，接着选择需要设置为目录项的文字，将其逐一定义为“2 级”，用类似的方法完成各级设置；单击“视图”→“视图”组→“页面视图”命令，切换回页面视图模式。

◇基于标题样式的目录自动生成设置

在目录生成之前，先对各级标题应用样式。一般情况下，一级标题使用“标题 1”样式，二级标题使用“标题 2”样式，三级标题使用“标题 3”样式，依此类推。如果系统里的标题样式不能满足实际的需求，可以修改标题样式，甚至新建样式。

◇插入自动目录

一篇文章完成了各级标题大纲级别的设置或各级标题应用了各级样式后，将插入点定位于需要插入目录的位置，单击“引用”→“目录”组→“目录”下拉按钮，选择“自动目录 1”或“自动目录 2”即可创建目录，如图 2-17 所示，默认生成的目录可以显示包含大纲 1、2、3 级或格式设置为标题 1～3 样式的所有文本。

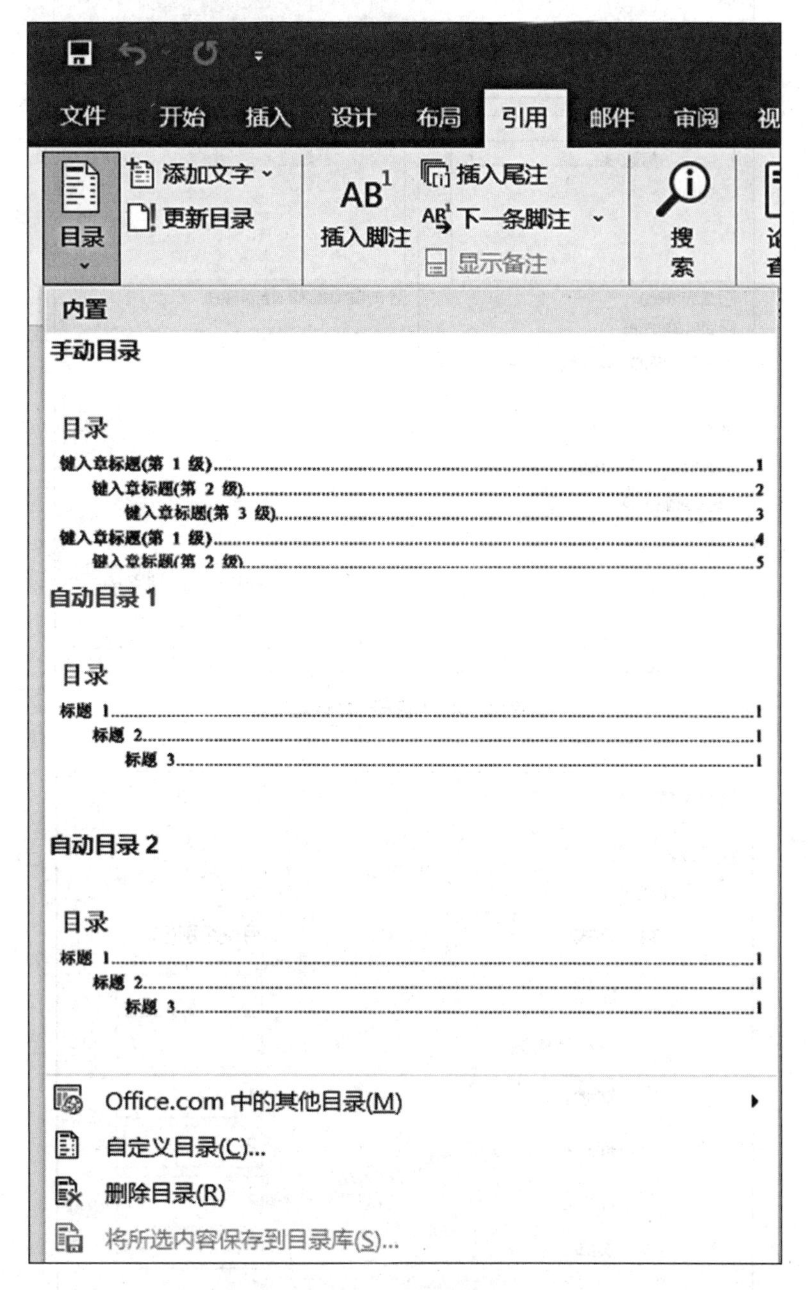


图 2-17　插入目录

在“目录”下拉选项中单击“自定义目录”命令，打开“目录”对话框，如图 2-18 所示。目录对话框中的“显示级别”可以修改目录级别，最多可显示 9 层样式的目录，生成的目录包含目录标题及这些标题所在的页码；“制表符前导符”是用来表示目录中的左侧文字和右侧页码之间的连接内容的样式，可以根据需要选择修改；“选项”可以打开“目录选项”对话框，如

图 2-19 所示，在该对话框中可以设置采用系统默认样式或用户自定义的样式或按照“大纲级别”自动生成目录。

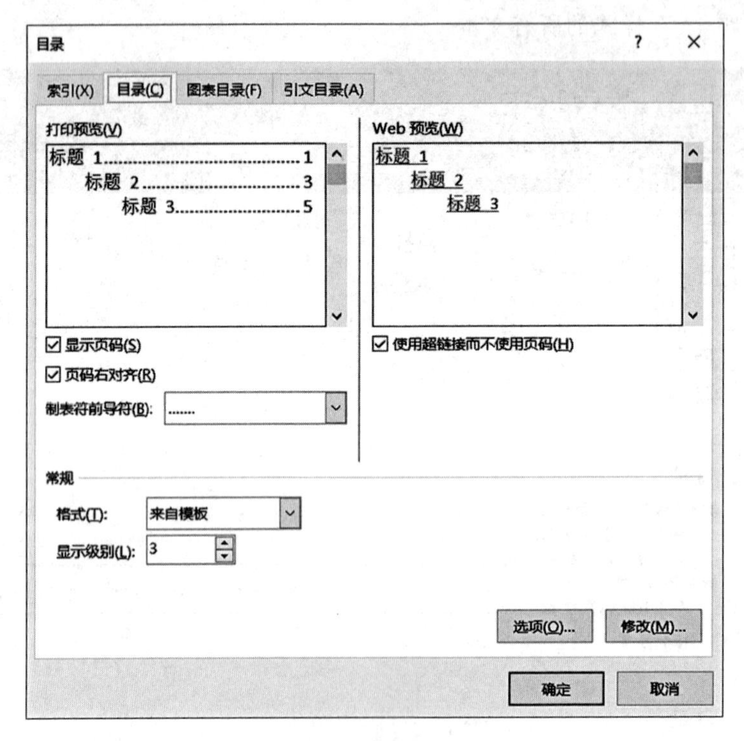


图 2-18 “目录”对话框

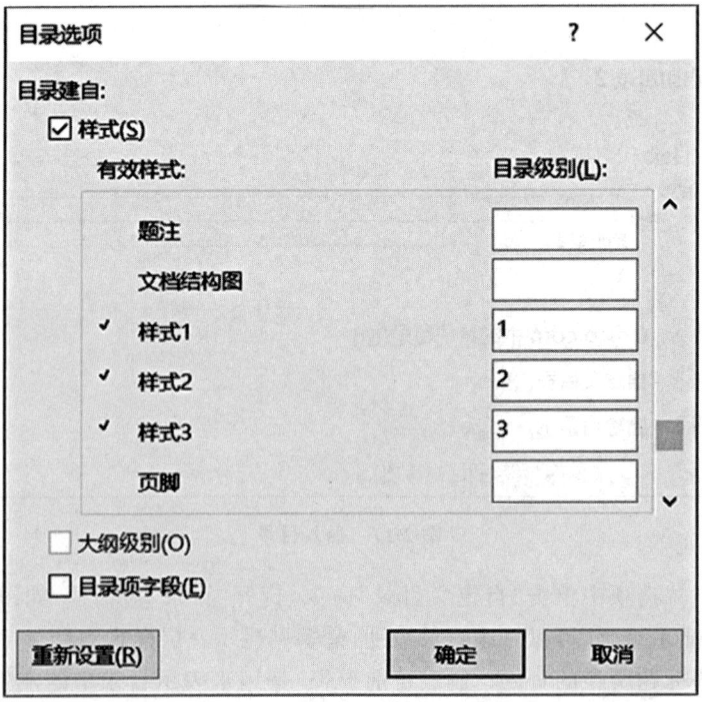

目录选项

目录建自:

☑ 样式(S)

有效样式: 目录级别(L):

题注

文档结构图

✓ 样式1 1

✓ 样式2 2

✓ 样式3 3

页脚

☐ 大纲级别(O)

☐ 目录项字段(E)

重新设置(R) 确定 取消

图 2-19 “目录选项”对话框

◇更新目录

目录生成后，如果标题的内容或所在的页码发生了变化，可以右击目录，打开快捷菜单，单击“更新域”命令，打开“更新目录”对话框，如图 2-20 所示，可以只更新页码或者更新整个目录。

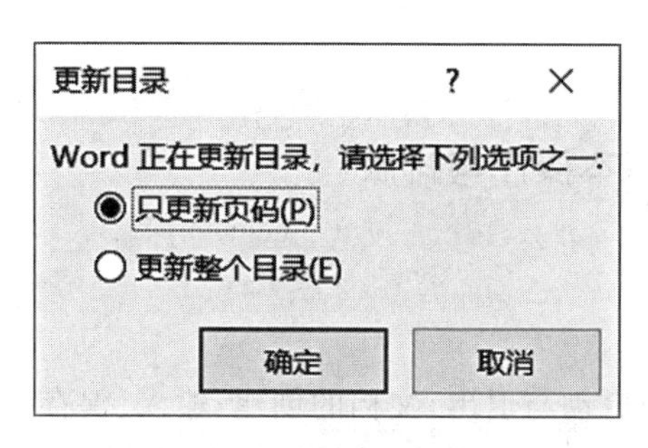


**图 2-20　更新目录对话框**

(2)审阅

①拼写和语法检查

单击“审阅”→“校对”组→“拼写和语法”按钮或者按 F7，可以对文档内容的拼写和语法进行检查，判断拼写和语法的错误以便于改正。

②批注

当用户对文档中的某个词或者某段话有自己的见解，但是又不想破坏原作者编辑的文字，可以通过插入批注的方式（以一种对话框形式）表达见解。单击“审阅”→“批注”组→“新建批注”命令，可以在文档右侧的文本框中输入批注文字。

(3)邮件合并

邮件合并功能可以批量创建信函、电子邮件、传真、信封、标签等文档。邮件合并可以将一个主文档与一个数据源结合起来，最终生成一系列输出文档，操作方法如下：

①创建主文档：主文档即所有文档的共有内容，例如制作邀请函时的标题等内容。

②连接到数据源：数据源实际上是一个数据列表，其中包含合并输出到主文档的数据，通常它保存了姓名、通信地址、电子邮件地址、传真号码等数据字段，邮件合并功能支持很多类型的数据源，包括 Microsoft Office 地址列表、Word 文档、Excel 工作表、Outlook 联系人列表、Access 数据库及 HTML 文件等。

③插入合并域：向主文档中适当的位置插入数据源中的信息。

④合并生成最终文档：主文档和数据源合并在一起形成一系列的最终文档。

“邮件”选项卡如图 2-21 所示。邮件合并可以通过邮件合并向导创建，也可以直接进行邮件合并。

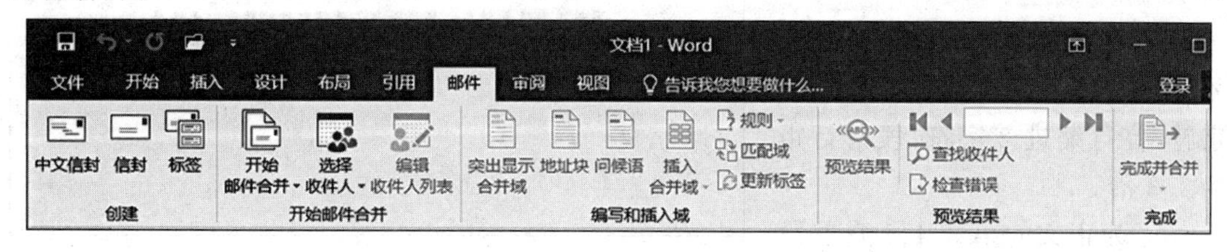


**图 2-21　“邮件”选项卡**

# 2.2 Word 2016 基本操作

## 实验 2-1 文档的基本操作与排版

### 实验目的

1. 掌握 Word 2016 的启动与退出，文档的创建、输入、保存、关闭和打开；
2. 掌握文本的插入、删除、修改、恢复、复制、移动、查找、替换等基本操作；
3. 掌握字体格式的设置；
4. 掌握段落格式的设置；
5. 掌握页面的设置。

### 实验内容

某位在校大学生需要制作一份主题为“人类航天梦”的文档，完成的文档效果如图 2-22 所示。

1. 下载实验项目 2 实验 2-1 素材，打开“素材 1.docx”文件，另存为“人类的航天梦.docx”。

2. 设置页边距上、下均为 3 厘米，左、右均为 3.5 厘米。

3. 将文中所有的“飞天”替换为“航天”，并加粗。

4. 在文首插入标题“人类的航天梦”，标题文字设置为小一号、黑体、红色，居中，添加段落浅蓝色底纹，设置图案样式为纯色 100%，标题段前、段后间距均设置为 16 磅。

5. 正文各段文字设置为五号、楷体；正文各段落左右缩进 1 字符，首行缩进 2 字符，段落行距为 1.3 倍。

6. 为正文的第 3、4、5 自然段添加项目符号“◆”。

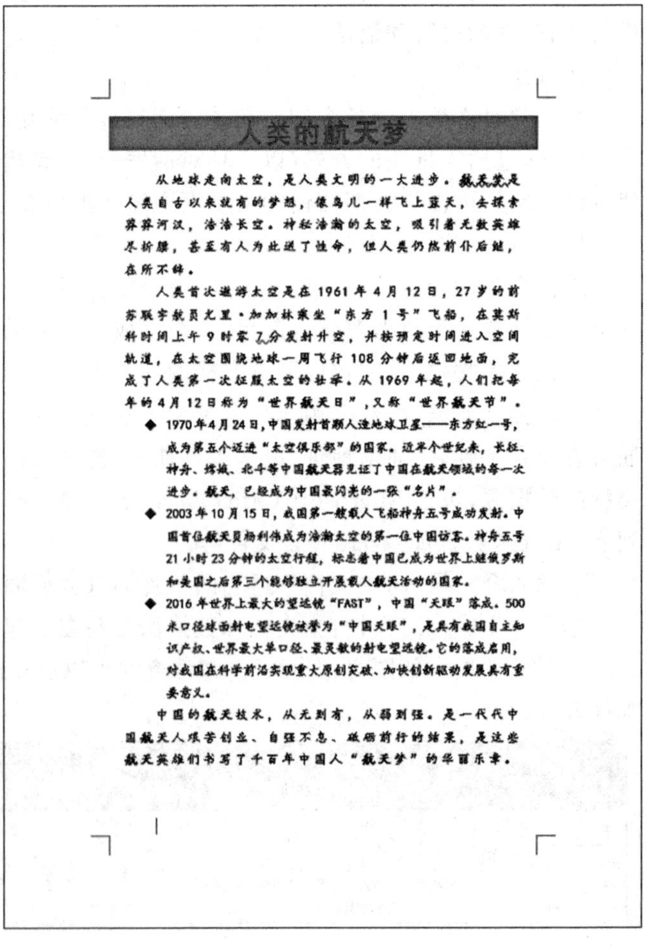

人类的航天梦

从地球走向太空，是人类文明的一大进步。**航天梦**是人类自古以来就有的梦想，像鸟儿一样飞上蓝天，去探索莽莽河汉，浩浩长空。神秘浩瀚的太空，吸引着无数英雄尽折腰，甚至有人为此送了性命，但人类仍然前仆后继，在所不辞。

人类首次遨游太空是在 1961 年 4 月 12 日，27 岁的前苏联宇航员尤里·加加林乘坐“东方 1 号”飞船，在莫斯科时间上午 9 时零 7 分发射升空，并按预定时间进入空间轨道，在太空围绕地球一周飞行 108 分钟后返回地面，完成了人类第一次征服太空的壮举。从 1969 年起，人们把每年的 4 月 12 日称为“世界**航天**日”，又称“世界**航天**节”。

◆ 1970 年 4 月 24 日，中国发射首颗人造地球卫星——东方红一号，成为第五个迈进“太空俱乐部”的国家。近半个世纪来，长征、神舟、嫦娥、北斗等中国**航天**器见证了中国在**航天**领域的每一次进步。**航天**，已经成为中国最闪亮的一张“名片”。

◆ 2003 年 10 月 15 日，我国第一艘载人飞船神舟五号成功发射。中国首位**航天**员杨利伟成为浩瀚太空的第一位中国访客。神舟五号 21 小时 23 分钟的太空行程，标志着中国已成为世界上继俄罗斯和美国之后第三个能够独立开展载人**航天**活动的国家。

◆ 2016 年世界上最大的望远镜“FAST”，中国“天眼”落成。500 米口径球面射电望远镜被誉为“中国天眼”，是具有我国自主知识产权、世界最大单口径、最灵敏的射电望远镜。它的落成启用，对我国在科学前沿实现重大原创突破、加快创新驱动发展具有重要意义。

中国的**航天**技术，从无到有，从弱到强。是一代代中国**航天**人艰苦创业、自强不息、砥砺前行的结果，是这些**航天**英雄们书写了千百年中国人“**航天**梦”的华丽乐章。

图 2-22 实验 2-1 文档样张

7. 将正文的 1、2、6 自然段设置为每行 30 个字符。

8. 用密码“123”对文档进行加密，保存文档。

## 实验步骤

1. 下载实验项目 2 实验 2-1 素材，打开“素材 1. docx”文件，另存为“人类的航天梦. docx”。

步骤(1)：下载实验项目 2 实验 2-1 素材，找到文件保存的路径，双击“素材 1. docx”图标，打开文件。

步骤(2)：单击“文件”→“另存为”→“浏览”命令，打开“另存为”对话框，如图 2-23 所示，选择文件保存的路径，输入文件名“人类的航天梦.docx”，单击“保存”按钮。

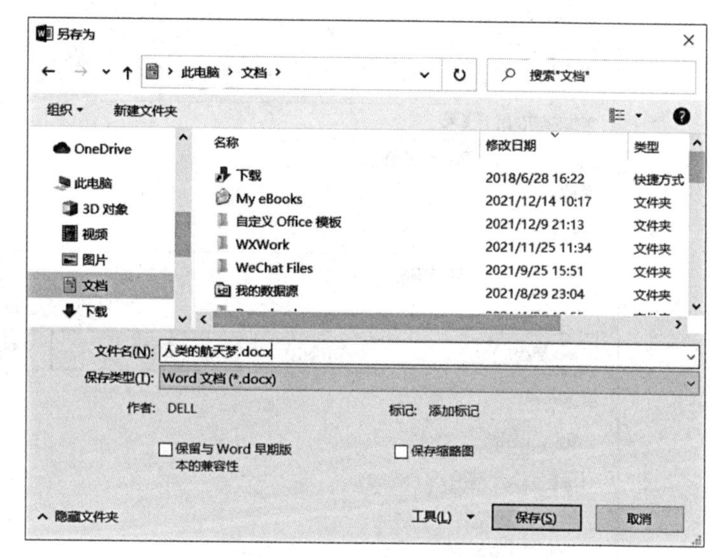


**图 2-23　“另存为”对话框**

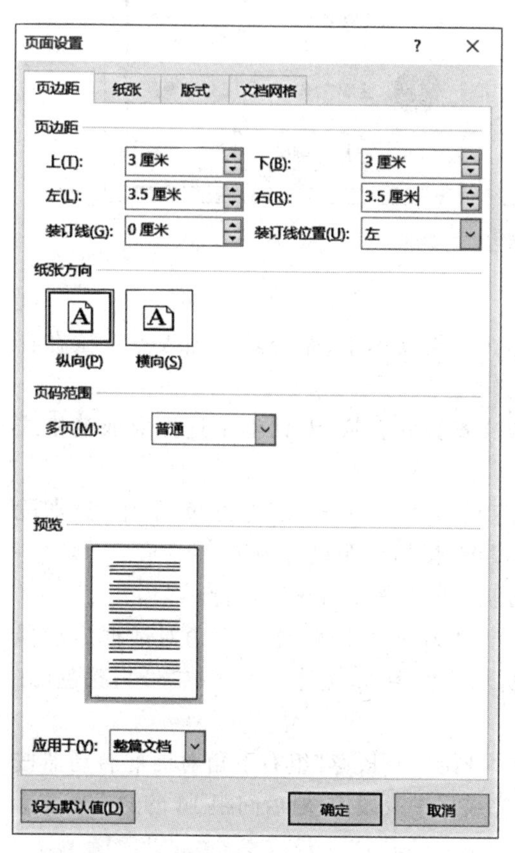


**图 2-24　“页眉设置”对话框“页边距”选项卡**

2. 设置页边距上、下均为 3 厘米，左、右均为 3.5 厘米。

步骤：单击“布局”→“页眉设置”组对话框启动器按钮，打开“页眉设置”对话框，将上边距和下边距的值修改为 3 厘米，左边距和右边距的值修改为 3.5 厘米，如图 2-24 所示，单击“确定”按钮，完成页边距的设置。

3. 将文中所有的“飞天”替换为“航天”，并加粗。

步骤(1)：单击“文件”→“编辑”组→“替换”命令，打开“查找和替换”对话框。

步骤(2)：在“查找”选项卡中的“查找内容”右侧文本框中输入“飞天”；在“替换”选项卡中的“替换为”右侧文本框中输入“航天”；

步骤(3)：单击“更多”按钮，展开“查找和替换”对话框，在对话框中选择文字“航天”，单击“格式”下拉按钮，在展开的下拉列表中选择“字体”命令，打开“替换字体”对话框，选择“字形”下的“加粗”，单击“确定”按钮，返回“查找和替换”对话框。

步骤(4)：在“查找和替换”对话框中单击

"全部替换"按钮，系统跳出提示信息"全部完成。完成 12 处替换。"，如图 2-25 所示。

图 2-25 "查找和替换"对话框

注意：

①在设置替换文本的格式前要将插入点定位在替换文本上，系统默认插入点定位在查找文本上。

②若要取消查找或替换的文字格式设置，可在"查找和替换"对话框中选择要取消格式设置的文本，单击"不限定格式"按钮。

4. 在文首插入标题"人类的航天梦"，标题文字设置为小一号、黑体、红色，居中，添加段落浅蓝色底纹，设置图案样式为纯色 100%，标题段前、段后间距设置为 16 磅。

步骤(1)：插入点定位文首，插入文字"人类的航天梦"，按 Enter 键换行。

步骤(2)：选择标题文字"人类的航天梦"，单击"开始"→"字体"组右下角对话框启动器按钮，打开"字体"对话框，在对话框中按图 2-26 所示设置字体(黑体)、字号(二号)、颜色(红色)。

步骤(3)：选择标题文字"人类的航天梦"，单击"开始"→"段落"组右下角对话框启动器按钮，打开"段落"对话框，在对话框中按图 2-27 所示完成居中及段前、段后间距 16 磅的设置。

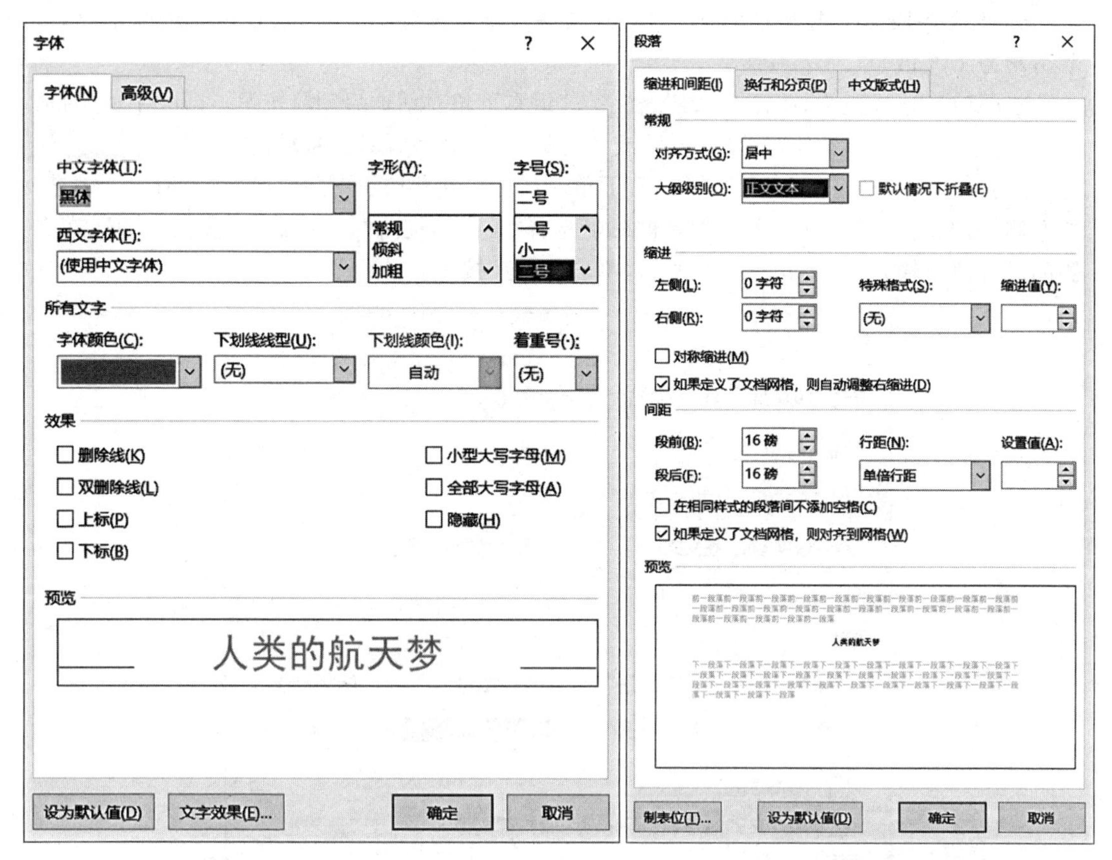


图 2-26　设置标题字体格式　　　　图 2-27　设置标题的段落格式

步骤(4)：选择标题，单击“开始”→“段落”组→“边框”下拉按钮，在打开的下拉列表中选择“边框和底纹”命令，打开“边框和底纹”对话框，单击“底纹”选项卡，“样式”选择“纯色(100%)”，颜色选择“浅蓝色”，如图 2-28 所示，单击“确定”按钮。

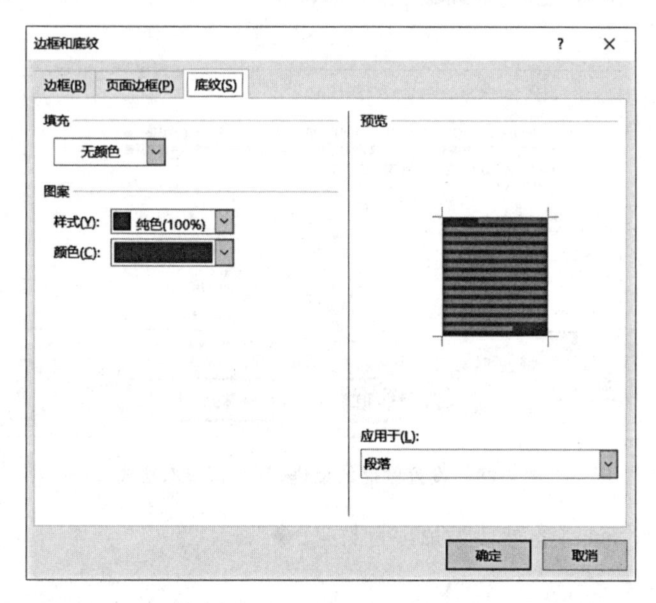


图 2-28　“边框和底纹”对话框

5. 正文各段文字设置为五号、楷体；正文各段落左右缩进 1 字符，首行缩进 2 字符，段落行距为 1.3 倍。

步骤(1)：选择正文，单击“开始”→“字体”组右下角对话框启动器按钮，打开“字体”对话框，设置字体为“楷体”，字号为“四号”，或者直接在“字体”功能区中设置。

步骤(2)：单击“开始”→“段落”组右下角对话框启动器按钮，打开“段落”对话框，“缩进”的左侧、右侧均设置为“1 字符”；“特殊格式”选择“首行缩进”；“行距”选择“多倍行距”，在右侧的设置值中输入 1.3，如图 2-29 所示，单击“确定”按钮。

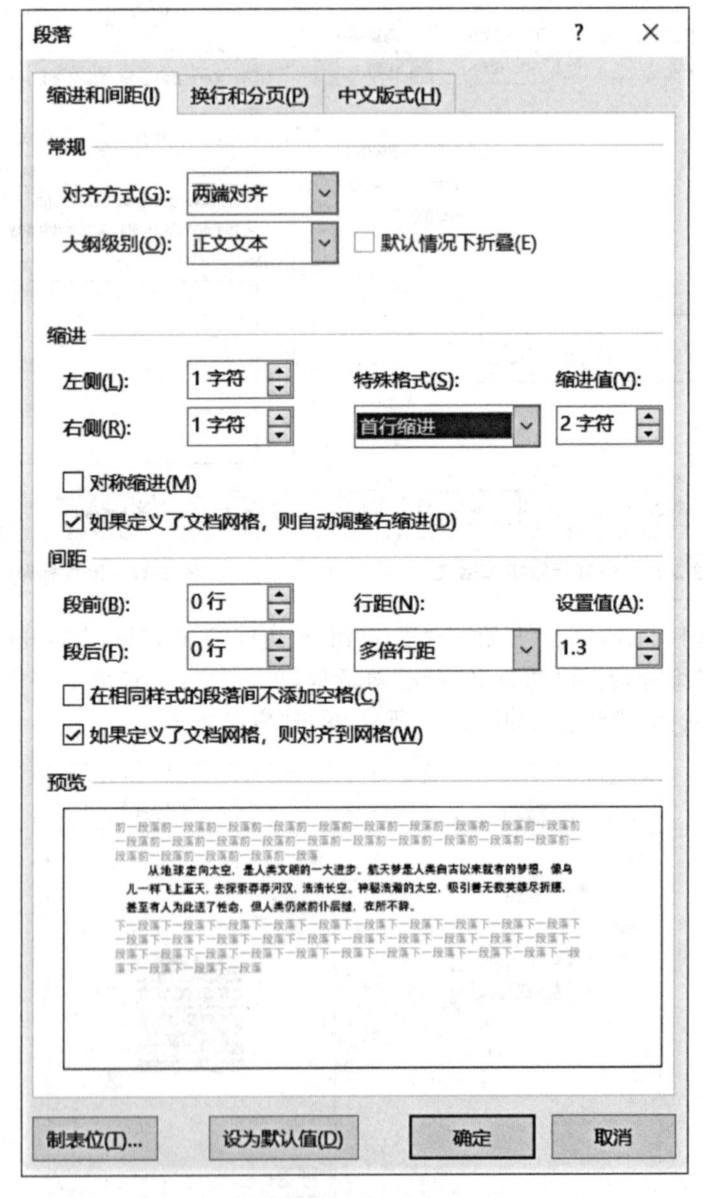


图 2-29　设置段落的缩进、间距和特殊格式

6. 为正文的第 3、4、5 自然段添加项目符号“◆”。

步骤：选择正文的第 3、4、5 自然段，单击“开始”→“段落”→“项目符号”下拉按钮，在下拉列表中单击“◆”，如图 2-30 所示。

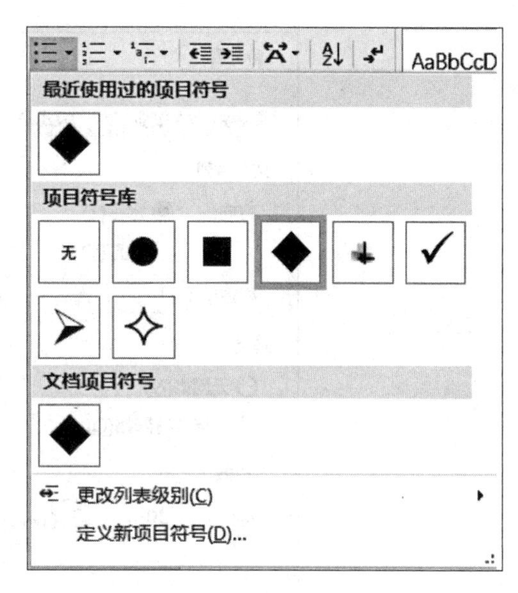


图 2-30　“项目符号”下拉列表

7. 将正文的 1、2、6 自然段设置为每行 30 个字符。

步骤(1)：插入点定位在第 2 自然段的末尾，单击“布局”→“分隔符”下拉按钮，在打开的下拉列表中选择“分节符”中的“连续”命令，如图 2-31 所示。

注意：页面视图下文档没有变化，单击“视图”→“视图”组→“大纲视图”命令，将视图切换到大纲视图，可以看到第 2 与第 3 自然段之间插入了一个显示为双虚线的分节符（连续），如图 2-32 所示，单击“大纲”→“关闭”组→“关闭大纲视图”命令，返回页面视图。

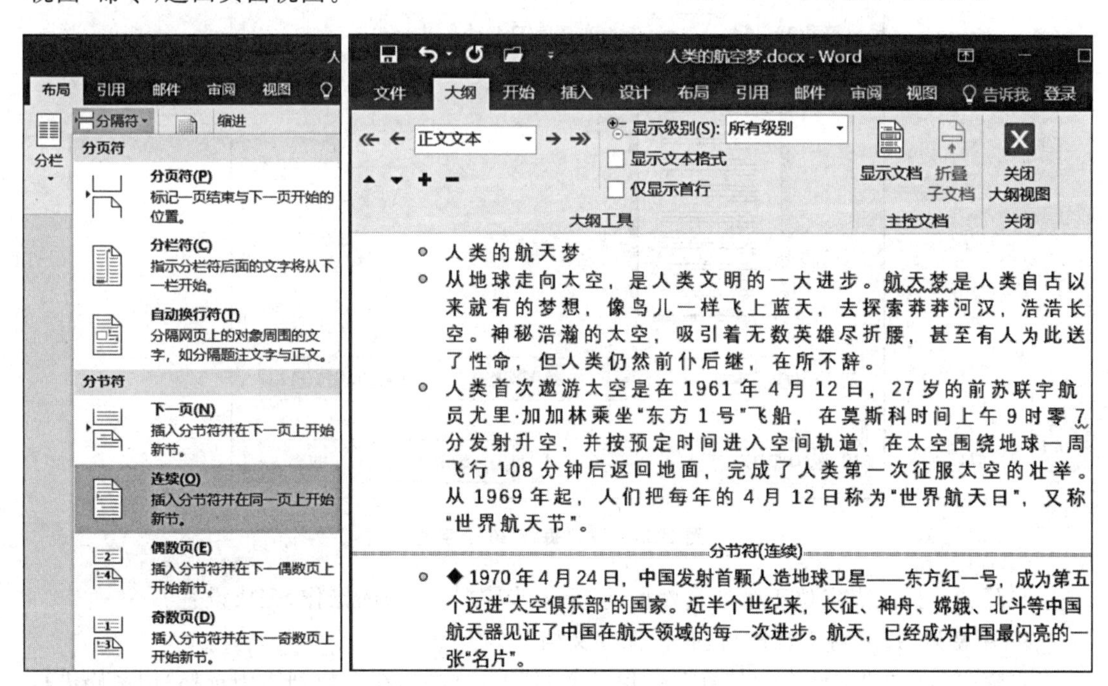

图 2-31　插入“分节符”　　　　图 2-32　大纲视图下的分节符

步骤(2)：单击“布局”→“页面设置”组右下角对话框启动器按钮，打开“页面设置”对话框，在对话框中单击“文档网格”选项卡，在“网格”功能区中选择“指定行和字符网格”；在“字符数”功能区的“每行”右侧文本框中输入“30”；“应用于”为默认的“本节”选项，如图 2-33 所示，单击“确定”按钮，完成正文第 1、2 自然段的每行 30 个字符数的设置。

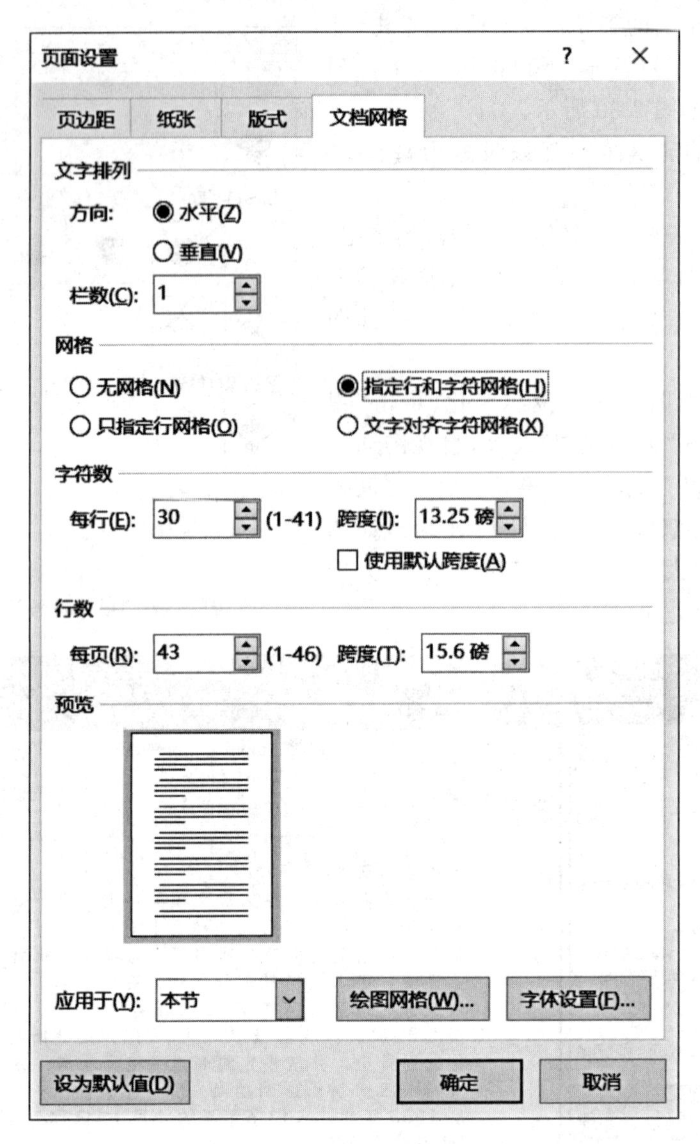


图 2-33　设置每行 30 个字符

步骤(3):插入点定位于第 6 自然段前,重复步骤(1)、(2)的操作,完成设置。

8. 用密码“123”对文档进行加密,保存文档。

步骤(1):单击“文件”→“信息”→“保护文档”下拉按钮,在下拉列表中选择“用密码进行加密”命令,打开“加密文档”对话框,在“密码”文本框中输入“123”,单击“确定”按钮,弹出“确认密码”对话框,再次输入密码,如图 2-34 所示,单击“确定”按钮,完成加密操作。

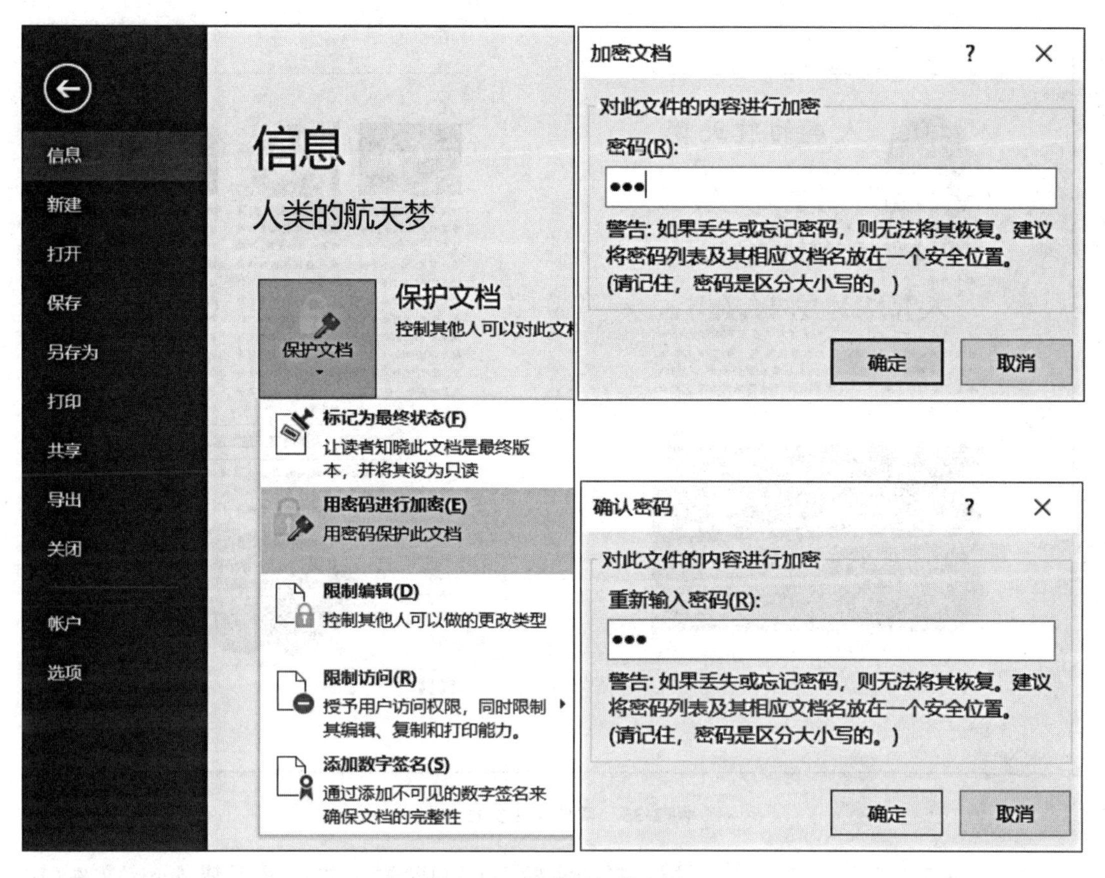


图 2-34 用密码加密文档

步骤(2):单击快捷工具栏中的“保存”按钮,保存文件。

## 实验 2-2 图文混排

### 实验目的

1. 掌握分栏、分页操作,及插入页眉、页码的操作;
2. 掌握插入图片的操作,并对图片进行编辑;
3. 掌握简单图形的绘制;
4. 掌握艺术字的使用;
5. 掌握公式编辑器的使用;
6. 掌握文本框的使用;
7. 掌握图文混排的方法。

### 实验内容

打开实验 2-1 完成的“人类的航天梦.docx”文件,下载实验项目 2 实验 2-2 的素材,通过以下操作完成文档的编辑,完成的效果如图 2-35 所示。

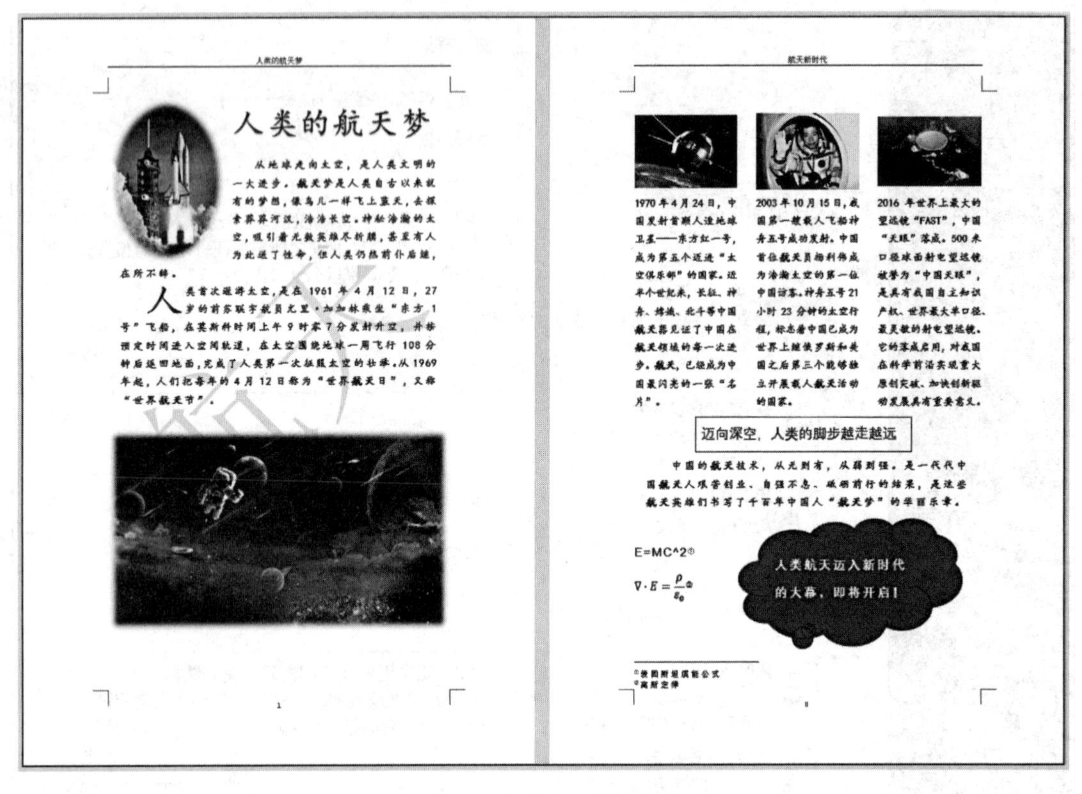
人类的航天梦

人类的航天梦

从地球走向太空，是人类文明的一大进步。航天梦是人类自古以来就有的梦想，像鸟儿一样飞上蓝天，去探索莽莽河汉，浩浩长空。神秘浩瀚的太空，吸引着无数英雄尽折腰，甚至有人为此送了性命，但人类仍然前仆后继，在所不辞。

人类首次遨游太空，是在 1961 年 4 月 12 日，27 岁的前苏联宇航员尤里·加加林乘坐"东方 1 号"飞船，在莫斯科时间上午 9 时零 7 分发射升空，并按预定时间进入空间轨道，在太空围绕地球一周飞行 108 分钟后返回地面，完成了人类第一次征服太空的壮举。从 1969 年起，人们把每年的 4 月 12 日称为"世界航天日"，又称"世界航天节"。

航天新时代

1970 年 4 月 24 日，中国发射首颗人造地球卫星——东方红一号，成为第五个送进"太空俱乐部"的国家。近半个世纪来，长征、神舟、嫦娥、北斗等中国航天器见证了中国在航天领域的每一次进步。航天，已经成为中国最闪亮的一张"名片"。

2003 年 10 月 15 日，我国第一艘载人飞船神舟五号成功发射。中国首位航天员杨利伟成为浩瀚太空的第一位中国访客。神舟五号 21 小时 23 分钟的太空行程，标志着中国已成为世界上继俄罗斯和美国之后第三个能够独立开展载人航天活动的国家。

2016 年世界上最大的望远镜"FAST"，中国"天眼"落成。500 米口径球面射电望远镜被誉为"中国天眼"，是具有我国自主知识产权、世界最大单口径、最灵敏的射电望远镜。它的落成启用，对我国在科学前沿实现重大原创突破、加快创新驱动发展具有重要意义。

迈向深空，人类的脚步越走越远

中国的航天技术，从无到有，从弱到强。是一代代中国航天人艰苦创业、自强不息、砥砺前行的结果，是这些航天英雄们书写了千百年中国人"航天梦"的华丽乐章。

E=MC^2①

$\nabla\cdot E=\frac{\rho}{\varepsilon_0}$②

人类航天迈入新时代的大幕，即将开启！

①爱因斯坦质能公式
②高斯定律

图 2-35　实验 2-2 文档样张

1. 下载实验项目 2 实验 2-2 素材，打开实验 2-1 完成的"人类的航天梦.docx"文件(输入密码"123")，在正文第 3 段前插入分页符，将文档分成两页。

2. 删除标题，插入样式为"填充-蓝色，着色 1，阴影"的艺术字"人类的航天梦"，设置为"顶端居右，四周型文字环绕"。

3. 为正文第 2 段文字添加首字下沉(2 行)的效果。

4. 在第一页左上方插入素材中的"图片 1. bmp"，调整图片尺寸高度为 60%，宽度为 50%；设置图片环绕方式为四周型；图片相对于栏左对齐；图片样式为"柔化边缘椭圆"。

5. 在正文第 2 自然段后插入一个空段；在第一页下方插入素材中的"图片 2. bmp"，设置图片水平居中，图片样式为"柔化边缘矩形"。

6. 删除第 2 页第 1～3 自然段的项目符号设置与左、右缩进设置；将这 3 个自然段均分为 3 栏；在这 3 段文字前分别插入素材中的图片 3. bmp、图片 4. bmp、图片 5. bmp。

7. 在最后一个自然段前插入一个横排文本框，内容为"迈向深空，人类的脚步越走越远"，设置为等线、三号、蓝色、上下型环绕。

8. 在文末插入 3 个空段，在第 2 个空段插入文字"E＝MC^2"，设置为四号、Arial、蓝色，左对齐，插入脚注"爱因斯坦质能公式"；在第 3 个空段插入公式"$\nabla\cdot E=\frac{\rho}{\varepsilon_0}$"，设置为蓝色，插入脚注"高斯定律"；脚注的编号格式为①、②、③……

9. 在第 2 页页面底端的右侧插入云形标注，标注中的文字为"人类航天迈入新时代的大幕，即将开启！"，设置为等线、四号，"白色，背景 1"(RGB(255,255,255))，加粗。

10. 设置奇数页页眉为“人类的航天梦”,偶数页页眉为“航天新时代”;在页面底端中部插入页码,样式为“普通数字 2”,编号格式为“Ⅰ,Ⅱ,Ⅲ,…”。

11. 为第 1 页添加“机密 1”样式的水印,内容为“航天”。

12. 将文档另存为“人类的航天梦 2. docx”。

实验步骤

1. 下载实验项目 2 实验 2-2 素材,打开实验 2-1 完成的“人类的航天梦.docx”文件(输入密码“123”),在正文第 3 段前插入分页符,将文档分成两页。

步骤:将插入点定位在正文第 2 自然段末尾,单击“布局”→“分隔符”下拉箭头,在打开的下拉列表中选择“分节符”中的“下一页”命令,文档被分成两页。

2. 删除标题,插入样式为“填充-蓝色,着色 1,阴影”的艺术字“人类的航天梦”,设置为“顶端居右,四周型文字环绕”。

步骤(1):选择标题,单击 Delete,删除标题。

步骤(2):单击“插入”→“文本”组→“艺术字”下拉按钮,在下拉列表中选择第 1 行第 2 列的“填充-蓝色,着色 1,阴影”样式,在文本编辑区艺术字占位符中输入文字“人类的航天梦”。

步骤(3):选择插入的艺术字,单击“绘图工具”→“格式”→“排列”组→“位置”下拉按钮,如图 2-36 所示,在下拉列表中选择“顶端居右,四周型文字环绕”(第 1 行第 3 列)。

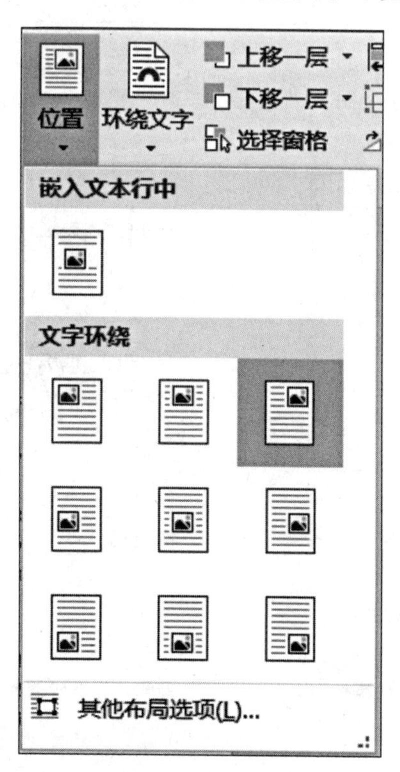


图 2-36　位置选项

3. 为正文第 2 段文字添加首字下沉(2 行)的效果。

步骤:将插入点定位于正文第 2 自然段中,单击“插入”→“文本”组→“首字下沉”下拉按钮，在打开的下拉列表中选择“下沉”命令，打开“首字下沉”对话框，“位置”选择“下沉”，“下沉行数”输入“2”，如图 2-37 所示，单击“确定”按钮。

4. 在第一页左上方插入素材中的“图片 1. bmp”，调整图片尺寸高度为 60%，宽度为 50%；设置图片环绕方式为四周型；图片相对于栏左对齐；图片样式为“柔化边缘椭圆”。

步骤(1)：单击“插入”→“插图”组→“图片”命令，打开“插入图片”对话框，选择“图片 1. bmp”，单击“插入”按钮插入图片。

步骤(2)：选择图片，单击“图片工具”→“格式”→“大小”组右下角对话框启动按钮，打开“布局”对话框，在“大小”选项卡的“缩放”中去除“锁定纵横比”复选框中的√，高度设置为 60%，宽度设置为 50%，如图 2-38(a)所示；在“文字环绕”选项卡“环绕方式”选择“四周型”，如图 2-38(b)所示；在“位置”选项卡的“水平”选择“左对齐”，相对于“栏”，单击“确定”按钮，如图 2-38(c)所示。

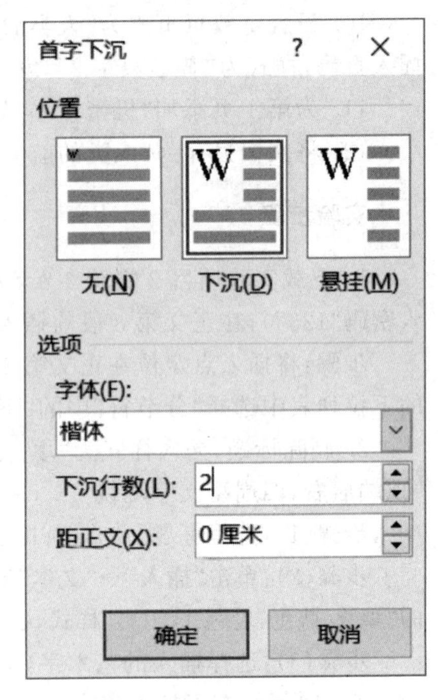


图 2-37 “首字下沉”对话框



(a)“布局”对话框“大小”选项卡

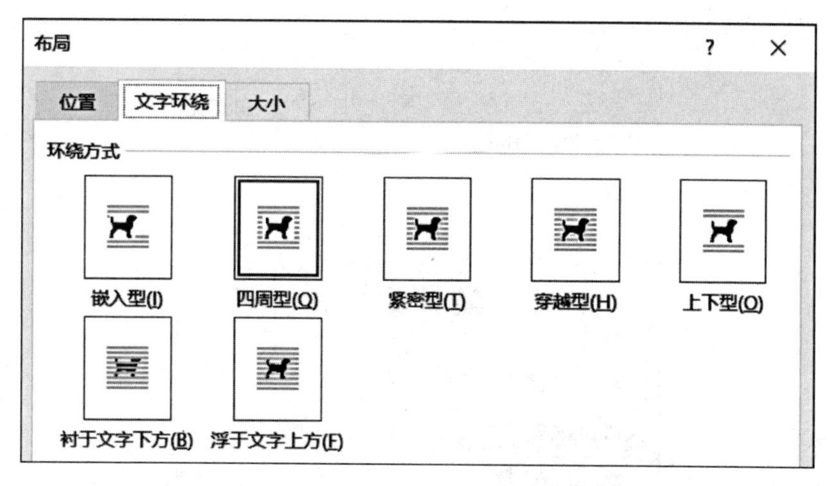


(b)“布局”对话框“文字环绕”选项卡

(c)“布局”对话框“位置”选项卡

**图 2-38　“布局”对话框**

步骤(3):选择图片,单击“图片工具”→“格式”→“图片样式”组右侧下拉按钮,在列表中选择“柔化边缘椭圆”。

5. 在正文第 2 自然段后插入一个空段;在第一页下方插入素材中的“图片 2. bmp”,设置图片水平居中,图片样式为“柔化边缘矩形”。

步骤(1):插入点定位于正文第 2 自然段末尾,按 Enter 键。

步骤(2):单击“插入”→“插图”组→“图片”命令,打开“插入图片”对话框,选择“图片 2. bmp”,单击“插入”按钮插入图片。

步骤(3):选择图片,单击“图片工具”→“格式”→“大小”组右下角对话框启动按钮,打开“布局”对话框,“位置”选项卡的“水平”选择“居中”,相对于“栏”。

步骤(4):选择图片,单击“图片工具”→“格式”→“图片样式”组右侧下拉按钮,在列表中选择“柔化边缘矩形”。

6. 删除第 2 页第 1～3 自然段的项目符号设置与左、右缩进设置;将这 3 段均分为 3 栏;在这 3 段文字前分别插入素材中的图片 3. bmp、图片 4. bmp、图片 5. bmp。

步骤(1):选择第 2 页第 1～3 自然段,单击“开始”→“段落”组→“项目符号”下拉按钮,在打开的列表中选择“无”命令,如图 2-39 所示;或将插入点定位在项目符号后,按 Backspace 键删除项目符号。

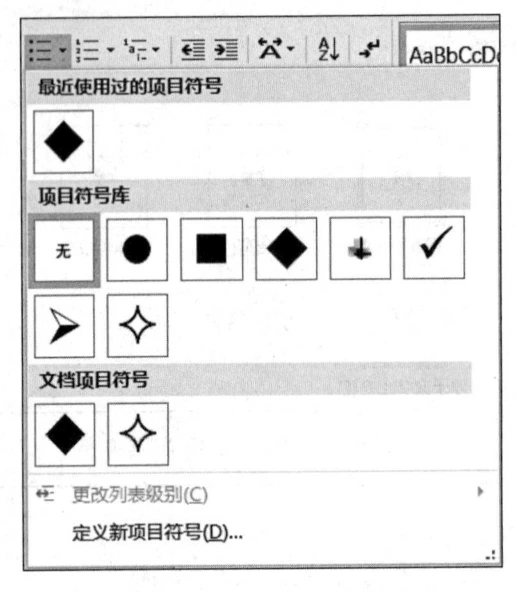


图 2-39　取消项目符号设置

步骤(2):选择第 2 页第 1～3 自然段,单击“开始”→“段落”组右下角对话框启动器按钮,打开“段落”对话框,在“缩进”中将“左侧”“右侧”参数均设置为“0 字符”,单击“确定”按钮。

步骤(3):选择第 2 页第 1～3 自然段,单击“布局”→“页面设置”组→“分栏”下拉按钮,在打开的下拉列表中选择“更多分栏”命令,打开“分栏”对话框,选择“三栏”,如图 2-40 所示,单击“确定”按钮。

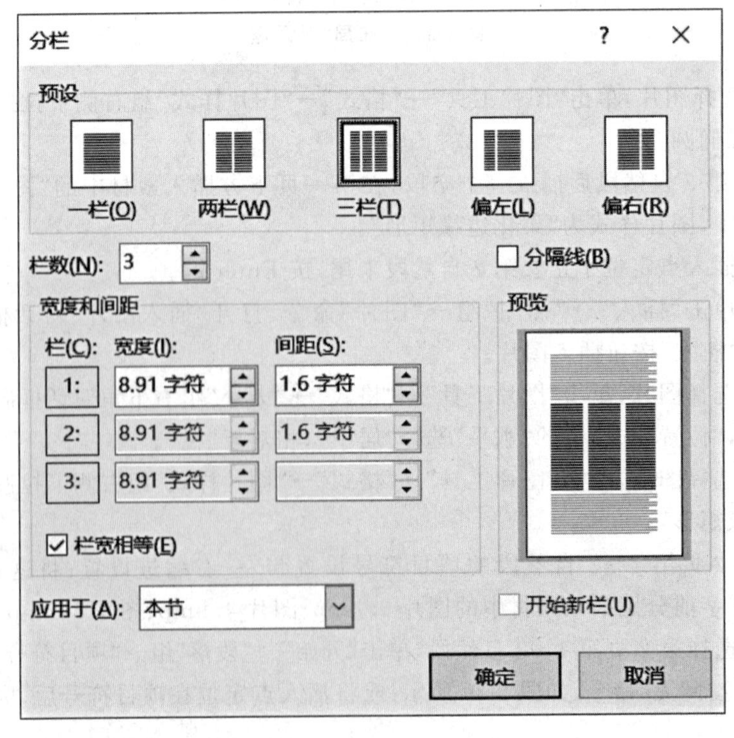


图 2-40　“分栏”对话框

步骤(4):插入点定位在第 1 栏文字前,单击“插入”→“插图”组→“图片”命令,打开“插入图片”对话框,选择“图片 3. bmp”,单击“插入”按钮插入图片;类似的操作插入图片 4. bmp、图片 5. bmp。

7. 在最后一个自然段前插入一个横排文本框,内容为“迈向深空,人类的脚步越走越远”,设置为等线、三号、蓝色、上下型环绕。

步骤(1):插入点定位在最后一个自然段前,单击“插入”→“文本”组→“文本框”下拉箭头,在打开的下拉列表中选择“简单文本框”命令,在文档编辑区插入一个文本框占位符,在文本框中输入文字“迈向深空,人类的脚步越走越远”。

步骤(2):单击选择文本框,在文本框右上角出现“布局选项”按钮,单击该按钮,在出现的列表中选择“上下型环绕”,利用文本框边缘的 8 个控点,调整文本框的大小,使其成一行显示,如图 2-41 所示。

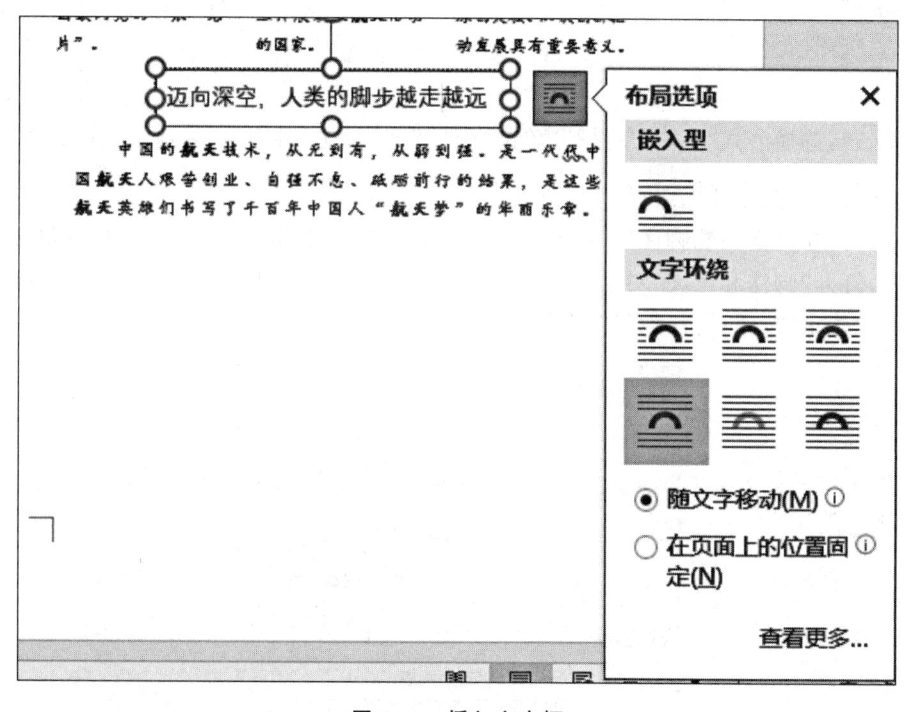


图 2-41　插入文本框

步骤(3):选择文本框中的文字,在“开始”→“字体”组功能区中设置字体为等线,字号为三号,字体颜色为蓝色。

8. 在文末插入 3 个空段,在第 2 个空段插入文字“E=MC^2”,设置为四号、Arial、蓝色,左对齐,插入脚注“爱因斯坦质能公式”;在第 3 个空段插入公式“$\nabla \cdot E=\frac{\rho}{\varepsilon_0}$”,设置为蓝色,插入脚注“高斯定律”;脚注的编号格式为①、②、③……

步骤(1):插入点定位在最后一个自然段末尾,按下 3 次 Enter 键,插入两个空段。

步骤(2):插入点定位在插入的第 2 个空段,输入“E=MC^2”(在英文输入法状态下按下 Shift+6 输入^)。选择“E=MC^2”,单击“开始”→“字体”组右下角对话框启动器按钮,打开“字体”对话框,将“西文字体”设置为“Arial”,“字号”设置为“四号”,“字体颜色”设置为“蓝色”。或在“字体”功能区中直接设置。

步骤(3):选择“E=MC^2”,单击“引用”→“脚注”组→“插入脚注”命令,在页面底端脚注区输入文字“爱因斯坦质能公式”。

步骤(4):插入点定位在插入的第3个空段,单击“插入”→“符号”组→“公式”命令,文档编辑区出现公式占位符,选项卡出现“公式工具”选项卡,如图2-42所示,选择符号组中的符号和结构组中的分数、上下标命令,输入公式“$\nabla \cdot E=\frac{\rho}{\varepsilon_0}$”。

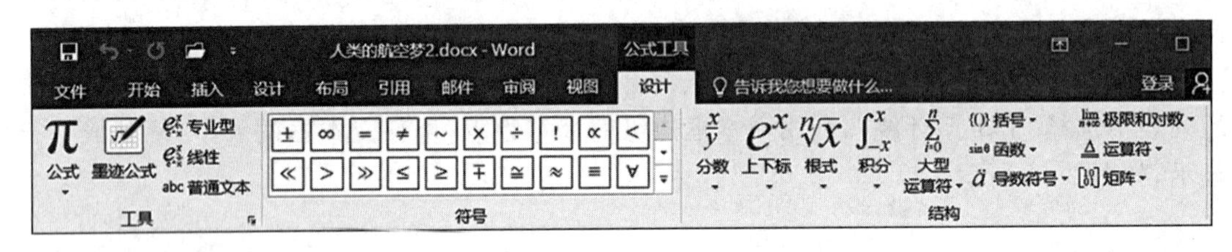


图 2-42 “公式工具”选项卡

步骤(5):选择公式“$\nabla \cdot E=\frac{\rho}{\varepsilon_0}$”,单击“引用”→“脚注”组→“插入脚注”命令,在页面底端脚注区输入“高斯定律”。

步骤(6):在页面底端脚注区选择脚注编号“1”,单击“引用”→“脚注”组右下角对话框启动器按钮,打开“脚注和尾注”对话框,在对话框中“编号格式”选择“①,②,③…”,如图2-43所示,单击“确定”按钮;脚注编号“2”的操作类似。

脚注和尾注
位置
脚注(F): 页面底端
尾注(E): 文档结尾
转换(C)...
脚注布局
列(O): 匹配节布局
格式
编号格式(N): ①, ②, ③ ...
自定义标记(U):
符号(Y)...
起始编号(S): ①
编号(M): 连续
应用更改
将更改应用于(P): 本节
插入(I) 取消 应用(A)

图 2-43 “脚注和尾注”对话框

9. 在第 2 页底端右侧插入云形标注，标注中的文字为“人类航天迈入新时代的大幕，即将开启！”，设置为等线、四号，“白色，背景 1”(RGB(255,255,255))，加粗。

图 2-44　插入云形标注

步骤(1)：插入点定位在最后一个自然段末尾，单击“插入”→“插图”组→“形状”下拉箭头，在打开的下拉列表中选择“标注”中的“云形标注”命令，如图 2-44 所示，在文档编辑区鼠标呈现黑色实心十字，按住鼠标左键绘制一个云形图案，在标注中输入文字“人类航天迈入新时代的大幕，即将开启！”。

步骤(2)：选择标注中的文字，在“开始”→“字体”组功能区中设置字体为“等线”，字号为“四号”，字体颜色为“白色，背景 1”(RGB(255,255,255))，字形为加粗 **B** 。

步骤(3)：单击选择云形标注，利用图形的 8 个控点调整图形的大小直到文字呈现两行排列，完成的效果如图 2-45 所示。

图 2-45　插入公式和云形标注的效果

10. 设置奇数页页眉为“人类的航天梦”，偶数页页眉为“航天新时代”；在页面底端中部插入页码，样式为“普通数字 2”，编号格式为“Ⅰ,Ⅱ,Ⅲ,…”。

步骤(1)：单击“布局”→“页面设置”组右下角对话框启动器按钮，打开“页面设置”对话框，在“版式”选项卡中勾选“奇偶页不同”，如图 2-46 所示，单击“确定”按钮。

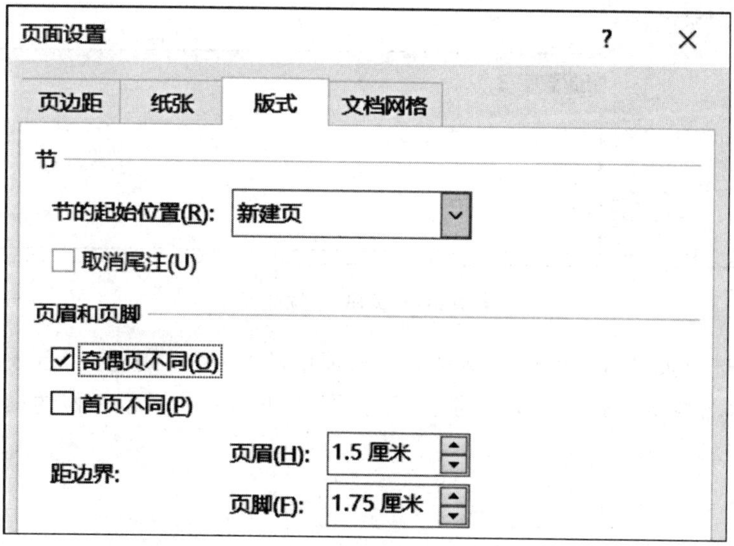

页面设置　?　×

页边距　纸张　版式　文档网格

节

节的起始位置(R)：新建页

☐ 取消尾注(U)

页眉和页脚

☑ 奇偶页不同(O)

☐ 首页不同(P)

距边界：页眉(H)：1.5 厘米

页脚(F)：1.75 厘米

图 2-46　设置页眉和页脚奇偶页不同

步骤(2):双击文档第1页的页眉区域,进入页眉编辑状态,单击第1页的奇数页页眉,输入文字“人类的航天梦”;插入点定位在第2页页眉,输入文字“航天新时代”,如图2-47所示。

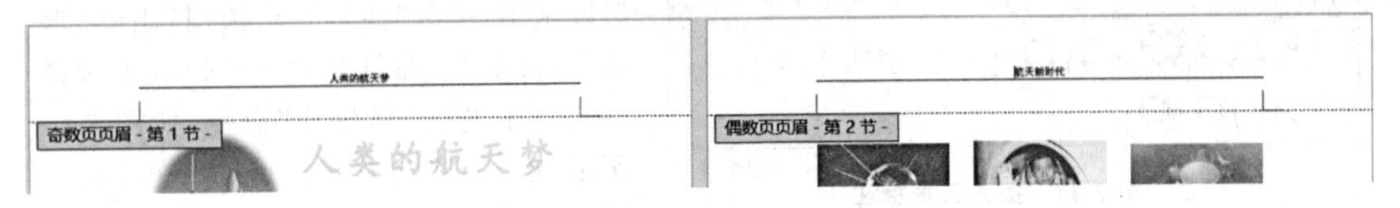


图 2-47　插入奇偶页不同的页眉

步骤(3):插入点定位在第1页的页脚区域,单击“页眉和页脚工具”→“设计”→“页眉和页脚”→“页码”下拉按钮,如图2-48所示,在列表中选择“页面底端”→“普通数字2”,即在页面底端的页脚区中部插入了页码“1”。重复类似的操作在第2页插入页码“2”。

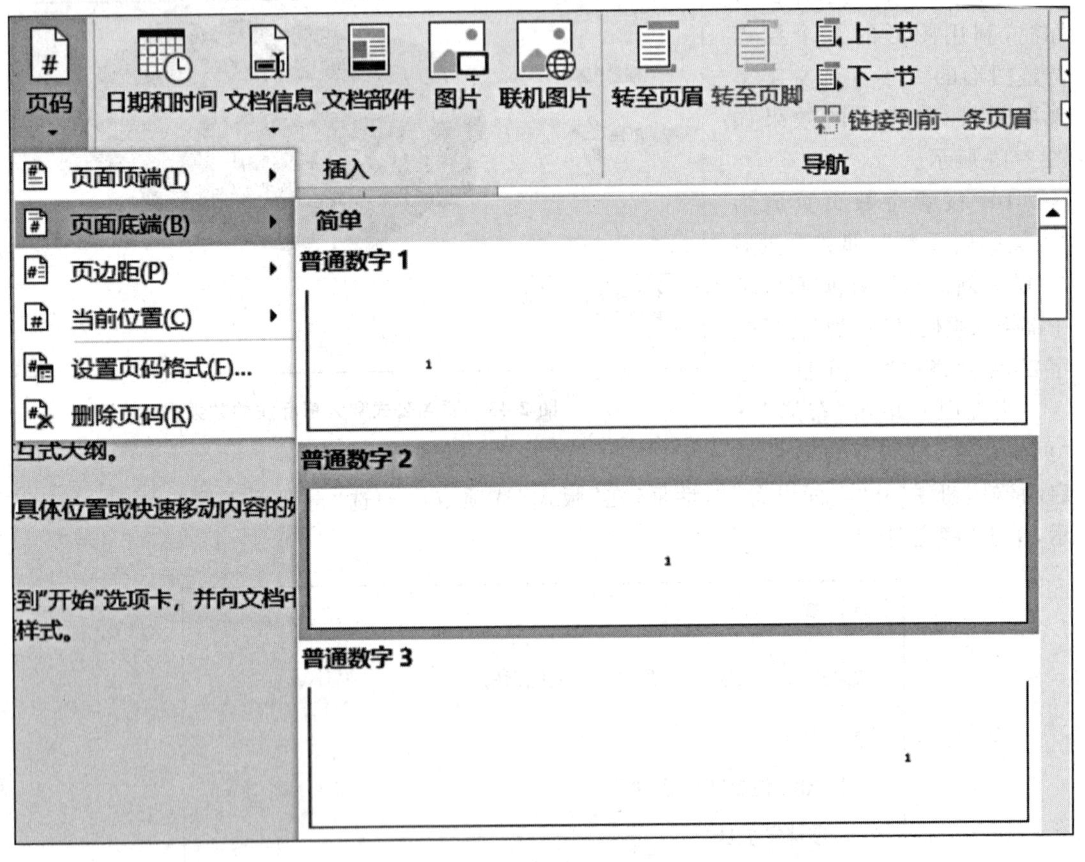


图 2-48　“页码”下拉选项

步骤(4):选择页码“1”,单击“页码”下拉选项中的“设置页码格式”命令,打开“页码格式”对话框,“编号格式”选择“Ⅰ,Ⅱ,Ⅲ,…”,如图2-49所示。重复类似的操作在第2页设置页码的编号格式。

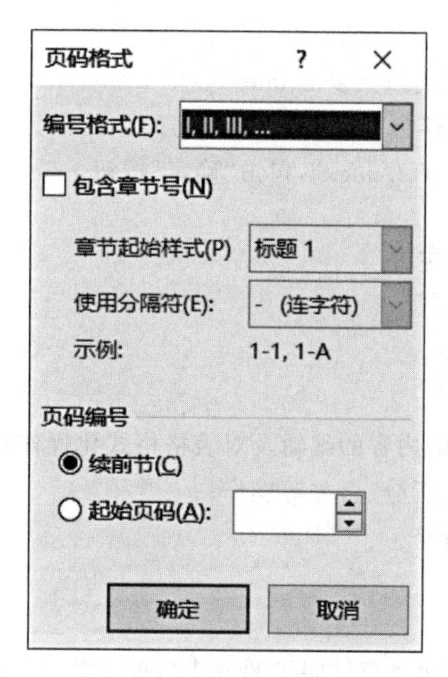


图 2-49　"页码格式"对话框

11. 为第 1 页添加"机密 1"样式的水印,内容为"航天"。

步骤(1):插入点定位在第 1 页中,单击"设计"→"页面背景"组→"水印"下拉按钮,在打开的下拉列表中选择"机密 1"。

步骤(2):单击"设计"→"页面背景"组→"水印"下拉按钮,在下拉列表中选择"自定义水印",打开"水印"对话框,"文字水印"的"文字"修改为"航天",如图 2-50 所示,单击"应用"按钮。

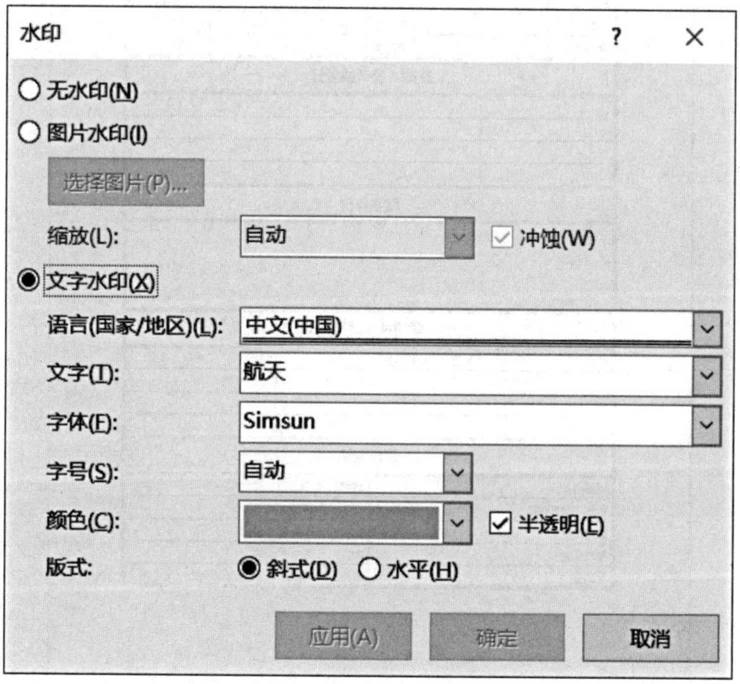

图 2-50　"水印"对话框

完成的文档效果如图 2-35 所示。

12. 将文档另存为“人类的航天梦 2. docx”。

步骤：单击“文件”→“另存为”→“浏览”命令，打开“另存为”对话框，选择文件保存的路径，输入文件名“人类的航天梦 2. docx”，单击“确定”按钮。

## 实验 2-3　表格的制作

### 实验目的

1. 掌握表格的制作、表格内容的编辑及对表格格式化操作；
2. 掌握表格中单元格的拆分、合并等操作；
3. 掌握表格中的简单计算。

### 实验内容

表格可以使复杂的内容通过简洁明了的方式呈现。某大学的一位同学需要填写个人信息情况，设计以表格方式呈现，完成的效果如图 2-51 所示。

**个人信息表**

<table>
<tr><th colspan="7">基本情况</th></tr>
<tr><td>姓名</td><td>张三</td><td>性别</td><td></td><td>出生年月</td><td></td><td rowspan="5">照片</td></tr>
<tr><td>民族</td><td></td><td>婚否</td><td></td><td>政治面貌</td><td></td></tr>
<tr><td>籍贯</td><td></td><td>学历</td><td></td><td>生源地区</td><td></td></tr>
<tr><td>专业</td><td colspan="2"></td><td>毕业院校</td><td colspan="2"></td></tr>
<tr><td>通讯地址</td><td colspan="2"></td><td>联系电话</td><td colspan="2"></td></tr>
<tr><th colspan="7">技能、特长或爱好</th></tr>
<tr><td colspan="2"></td><td colspan="5"></td></tr>
<tr><td colspan="2"></td><td colspan="5"></td></tr>
<tr><td colspan="2"></td><td colspan="5"></td></tr>
<tr><td colspan="2"></td><td colspan="5"></td></tr>
<tr><th colspan="7">自我评价</th></tr>
<tr><td colspan="7"></td></tr>
<tr><th colspan="7">学习或实践经历</th></tr>
<tr><td colspan="2">时间</td><td colspan="3">地区、学校或单位</td><td colspan="2">经历</td></tr>
<tr><td colspan="2"></td><td colspan="3"></td><td colspan="2"></td></tr>
<tr><td colspan="2"></td><td colspan="3"></td><td colspan="2"></td></tr>
<tr><td colspan="2"></td><td colspan="3"></td><td colspan="2"></td></tr>
<tr><th colspan="7">课程成绩</th></tr>
<tr><td colspan="3">课程名</td><td colspan="4">成绩</td></tr>
<tr><td colspan="3">计算机体系结构</td><td colspan="4">92</td></tr>
<tr><td colspan="3">数据库原理</td><td colspan="4">90</td></tr>
<tr><td colspan="3">微机原理</td><td colspan="4">80</td></tr>
<tr><td colspan="3">平均分</td><td colspan="4">87.33</td></tr>
</table>

图 2-51　“个人信息表”样张

1. 新建 Word 文档,保存为“个人信息表.docx”文件。

2. 页面的左、右页边距设置为 2 厘米。

3. 输入标题“个人信息表”,设置为黑体、小二号、加粗,居中显示。

4. 在标题下创建如图 2-51 的表格,除第 13 行,其余行的行高均为 0.7 厘米,第 13 行的行高 2.8 厘米;第 1～6 列的列宽 2.2 厘米,第 7 列的列宽 2.75 厘米,表格在页面居中显示。

5. 在表格的第 1～19 行录入图 2-51 中对应行的数据,第 20～24 行录入表 2-1 课程成绩中的数据;表格第 1、7、12、14、19 行的文字与“照片”设置为宋体、四号、加粗,居中对齐,其他文字设置为宋体、五号、常规,左对齐。

6. 表格的外框线及第 1、7、12、14、19 行上下框线设置为 0.5 磅双线,其余框线设置为 0.5 磅单线。

7. 利用公式计算课程成绩的平均分,并按课程成绩的降序进行排序。

8. 保存文件。

实验步骤

1. 新建 Word 文档,保存为“个人信息表.docx”文件。

步骤:单击“文件”→“新建”→“空白文档”命令,新建 Word 文档;单击“文件”→“保存”/“另存为”→“浏览”命令,打开“另存为”对话框,选择文件保存路径,输入文件名“个人信息表.docx”,单击“确定”按钮。

2. 页面的左、右页边距设置为 2 厘米。

步骤:单击“布局”→“页眉设置”右下角对话框启动器按钮,打开“页眉设置”对话框,在对话框的“页边距”选项卡中将“左”和“右”边距值修改为 2 厘米,单击“确定”按钮。

3. 输入标题“个人信息表”,设置为黑体、小二号、加粗,居中显示。

步骤:插入点定位在文档中,输入文字“个人信息表”;选择“个人信息表”文字,在“开始”→“字体”组功能区中设置字体“黑体”“小二”,单击“加粗”命令,在“开始”→“段落”组功能区中单击“居中”命令,如图 2-52 所示。也可通过打开“字体”和“段落”对话框进行设置。

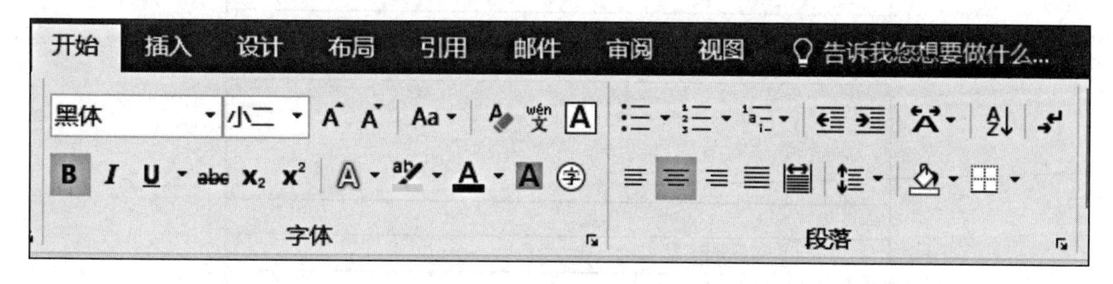


图 2-52　利用选项卡功能区命令设置字体和段落格式

4. 在标题下创建如图 2-51 所示的表格,除第 13 行,其余行的行高均为 0.7 厘米,第 13 行的行高 2.8 厘米;第 1～6 列的列宽 2.2 厘米,第 7 列的列宽 2.75 厘米,表格在页面居中显示。

制作图 2-51 所示表格的方法较多,以下的方法步骤仅供参考。

步骤(1):在标题文字末尾按 Enter 键,产生一个新的段落,插入点定位在新的段落上,在“开始”→“字体”功能区中选择“宋体”“五号”，去掉“加粗”设置。

步骤(2)：单击“插入”→“表格”组→“表格”下拉按钮，在打开的下拉列表中选择“插入表格”命令，打开“插入表格”对话框，列数输入“7”，行数输入“19”，如图 2-53 所示，单击“确定”按钮，即在文本编辑区插入一个 19 行 7 列的表格。

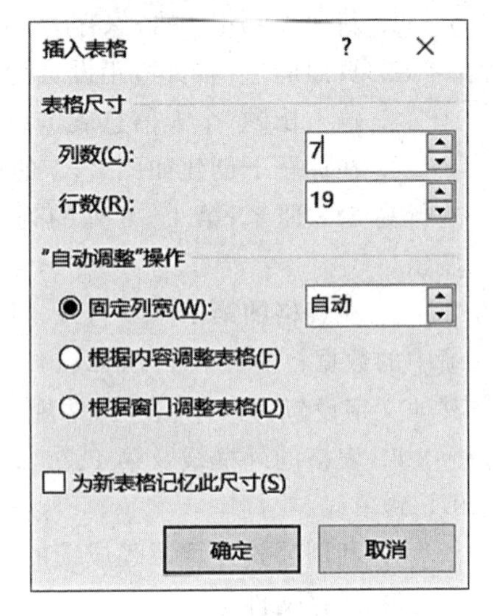


图 2-53 “插入表格”对话框

步骤(3)：选择表格，在“表格工具”→“布局”→“单元格大小”组功能区中将行高设置为 0.7 厘米；选择第 13 行，在“单元格大小”组功能区中将行高设置为 2.8 厘米；选择表格第 1～6 列，在“单元格大小”组中将列宽设置为 2.2 厘米；选择第 7 列，在“单元格大小”组中将列宽设置为 2.75 厘米。

步骤(4)：选择表格第 1 行，单击“表格工具”→“布局”→“合并”组→“合并单元格”命令，合并第 1 行所有单元格；表格中需要合并的单元格也类似操作。完成的效果如图 2-54 所示。

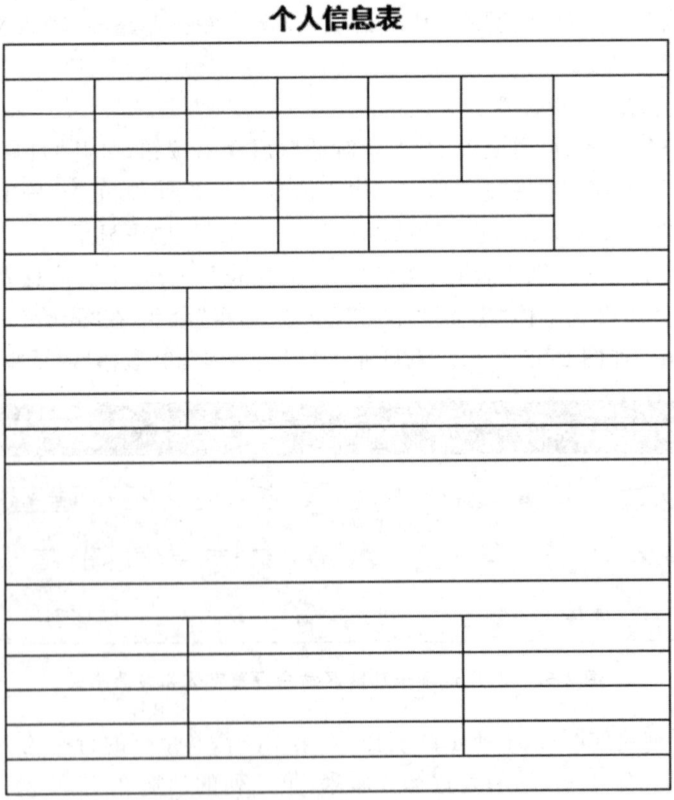

**个人信息表**

图 2-54 合并单元格后的表格效果

步骤(5)：选择表格第 19 行，单击“表格工具”→“布局”→“行和列”组→“在下方插入”命令，插入一行。也可以将鼠标定位在表格第 19 行右框线之外，按 Enter 键插入一行，或者右击第 19 行，在弹出的快捷菜单中选择“插入”→“在下方插入”命令，插入一行(第 20 行)。

步骤(6)：选择表格第 20 行，单击“表格工具”→“布局”→“合并”组→“拆分单元格”命令，打开“拆分单元格”对话框，如图 2-55 所示，单击“确定”按钮。

步骤(7)：重复步骤(5)4 次，插入 4 行(第 21～24 行)。完成的效果如图 2-56 所示。

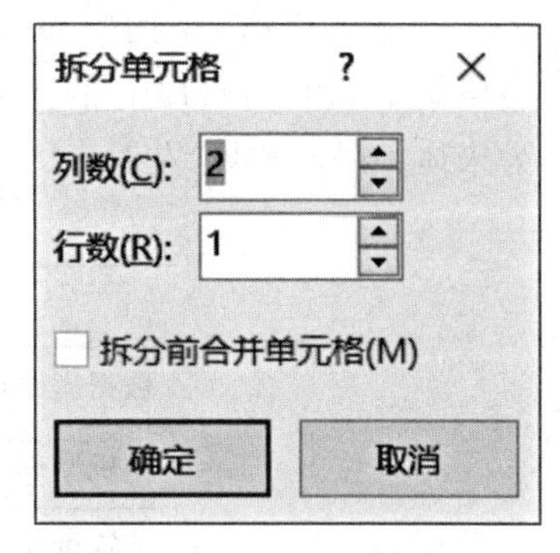

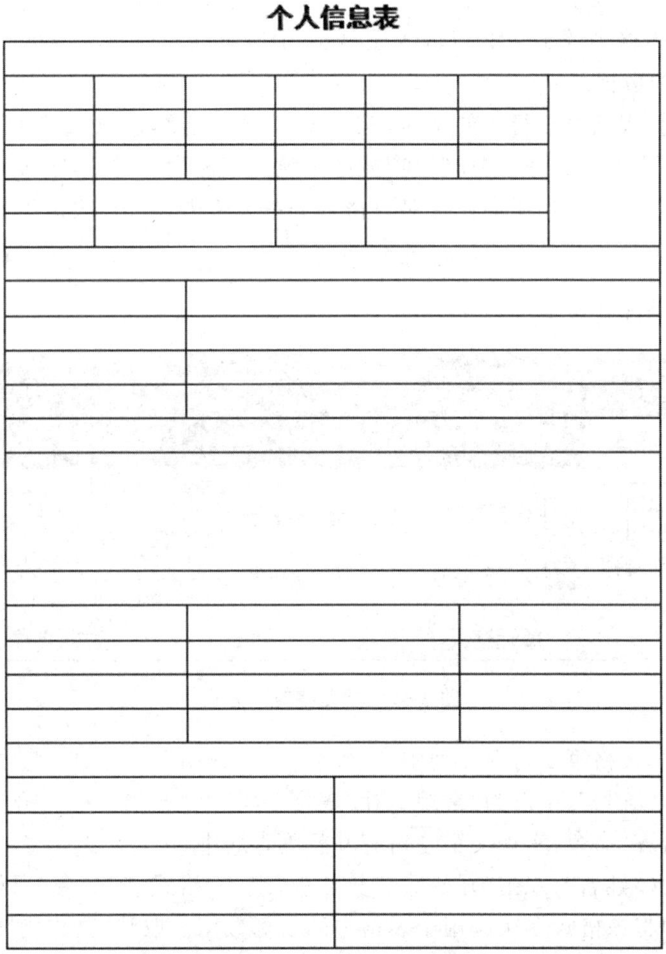

图 2-55　“拆分单元格”对话框

**个人信息表**

图 2-56　插入行之后的表格效果

步骤(8)：选择表格，单击“开始”→“段落”组→“居中” ≡ 命令，将整个表格在页面居中显示。

5. 在表格第1～19行录入图2-51中对应行的数据，第20～24行录入表2-1中的数据；表格第1、7、12、14、19行的文字与“照片”设置为宋体、四号、加粗，居中对齐，其他文字设置为宋体、五号、常规，左对齐。

**表2-1　课程成绩**

| 课程名 | 成绩 |
| --- | --- |
| 数据库原理 | 90 |
| 微机原理 | 80 |
| 计算机体系结构 | 92 |
| 平均分 | |

步骤(1)：在表格中的1～19行输入图2-51中所示的对应行的数据，第20～24行的数据按照表2-1中的数据录入。

步骤(2)：选择表格第1行中的文字，按住Ctrl键不连续选取第7、12、14、19行中的文字及文字“照片”，在“开始”→“字体”组功能区中设置字体为“宋体”，字号为“四号”，加粗。

步骤(3)：插入点定位在需要设置对齐格式的单元格中，单击“表格工具”→“布局”→“对齐方式”组→“水平居中”命令，如图2-57所示，完成选定单元格内容的水平与垂直居中操作。其他单元格操作类似。

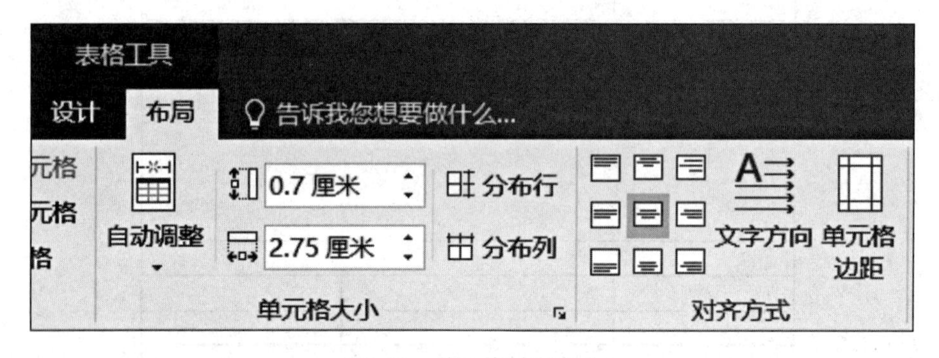


图2-57　单元格对齐方式

步骤(4)：选择表格第2行第1列中的“姓名”，在“开始”→“字体”组功能区中设置字体为“宋体”，字号为“五号”，字形为“常规”，在“表格工具”→“布局”→“对齐方式”组功能区中选择“中部两端对齐”命令，实现文字左对齐并且垂直居中。

步骤(5)：选择“姓名”，双击“开始”→“剪贴板”组→“格式刷”命令，鼠标呈现刷子形状，选择目标数据，即将该格式多次应用于表格中的目标数据。取消“格式刷”只需再次单击“开始”→“剪贴板”组→“格式刷”命令。

6. 表格的外框线及第1、7、12、14、19行上下框线设置为0.5磅双线，其余框线设置为0.5磅单线。

步骤(1)：选择整个表格，在“表格工具”→“设计”→“边框”组功能区中，“线型”选择单线，线宽选择0.5磅，单击“边框”下拉按钮，在打开的列表中选择“内部框线”命令。

步骤(2):选择整个表格,“线型”选择双线,线宽选择 0.5 磅,单击“边框”下拉按钮,在打开的列表中选择“外侧框线”命令,如图 2-58 所示。

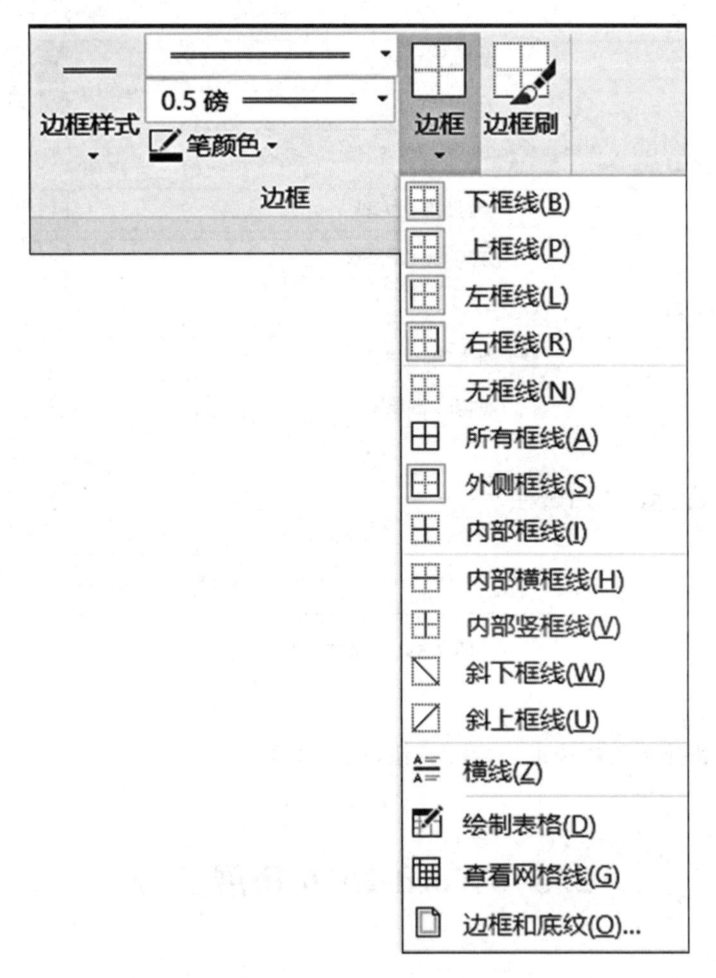


**图 2-58　设置表格的边框**

步骤(3):插入点定位在第 1 行单元格中,直接单击“边框”命令,在第 7、12、14、19 行重复此操作。

7. 利用公式计算课程成绩的平均分,并按课程成绩的降序进行排序。

步骤(1):插入点定位在最后一行右侧单元格内,单击“表格工具”→“布局”→“数据”组→“fx 公式”命令,打开“公式”对话框,将公式“=SUM(ABOVE)”修改为“=AVERAGE(ABOVE)”,单击“确定”按钮,完成成绩平均分的计算。

步骤(2):选择第 20～23 行的数据,单击“表格工具”→“布局”→“数据”组→“排序”命令,打开“排序”对话框,“列表”选择“有标题行”,“主要关键字”选择“成绩”,“类型”选择“数字”,在右侧选择“降序”,如图 2-59 所示,单击“确定”按钮,完成排序操作。

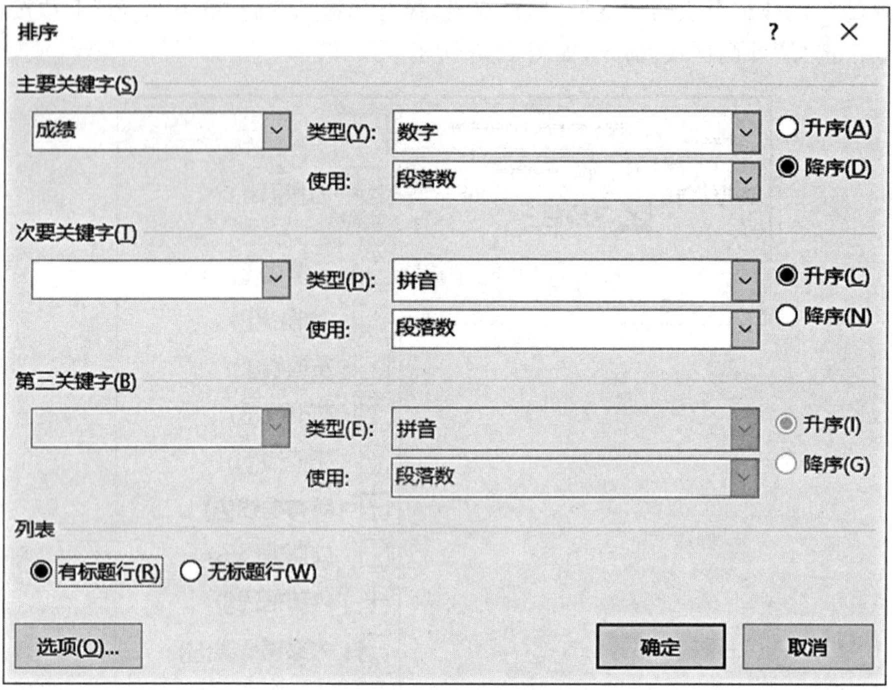

图 2-59 "排序"对话框

8. 保存文件。

步骤:单击快捷工具栏中的"保存"按钮,保存文件。

## 2.3 Word 2016 拓展实践

### 实验 2-4 长文档的排版

实验目的

掌握长文档排版的方法。

实验内容

毕业论文一般篇幅较长,要求编排者具有综合的编辑与排版技能。下载实验项目 2 实验 2-4 素材,打开"长文档排版素材.docx"文件,对其进行编辑和排版操作,完成的部分页效果如图 2-60 所示。

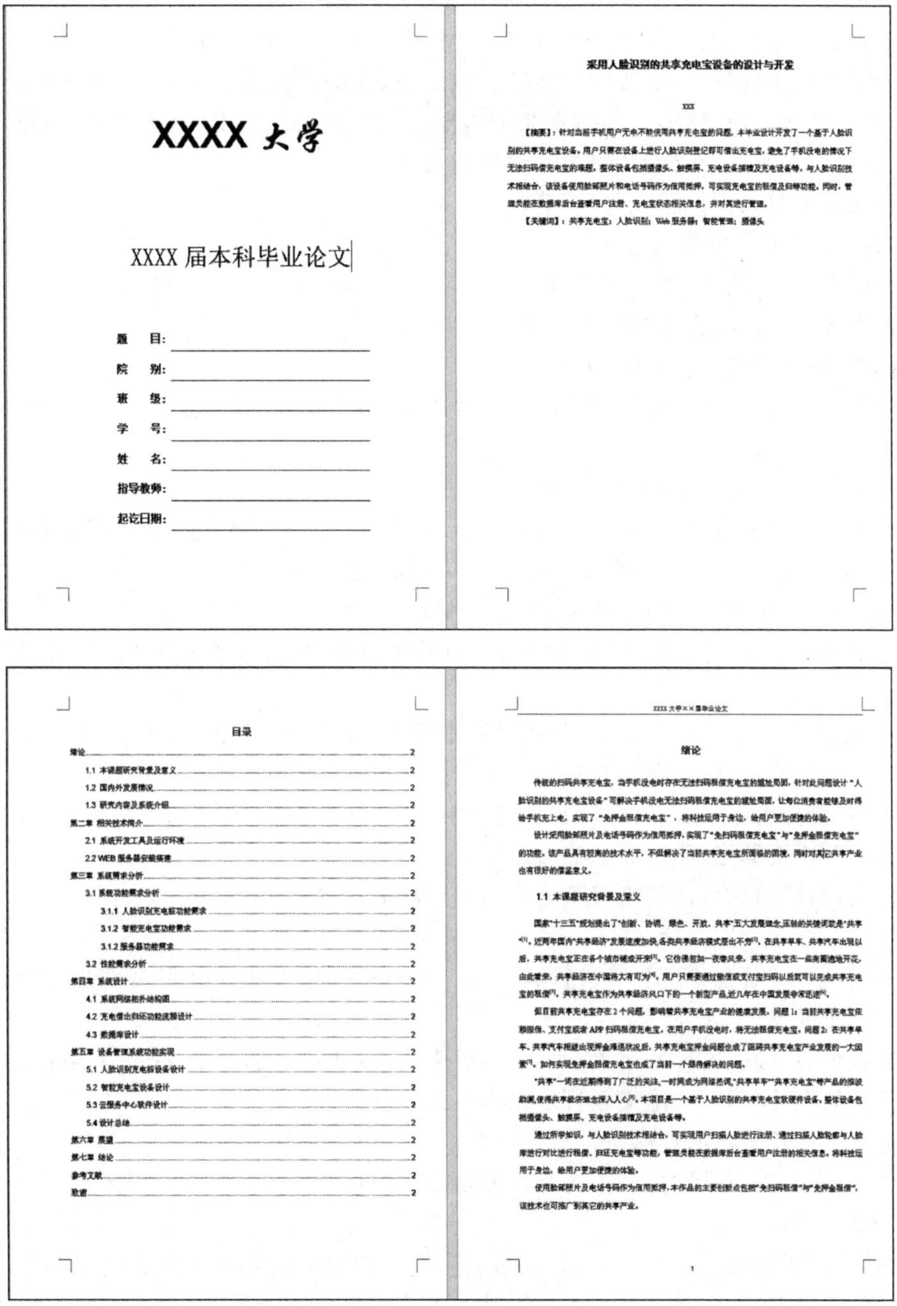

XXXX 大学

XXXX 届本科毕业论文

题　　目：

院　　别：

班　　级：

学　　号：

姓　　名：

指导教师：

起讫日期：

采用人脸识别的共享充电宝设备的设计与开发

XXX

【摘要】：针对当前手机用户无电不能使用共享充电宝的问题，本毕业设计开发了一个基于人脸识别的共享充电宝设备。用户只需在设备上进行人脸识别登记即可借出充电宝，避免了手机没电的情况下无法扫码借充电宝的难题。整体设备包括摄像头、触摸屏、充电设备插槽及充电设备等。与人脸识别技术相结合，该设备使用脸部照片和电话号码作为信用抵押，可实现充电宝的租借及归还功能。同时，管理员能在数据库后台查看用户注册、充电宝状态相关信息，并对其进行管理。

【关键词】：共享充电宝；人脸识别；Web 服务器；智能管理；摄像头

目录



XXXX 大学××届毕业论文

绪论

传统的扫码共享充电宝，当手机没电时存在无法扫码租借充电宝的尴尬局面，针对此问题设计“人脸识别的共享充电宝设备”可解决手机没电无法扫码租借充电宝的尴尬局面，让每位消费者能够及时得给手机充上电，实现了“免押金租借充电宝”，将科技运用于身边，给用户更加便捷的体验。

设计采用脸部照片及电话号码作为信用抵押，实现了“免扫码租借充电宝”与“免押金租借充电宝”的功能，该产品具有较高的技术水平，不但解决了当前共享充电宝所面临的困境，同时对其它共享产业也有很好的借鉴意义。

1.1 本课题研究背景及意义

国家“十三五”规划提出了“创新、协调、绿色、开放、共享”五大发展理念,压轴的关键词就是“共享”[1]。近两年国内“共享经济”发展速度加快,各类共享经济模式层出不穷[2]。在共享单车、共享汽车出现以后，共享充电宝正在各个城市铺成开来[3]。它仿佛如一夜春风来，共享充电宝在一些商圈遍地开花，由此看来，共享经济在中国将大有可为[4]，用户只需要通过微信或支付宝扫码以后就可以完成共享充电宝的租借[5]。共享充电宝作为共享经济风口下的一个新型产品,近几年在中国发展非常迅速[6]。

但目前共享充电宝存在 2 个问题，影响着共享充电宝产业的健康发展。问题 1：当前共享充电宝依赖微信、支付宝或者 APP 扫码租借充电宝，在用户手机没电时，将无法租借充电宝。问题 2：在共享单车、共享汽车相继出现押金难退状况后，共享充电宝押金问题也成了阻碍共享充电宝产业发展的一大因素[7]。如何实现免押金租借充电宝也成了当前一个亟待解决的问题。

“共享”一词在近期得到了广泛的关注,一时间成为网络热词,“共享单车”“共享充电宝”等产品的推波助澜,使得共享经济理念深入人心[8]。本项目是一个基于人脸识别的共享充电宝软硬件设备，整体设备包括摄像头、触摸屏、充电设备插槽及充电设备等。

通过所学知识，与人脸识别技术相结合，可实现用户扫描人脸进行注册、通过扫描人脸轮廓与人脸库进行对比进行租借、归还充电宝等功能，管理员能在数据库后台查看用户注册的相关信息。将科技运用于身边，给用户更加便捷的体验。

使用脸部照片及电话号码作为信用抵押，本作品的主要创新点包括“免扫码租借”与“免押金租借”，该技术也可推广到其它的共享产业。

1

图 2-60　长文档部分页样张

1. 页面设置

纸张使用国际标准 A4 型复印纸，页边距要求：上、下边距为 2 厘米，左边距为 2.5 厘米，右边距为 1.5 厘米，装订线为 0.5 厘米，装订线位置为：左，页脚 1 厘米。

2. 编辑封面页

文字“采用人脸识别的共享充电宝设备的设计与开发”之前为封面页内容。

①封面页文字第1段：华文行楷、48磅、加粗，居中对齐，段前间距6行，段后间距2行。

②封面文字第2段：宋体、32磅、加粗，居中对齐，段后间距4行。

③封面文字中的第3～9段的文字转换成表格，表格在页面居中对齐；表格行高1.4厘米，第1列列宽2.8厘米，第2列列宽9.4厘米，表格中的文字：宋体、小四号、加粗，靠下两端对齐；第2列设置0.75磅的下框线，表格其余无框线。

④插入分节符，将封面与下一页分开。

3. 编辑摘要和关键词页

①标题设置为：黑体、四号字、加粗，居中对齐，段前间距1行，段后间距1行。

②作者×××设置为：宋体、五号字。

③【摘要】和【关键词】：黑体、五号字。

④摘要与关键字内容：中文字符采用五号宋体，英文字符采用五号 Time New Roman，行距设置为1.5倍行距。

⑤插入分节符，将摘要页与下一页分开。

4. 设置正文的字体和段落格式，按表2-2要求修改标题样式并应用于长文档中相应的标题。

5. 将每章的开始、参考文献与致谢的开始处均另起一页。

6. 正文中引用参考文献处应以方括号上标注出。

7. 规范图、表、公式的格式，利用“题注”对其进行编号，在正文中利用“交叉引用”对编号进行交叉引用。

①图：图要有图序和图名，图序和图名居中置于图的下方，宋体、五号字，1.5倍行距；图序编号分章节连续编号，如图2-1、图2-2等。

②表：表要有表序和表名，表序和表名居中置于图的上方，宋体、五号字，1.5倍行距；表序编号分章节连续编号，如表2-1、表2-2等。

③公式：编号用括号括起来置于公式的右边行末，例如：

$$a^2+b^2=c^2 \qquad (2\text{-}1)$$

④利用“题注”对公式、图、表进行编号，在文中利用“交叉引用”对编号等进行交叉引用。

8. 插入页眉和页码

①奇数页的页眉：××××大学××届毕业论文；偶数页的页眉：采用人脸识别的共享充电宝设备的设计与开发(论文题目)；宋体小五号，居中；

②正文部分开始显示页眉；

③页脚：插入页码，居中，从正文开始编码。

9. 添加目录

添加样式为“自动目录1”的目录，顶部的“目录”两个字设置字体为黑体四号字，字体颜色为“黑色，文字1”，目录列表设置段落行距为1.5倍。

10. 将文件另存为“长文档编辑.docx”。

## 实验步骤

1. 页面设置

纸张使用国际标准A4型复印纸，页边距要求：上、下边距为2厘米，左边距为2.5厘米，右边距为1.5厘米，装订线为0.5厘米，装订线位置为：左，页脚1厘米。

步骤：单击“布局”→“页眉设置”组右下角对话框启动按钮，打开“页眉设置”对话框，在“纸张”选项卡中“纸张”默认为 A4 纸，在“页边距”选项卡和“版式”选项卡进行如图 2-61 所示的设置。

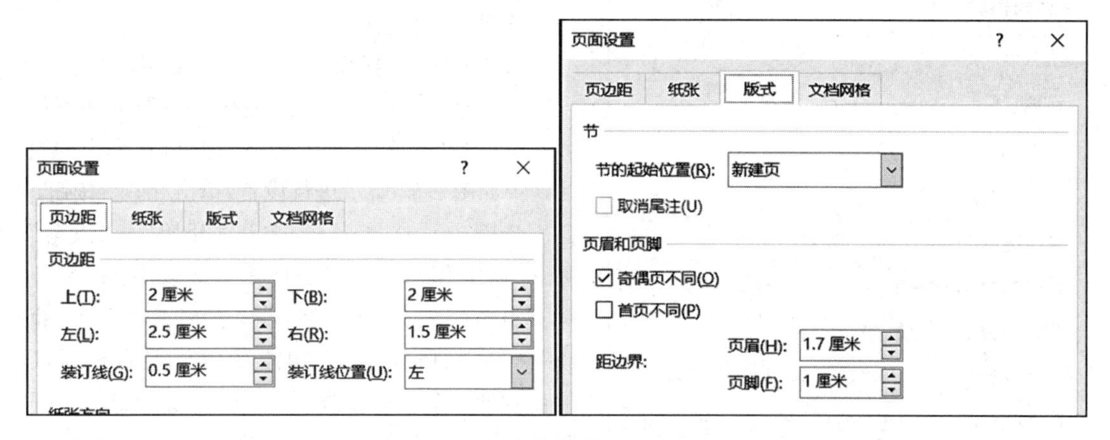


**图 2-61　长文档的页面设置**

2. 编辑封面页

文字“采用人脸识别的共享充电宝设备的设计与开发”之前为封面页内容。

①封面页文字第 1 段：华文行楷、48 磅、加粗，居中对齐，段前间距 6 行，段后间距 2 行。

②封面文字第 2 段：宋体、32 磅、加粗，居中对齐，段后间距 4 行。

③封面文字中的第 3～9 段的文字转换成表格，表格在页面居中对齐；表格行高 1.4 厘米，第 1 列列宽 2.8 厘米，第 2 列列宽 9.4 厘米，表格中的文字：宋体、小四号、加粗，靠下两端对齐；第 2 列设置 0.75 磅的下框线，表格其余无框线。

④插入分节符，将封面与下一页分开。

步骤(1)：选择封面页文字第 1 段，在“开始”→“字体”功能区中设置字体为“华文行楷”，字号为“48 磅”，加粗，如图 2-62(a)所示；单击“开始”→“段落”组右下角对话框启动器按钮，打开“段落”对话框，如图 2-62(b)所示进行设置，单击“确定”按钮。

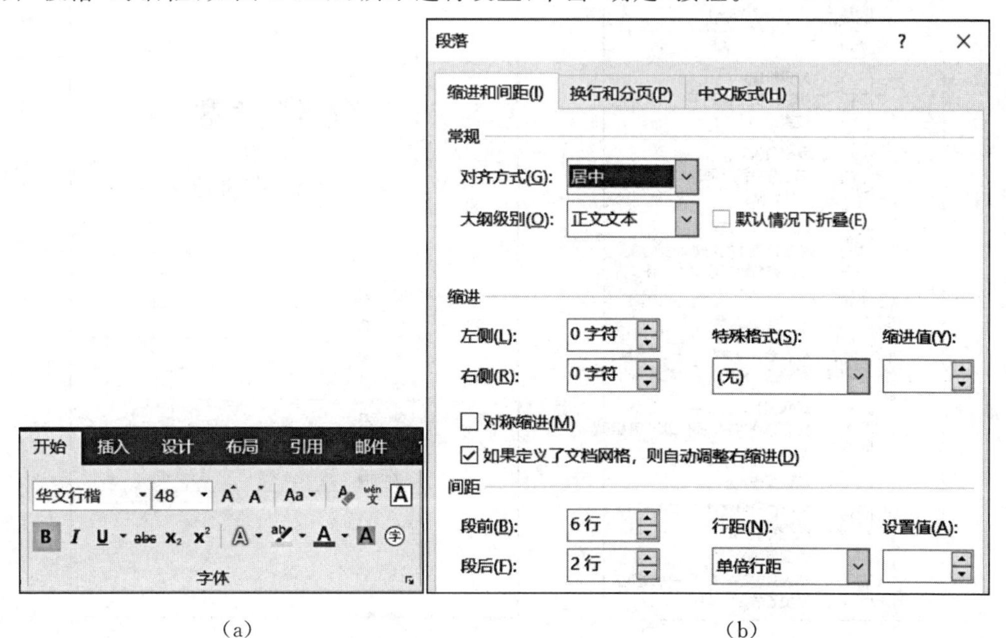


(a)　　　　　　　　(b)

**图 2-62　封面页标题的设置**

将文字转换成表格 ? ×
表格尺寸
列数(C): 2
行数(R): 7
"自动调整"操作
◉ 固定列宽(W): 自动
○ 根据内容调整表格(F)
○ 根据窗口调整表格(D)
文字分隔位置
○ 段落标记(P) ○ 逗号(M) ◉ 空格(S)
○ 制表符(T) ○ 其他字符(O):
确定 取消

图 2-63 将文字转换为表格

步骤(2):选择封面页文字第 2 段,设置方法与步骤(1)类似。

步骤(3):选择第 3～9 段的文字,单击"插入"→"表格"组→"表格"下拉按钮,在打开的下拉列表中选择"文本转换成表格"命令,在弹出的对话框中如图 2-63 所示进行设置,单击"确定"按钮。

步骤(4):选择表格,单击"开始"→"段落"组→"居中"命令,设置表格在页面居中。

步骤(5):选择表格,在"表格工具"→"布局"→"单元格大小"组功能区中设置表格行高为 1.4 厘米;选择表格第 1 列,设置列宽为 2.8 厘米;选择表格第 2 列,设置列宽为 9.4 厘米。

步骤(6):选择表格,在"开始"→"字体"组功能区中设置文字为宋体、小四号、加粗,靠下两端对齐。

步骤(7):选择表格,单击"表格工具"→"设计"→"边框"组→"边框"下拉按钮,在打开的下拉列表中选择"无框线"命令;插入点定位在第 1 行第 2 列单元格中,在"边框"组中"线型"选择"0.75 磅","边框类型"选择"下框线",完成该单元格下框线的设置,第 2 列的其余单元格类似操作。

步骤(8):在"采用人脸识别的共享充电宝设备的设计与开发"文字前,单击"布局"→"页面设置"组→"分隔符"下拉按钮,在打开的下拉列表中选择"分节符"→"下一页"命令,如图 2-64 所示。完成的封面页样张如图 2-65 所示。

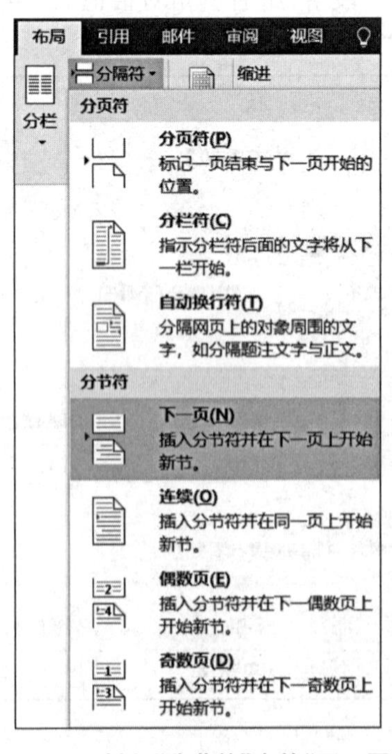


图 2-64 插入"分节符"中的"下一页"

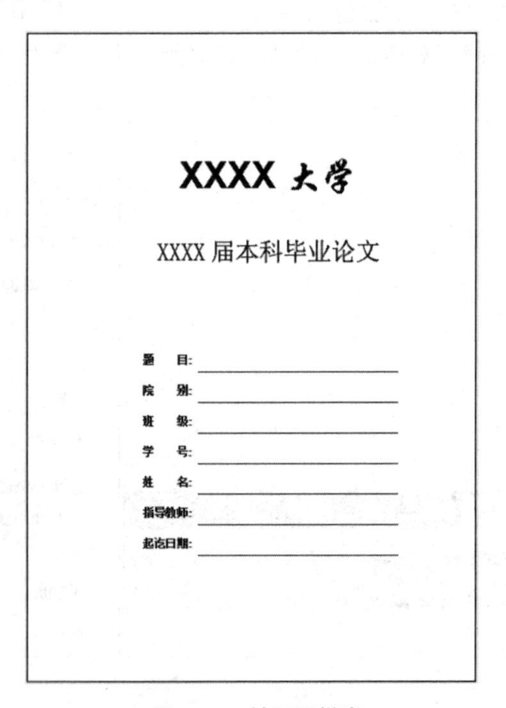


图 2-65 封面页样张

3. 编辑摘要和关键词页

①标题设置为：黑体四号字，加粗，居中对齐，段前间距 1 行，段后间距 1 行。

②作者×××设置为宋体五号字。

③【摘要】和【关键词】：黑体五号字。

④摘要与关键字内容：中文字符采用五号宋体，英文字符采用五号 Time New Roman，行距设置为 1.5 倍行距。

⑤插入分节符，将摘要页与下一页分开。

步骤(1)：字体和段落格式的设置方法同实验内容 2 封面页制作的步骤(1)。

步骤(2)：插入点定位在文字“绪论”前，插入“分节符”→“下一页”命令，方法与封面页制作的步骤(8)相同。

摘要和关键词页完成的效果如图 2-66 所示。

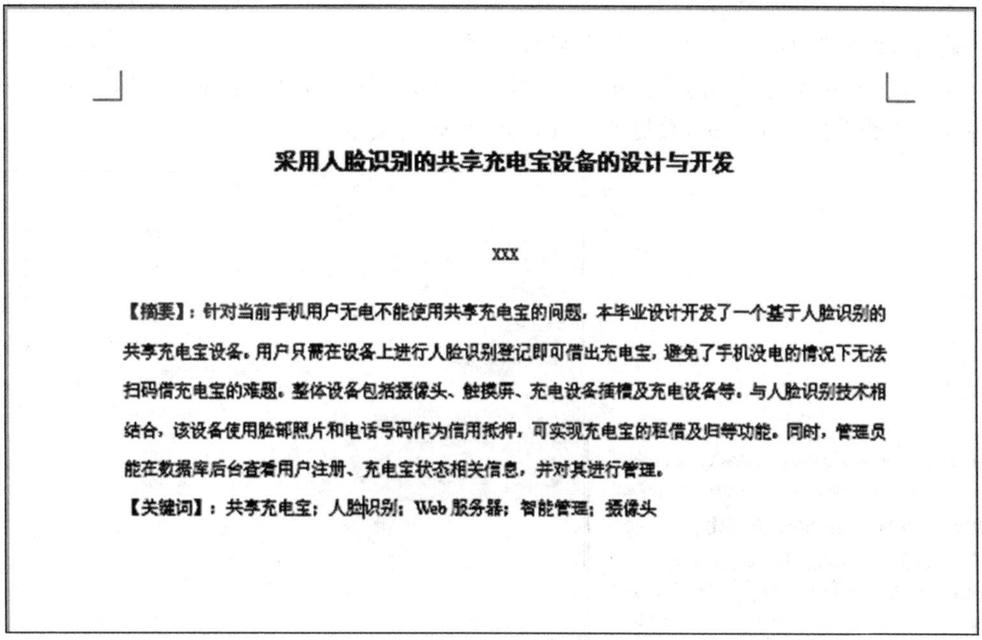

**采用人脸识别的共享充电宝设备的设计与开发**

XXX

**【摘要】：针对当前手机用户无电不能使用共享充电宝的问题，本毕业设计开发了一个基于人脸识别的共享充电宝设备。用户只需在设备上进行人脸识别登记即可借出充电宝，避免了手机没电的情况下无法扫码借充电宝的难题。整体设备包括摄像头、触摸屏、充电设备插槽及充电设备等。与人脸识别技术相结合，该设备使用脸部照片和电话号码作为信用抵押，可实现充电宝的租借及归等功能。同时，管理员能在数据库后台查看用户注册、充电宝状态相关信息，并对其进行管理。**

**【关键词】：共享充电宝；人脸识别；Web 服务器；智能管理；摄像头**

图 2-66 摘要与关键词页样张

4. 设置正文的字体和段落格式，按表 2-2 要求修改标题样式并应用于长文档中相应的标题。

表 2-2 各级标题使用的样式

| 标题级别 | 字体 | 字号 | 粗细 | 对齐方式 | 段落间距 |
|---|---|---|---|---|---|
| 1 级标题 | 黑体 | 四号 | 常规 | 居中 | 单倍行距，段前、段后距 1 行 |
| 2 级标题 | 黑体 | 小四号 | 常规 | 左对齐 | 单倍行距，段前、段后距 1 行 |
| 3 级标题 | 黑体 | 五号 | 常规 | 左对齐 | 单倍行距，段前、段后距 0.5 行 |

步骤(1)：选择正文中的所有文字，设置字体和段落格式，方法与封面页制作的步骤(1)相同。

步骤(2)：单击“开始”→右击“样式”组的下拉列表中“标题 1”，在弹出的快捷菜单中选择“修改”命令，如图 2-67(a)所示，打开“修改样式”对话框，如图 2-67(b)所示，单击“格式”下拉按钮，在打开的列表中选择“字体”命令，打开“字体”对话框，在该对话框中设置字体为“黑体”，字号为“四号”，单击“确定”按钮返回“修改样式”对话框；再次单击“格式”下拉按钮，在打开的列表中选择“段落”命令，打开“段落”对话框，在该对话框中设置单倍行距、段前 1 行、段后 1 行，“居中”对齐，单击“确定”按钮返回“修改样式”对话框，单击“确定”按钮，完成标题 1 的样式修改。

步骤(3)：选择文字“绪论”，单击“开始”→“样式”组→“标题 1”命令，将文字“绪论”应用标题 1 的样式。以类似的方式修改标题 2、标题 3 的格式，并将 3 级格式应用于相应的标题。例如，图 2-68 显示了应用了三级标题样式后的第三章页面效果。

5. 将每章的开始、参考文献与致谢的开始处均另起一页。

步骤：插入点定位在文字“第二章 ……”之前，单击“布局”→“页面设置”组→“分隔符”下拉按钮，在列表中选择“分页符”中的“分页符”命令，如图 2-69 所示。第三章至第七章、参考文献与致谢的开始均插入“分页符”，另起一页。

注意：这里插入的是“分页符”中的“分页符”，不是“分节符”中的“下一页”，插入分页符，这些章节依然在同一个节中，页眉的设置相同，页码连续编号。

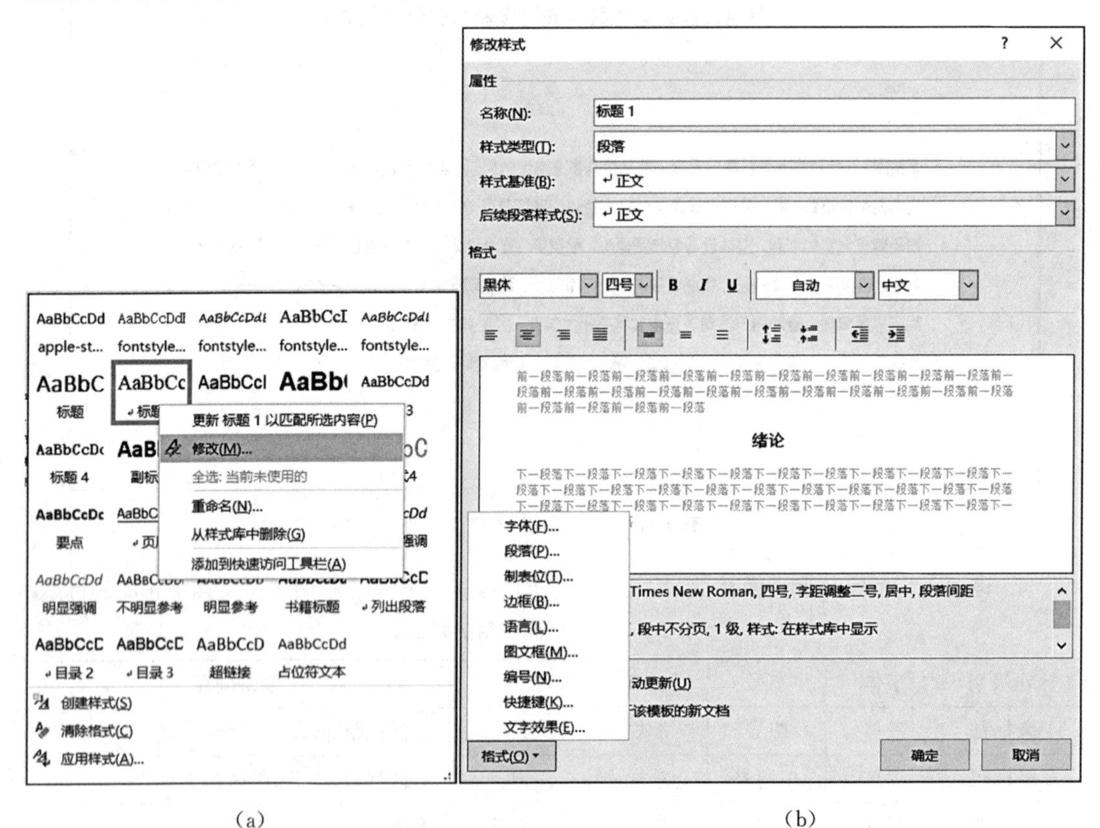


(a)　　　　　　　　　　　　(b)

图 2-67　打开“修改样式”对话框

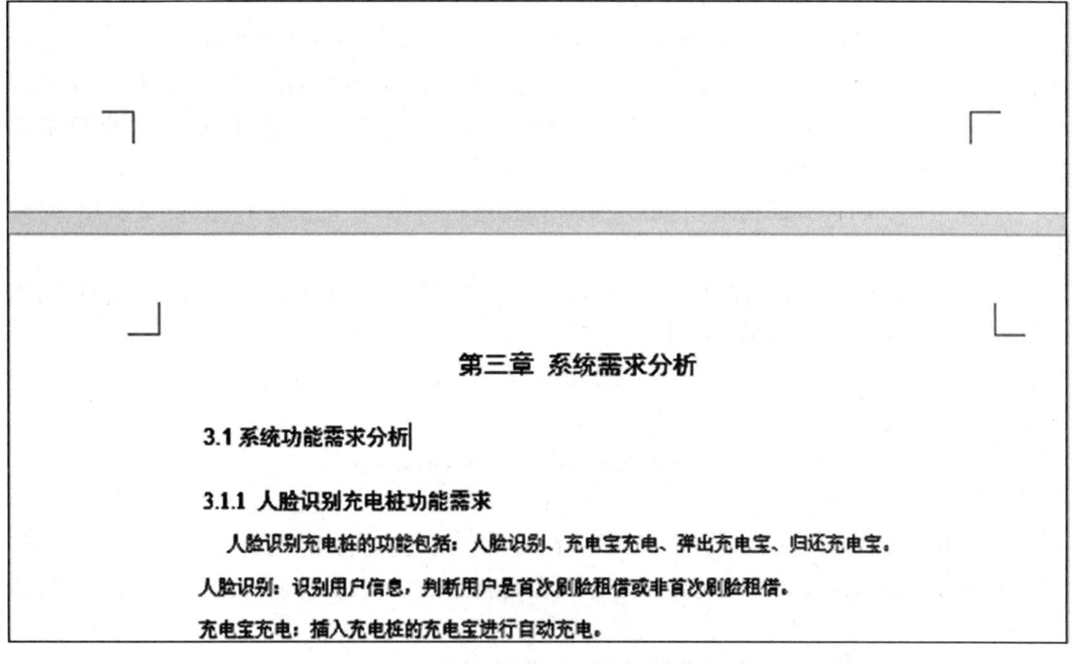


图 2-68　应用了三级标题样式后的第三章页面效果

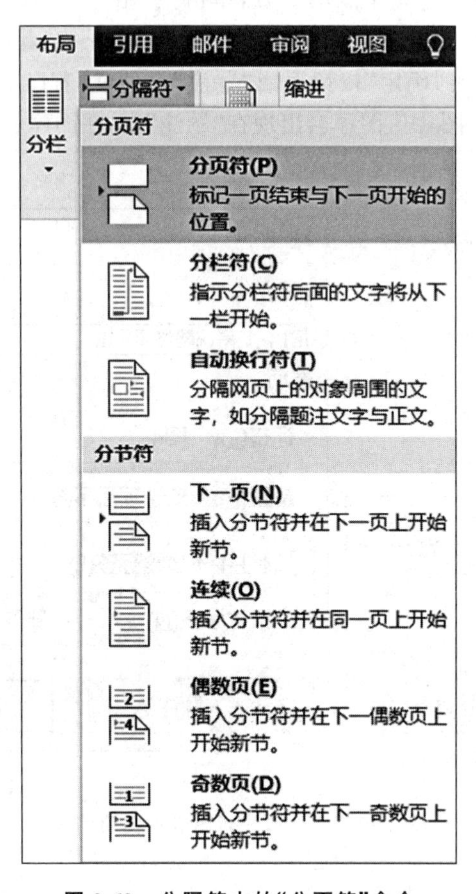


图 2-69　分隔符中的“分页符”命令

6. 正文中引用参考文献处应以方括号上标注出。

步骤：正文中引用参考文献处用[]标注出，[]中的序号为参考文献的序号，如“……效率可提高25%[2]”，表示此结果援引自文献2。选择标注[2]，单击“开始”→“字体”右下角对话框启动器按钮，打开“字体”对话框，勾选“上标”，设置完成后呈现“……效率可提高25%[2]”。设置完成后可选择“[2]”，利用格式刷复制格式。

7. 规范图、表、公式的格式，利用“题注”对其进行编号，在正文中利用“交叉引用”对编号进行交叉引用。

①图：图要有图序和图名，图序和图名居中置于图的下方，宋体、五号字，1.5倍行距；图序编号分章节连续编号，如图2-1、图2-2等。

②表：表要有表序和表名，表序和表名居中置于图的上方，宋体、五号字，1.5倍行距；表序编号分章节连续编号，如表2-1、表2-2等。

③公式：编号用括号括起来置于公式的右边行末，例如：

$$a^2+b^2=c^2 \tag{2-1}$$

④利用“题注”对公式、图、表进行编号，在文中利用“交叉引用”对编号等进行交叉引用。

步骤(1)：图、表、公式的规范涉及字体和段落格式的设置，在前面的操作中均有介绍，不再赘述。

步骤(2)：“题注”和“交叉引用”的使用(以图为例讲解操作方法)。

①插入点定位在第四章第1个图的下方，单击“引用”→“题注”组→“插入题注”命令，打开“题注”对话框，在对话框中单击“新建标签”按钮，在打开的“新建标签”对话框中输入“图4-”，如图2-70(a)所示，单击“确定”按钮返回“题注”对话框(若已有标签，则无需新建标签)；在“标签”下拉列表中选择“图4-”，图序会出现在“题注”中，在图序后输入图名，如图2-70(b)所示，单击“确定”按钮。

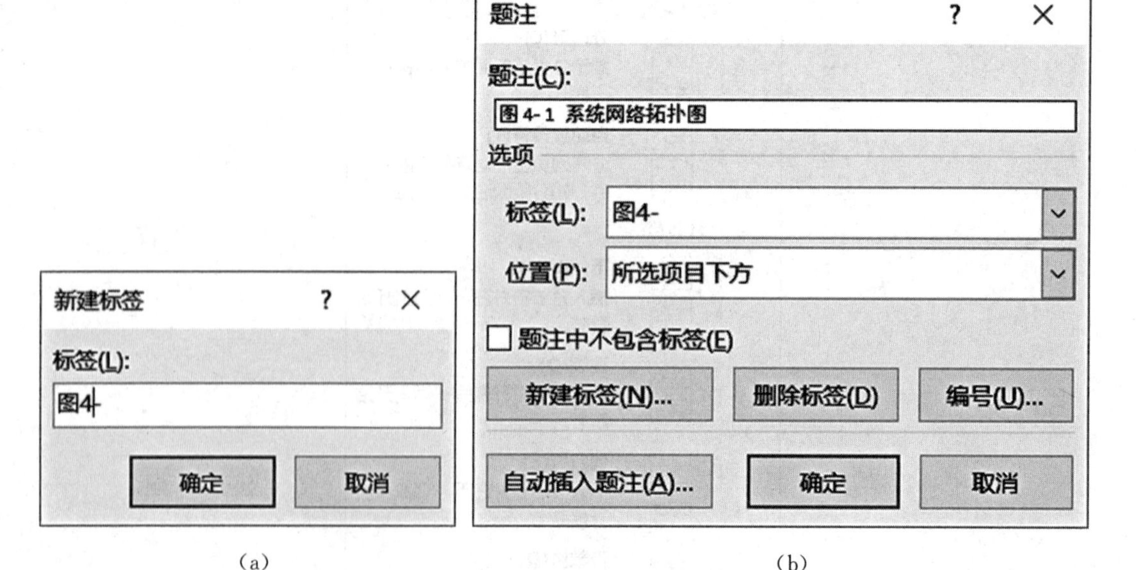


(a) (b)

图2-70 插入题注对图进行自动编号

②插入点定位在文中需要引用图内容的位置，单击“引用”→“题注”组→“交叉引用”命令，打开“交叉引用”对话框，“引用类型”选择“图 4-”，“引用内容”可根据实际需要选择列表中的不同选项，这里选择“只有标签和编号”，单击“插入”按钮，如图 2-71 所示。

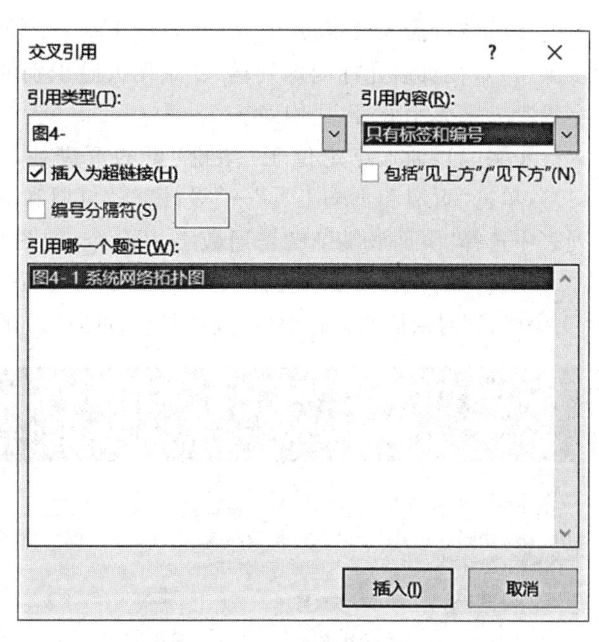


**图 2-71　使用“交叉引用”案例**

步骤(3)：正文中的其他的图、表、公式等的操作类似。当文档中的图、表、公式进行了增减，改变了顺序，使用了题注，新插入的图、表、公式会自动顺序编号，而正文中使用了交叉引用，可以选择全文，右击打开快捷菜单，选择“更新域”命令，即可对选定文本中的题注和交叉引用的内容进行更新，为使用了大量图、表、公式的长文档编辑提供极大的便利。

8. 插入页眉和页码。

①奇数页的页眉：××××大学××届毕业论文；偶数页的页眉：采用人脸识别的共享充电宝设备的设计与开发(论文题目)；宋体小五号，居中。

②正文部分开始显示页眉。

③页脚：插入页码，居中，从正文开始编码。

步骤(1)：插入点定位在“绪论”页，在页面顶端双击，进入页眉页脚编辑状态，如图 2-72 所示，单击“页眉和页脚工具”→“设计”→“导航”组→“链接到前一条页眉”命令，则页面中的“与上一节相同”标记消失，此时在页眉插入点输入“××××大学××届毕业论文”，选择文字设置为宋体小五号，居中对齐。

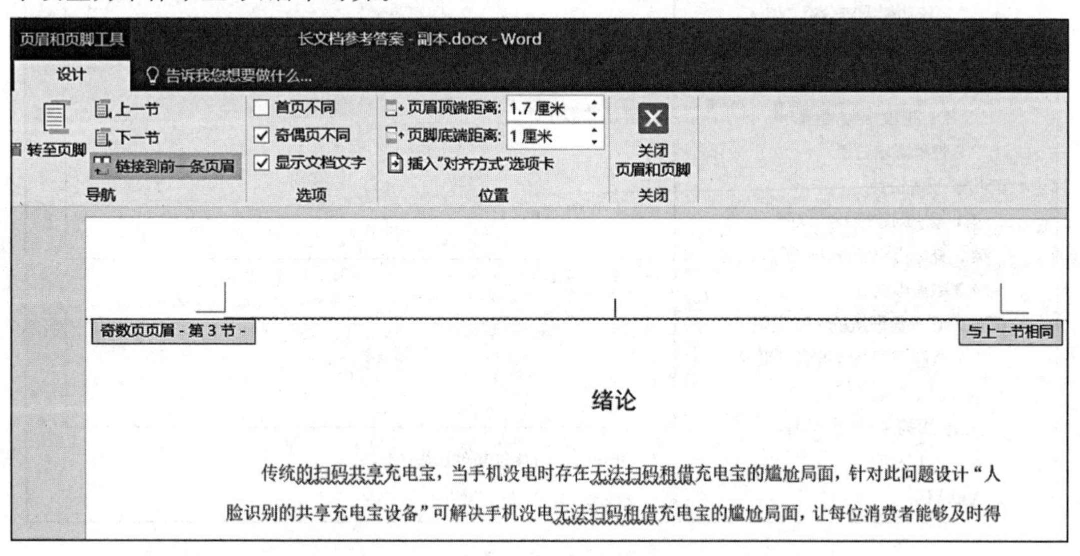


**图 2-72　“页眉和页脚工具”选项卡**

步骤(2):插入点定位于“绪论”页的下一页的页眉处,去除“与上一节相同”标记(方法同步骤(1)),在页眉光标闪烁处输入“采用人脸识别的共享充电宝设备的设计与开发”,选择文字设置为宋体小五号,居中对齐。

步骤(3):插入点定位于“绪论”页的页脚处,去除“与上一节相同”标记(方法同步骤(1)),单击“页眉和页脚工具”→“设计”→“页眉和页脚”组→“页码”下拉按钮,在打开的下拉列表中选择“页面底端”→“普通数字 2”命令,如图 2-73 所示。

步骤(4):在页脚处选择插入的页码,单击“页码”下拉列表中的“设置页码格式”命令,打开“页码格式”对话框,“页码编号”选择“起始页码”,如图 2-74 所示,单击“确定”按钮。

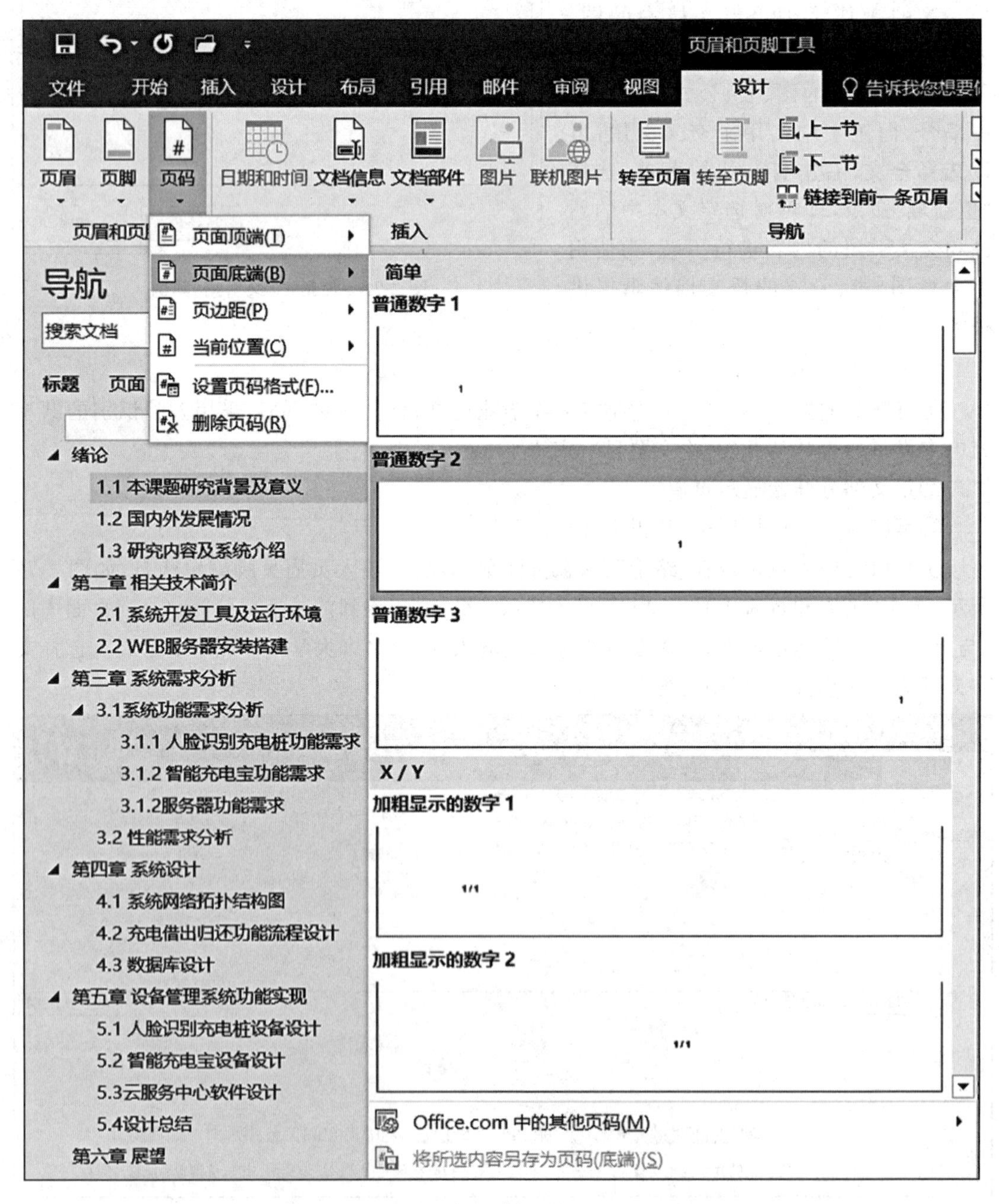


图 2-73　插入页码

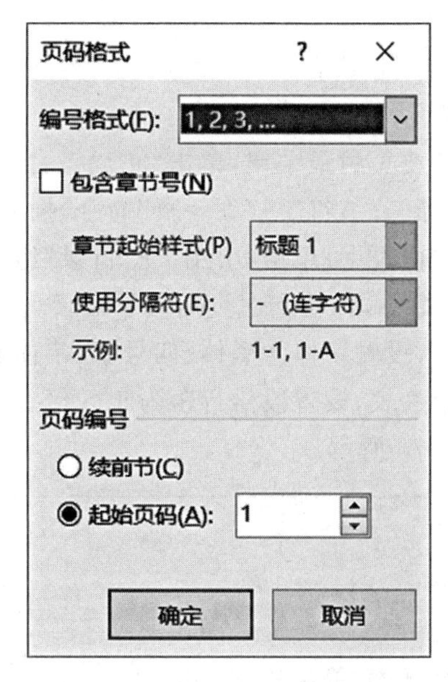


图 2-74　“页码格式”对话框

步骤(5):插入点移到“绪论”页的下一页页脚处,重复步骤(3),完成正文页码的插入。

步骤(6):单击“页眉和页脚工具”→“设计”→“关闭”组→“关闭页眉和页脚”命令。完成后的页面效果如图 2-75 所示。

注意:若需要给页眉添加下面的横线,可以选择页眉,单击“开始”→“段落”→“边框”下拉按钮,在下拉列表中选择“下框线”;若要去除该横线,只需选择“无框线”即可。

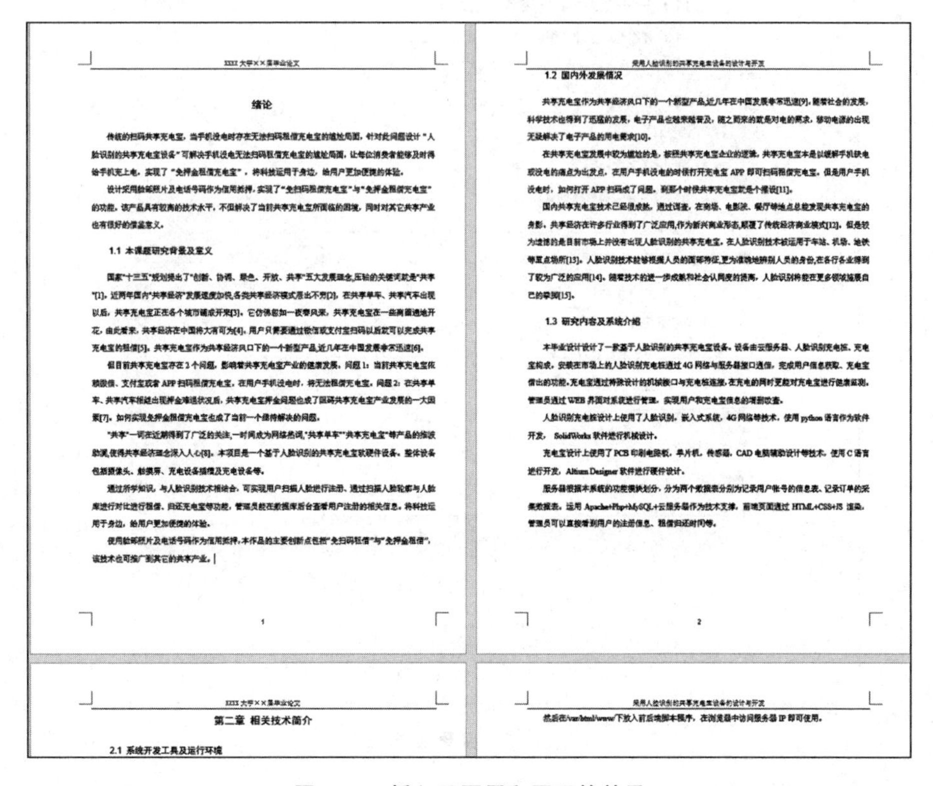


图 2-75　插入了页眉和页码的效果

9. 添加目录。

添加样式为“自动目录 1”的目录，顶部的“目录”两个字设置字体为黑体四号字，字体颜色为“黑色，文字 1”，目录列表设置段落行距为 1.5 倍。

步骤(1)：插入点定位在摘要页的最末尾，单击“布局”→“页面设置”组→“分隔符”下拉按钮，在打开的下拉列表中选择“分节符”→“下一页”命令，插入一个空白页。

步骤(2)：插入点定位在空白页中，单击“引用”→“目录”组→“目录”下拉按钮，在打开的下拉列表中选择“自动目录 1”命令，即在空白页插入了目录。

步骤(3)：选择文字“目录”，设置字体为黑体、四号字，字体颜色为“黑色，文字 1”。

步骤(4)：选择插入的目录列表，设置段落行距为 1.5 倍。

完成的目录页样张如图 2-76 所示。

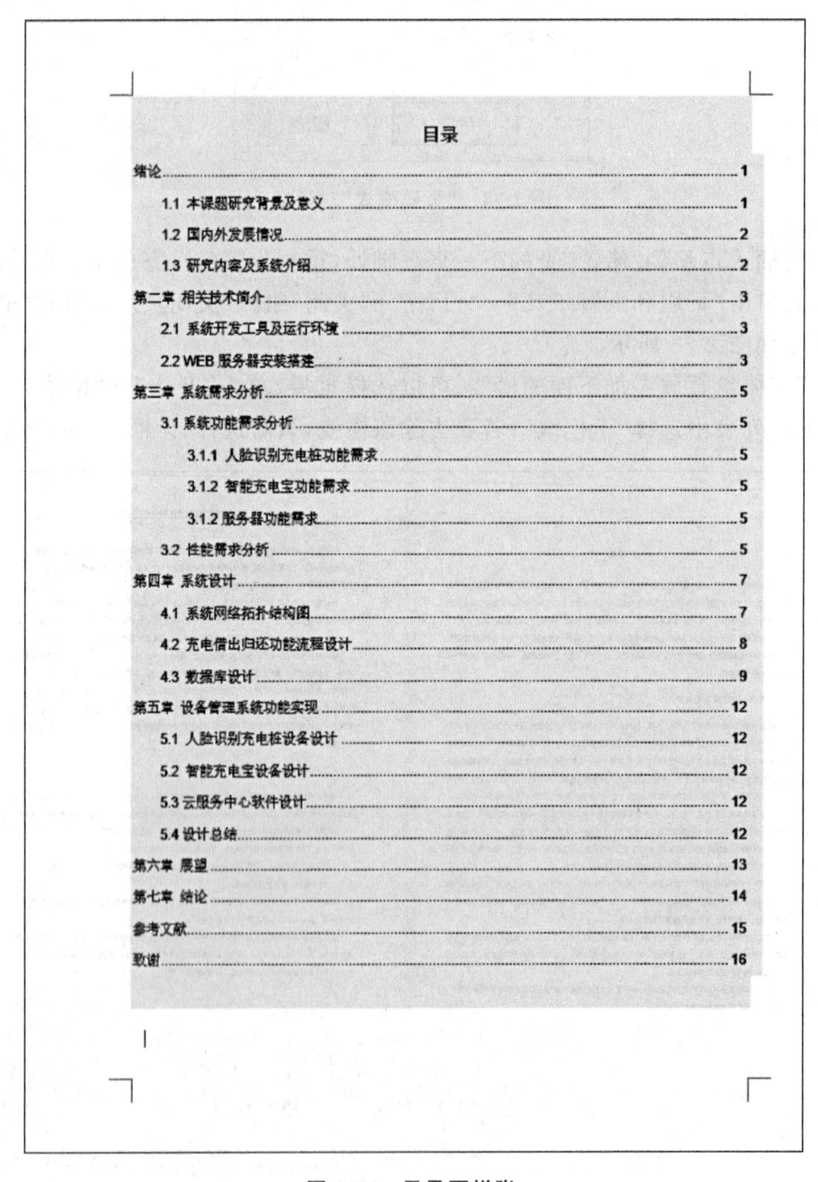

目录



I

图 2-76 目录页样张

10. 将文件另存为“长文档编辑.docx”。

步骤：单击“文件”→“另存为”命令，弹出“另存为”对话框，选择文件保存的路径，输入文件名“长文档编辑.docx”，单击“确定”按钮。

## 实验 2-5　邮件合并制作批量邀请函

### 实验目的

1. 掌握快速导入数据表的方法。
2. 掌握使用邮件合并功能批量生成邀请函的方法。

### 实验内容

打开实验 2-5 素材中的“邮件合并素材.docx”，利用邮件合并功能，批量制作邀请函。受邀人员名单已存放在“邀请人员名单.xlsx”Excel 文档中，操作要求如下：

（1）将“邀请人员名单.xlsx”文件中的“Sheet1”工作表，导入“收件人列表”中，并将收件人列表中的“姓名”字段添加在“尊敬的”和“（女士/先生）：”文字之间，“《姓名》”的前后各加 1 个空格；

（2）设置受邀人员姓名字体为“方正舒体”，字号大小为“小一”，字体加粗，带下划线，字体颜色为淡蓝色 RGB(53, 111,123)。

（3）设置完成后，合并生成单个可编辑的文档，并将该文档保存在“D:\实验 2-5”文件夹中，文件名为“10 月份邀请函.docx”。

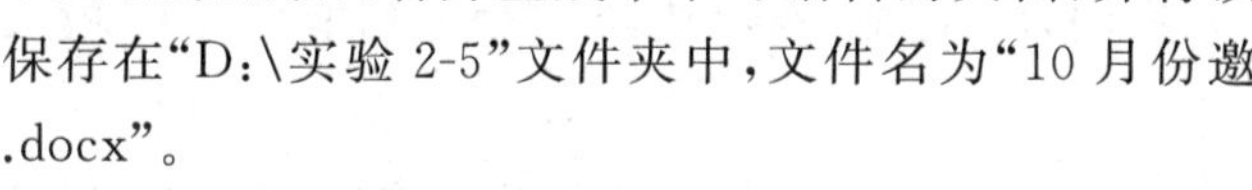

图 2-77　邀请函样张

完成的效果如图 2-77 所示。

### 实验步骤

步骤(1)：打开“邮件合并素材.docx”文档，单击“邮件”→“选择收件人”→“使用现有列表…”→在弹出的窗口中，选择实验文档中的“邀请人员名单. xlsx”文档→选择 Sheet1 工作表，勾选“数据首行包含列标题”，如图 2-78 所示，确定后，即可导入“收件人列表”。导入的列表可通过点击“编辑收件人列表”查看，如图 2-79 所示。

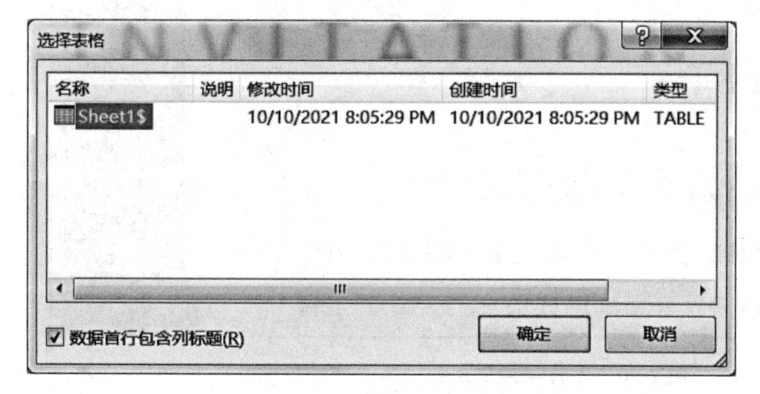


图 2-78　选择导入表格对话框

邮件合并收件人

这是将在合并中使用的收件人列表。请使用下面的选项向列表添加项或更改列表。请使用复选框来添加或删除合并的收件人。如果列表已准备好，请单击"确定"。

| 数据源 | ☑ | 姓名 |
|---|---|---|
| 邀请人员名单.xlsx | ☑ | 斗阵行 |
| 邀请人员名单.xlsx | ☑ | 虾米碗糕 |
| 邀请人员名单.xlsx | ☑ | 利厚 |
| 邀请人员名单.xlsx | ☑ | 能厚 |
| 邀请人员名单.xlsx | ☑ | 公高掐 |
| 邀请人员名单.xlsx | ☑ | 启迪 |
| 邀请人员名单.xlsx | ☑ | 虾米 |

数据源

邀请人员名单.xlsx

编辑(E)... 刷新(H)

调整收件人列表

排序(S)...

筛选(F)...

查找重复收件人(D)...

查找收件人(N)...

验证地址(V)...

确定

图 2-79 查看导入收件人列表窗口

步骤(2)：将插入点定位到"尊敬的"和"(女士/先生)："之间，执行菜单"插入合并域"→"姓名"(该字段为 Excel 文档中的标题，如果 Excel 工作表中有多个字段，则此处会有多个不同的选项)，若出现"《姓名》"占位符，则表明已成功将"姓名"域插入到本文档中，效果如图 2-80 所示。

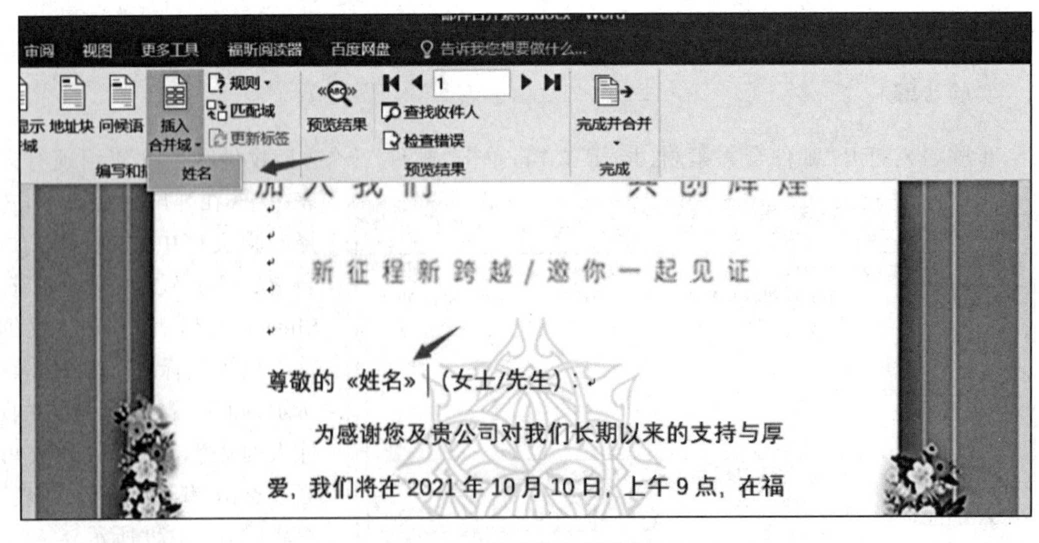


图 2-80 插入合并域效果

步骤(3):在占位符“《姓名》”前后各加一个空格,然后选中“《姓名》”占位符→右击鼠标→选择“字体”→设置中文字体为“方正舒体”,字号为“小一”,字形为“加粗”,下划线线型为“黑色单实线”,字体颜色为“自定义”颜色,RGB(53,111,123),完成效果如图 2-81 所示。

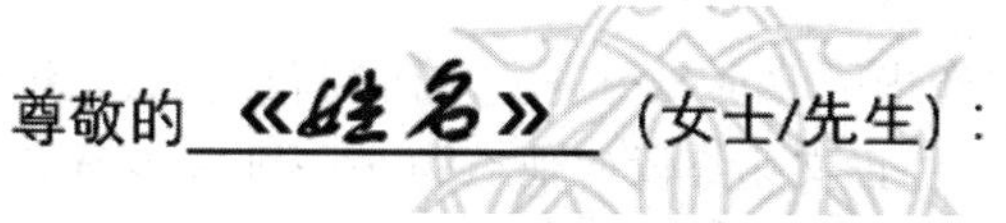

尊敬的《姓名》(女士/先生):

图 2-81　姓名字体样式设置效果

步骤(4):单击“邮件”→“完成并合并”→“编辑单个文档…”→在弹出的菜单中,选择“全部”,如图 2-82 所示,单击“确定”后,即可合并生成每个受邀人员的邀请函。查看邀请函格式或内容是否有误,无误后,单击“文件”→“另存为”→选择保存路径“D:\实验 2-5”文件夹,文件名为“10 月份邀请函.docx”。

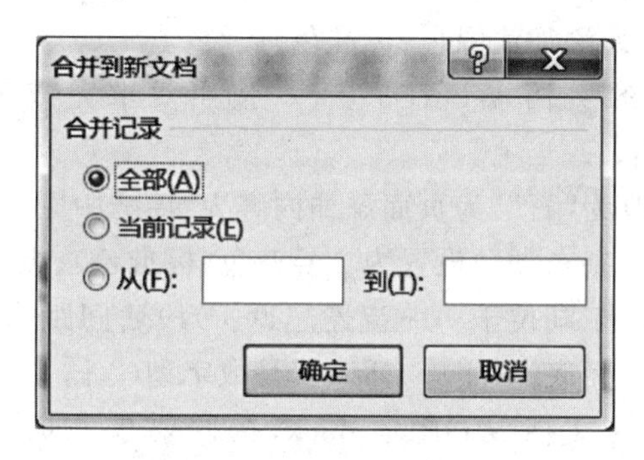


图 2-82　合并记录选项窗口

## 2.4　习题

下载实验项目 2 习题素材文件夹中的素材文件,按要求完成以下操作。

习题 1:打开素材中的“桌签.docx”,批量生成全班同学的双面桌签(班级名单存放在“与会名单.xlsx”中),操作要求:

(1)添加一个文本框,设置文本框为无边框,无填充色,高度 10 厘米,文本对齐方式为“中部对齐”;

(2)将实验素材中“与会名单.xlsx”文档中的“Sheet1”工作表导入收件人列表中;

(3)在文本框中央位置,插入“姓名”合并域,并设置“姓名”域字体为黑体,字号 100 磅,段落水平居中;

(4)复制文本框,适当调整两个文本框的位置,并将上方文本框的旋转方式设置为“垂直翻转”;

(5)合并并生成单个可编辑的文档,选择全部,并将该文档进行保存。

习题 2:打开素材中的文档 WORD1.docx,按照要求完成下列操作并以该文件名

(WORD1.docx)保存文档。

(1)将文中所有错词“声明科学”替换为“生命科学”,以自定义方式设置页面纸张大小为17.6厘米(宽度)×25厘米(高度)。

(2)将标题段文字(“生命科学是中国发展的机遇”)设置为红色(标准色)、三号、仿宋、居中、加粗,并添加双波浪下划线。

(3)将正文各段落(“新华网北京……进一步研究和学习。”)设置为首行缩进2字符,行距18磅,段前间距1行。将正文第三段(“他认为……进一步研究和学习。”)分为等宽的两栏,栏宽为15字符,栏间加分隔线。

习题3:打开素材中的文档WORD2.docx,按照要求完成下列操作并以该文件名(WORD2.docx)保存文档。

(1)将文中后7行文字转为一个7行4列的表格,设置表格居中,表格中的文字水平居中,并按“低温(℃)”列降序排列表格内容。

(2)设置表格各列列宽为2.6厘米,各行行高为0.5厘米,所有表格框线为1磅红色(标准色)单实线,为表格第一列添加浅绿色(标准色)底纹。

习题4:打开素材中的文档WORD3.docx,按照要求完成下列操作并以该文件名(WORD3.docx)保存文档。

(1)将文中所有“实”改为“石”,为页面添加内容为“锦绣中国”的文字水印。

(2)将标题段文字(“绍兴东湖”)设置为二号蓝色(标准色)、黑体、倾斜、居中。

(3)设置正文各段落(“东湖位于……流连忘返。”)段后间距为0.5行,各段首字下沉2行(距正文0.2厘米);在页面底端(页脚)插入罗马数字型(“Ⅰ,Ⅱ,Ⅲ,…”)页码。

习题5:打开素材中的文档WORD4.docx,按照要求完成下列操作并以该文件名(WORD4.docx)保存文档。

(1)将文档内提供的数据转换为6行6列表格。设置表格居中,表格各列列宽为2厘米,表格中文字水平居中。计算各学生的平均成绩,并按“平均成绩”列降序排列表格内容。

(2)将表格外框线、第一行的下框线和第一列的右框线设置为1磅红色(标准色)单实线,表格底纹设置为“白色,背景1,深色15%”。

习题6:打开素材中的文档WORD5.docx,按照要求完成下列操作并以该文件名(WORD5.docx)保存文档。

(1)将文中所有错词“漠视”替换为“模式”;将标题段(“8086/8088 CPU的最大模式和最小模式”)的中文设置为黑体,英文设置为Arial Unicode MS字体,红色(标准色)、四号,字符间距加宽2磅,标题段居中。

(2)将正文各段文字(“为了……协助主处理器工作的。”)的中文设置为五号仿宋,英文设置为五号Arial Unicode MS字体;各段落左右各缩进1字符,段前间距0.5行。

(3)为正文第一段(“为了……模式。”)中的CPU添加脚注:Central Process Unit;为正文第二段(“所谓最小模式……名称的由来。”)和第三段(“最大模式……协助主处理器工作的。”)分别添加编号(1)、(2)……

习题7:打开素材中的文档WORD6.docx,按照要求完成下列操作并以该文件名(WORD6.docx)保存文档。

(1)在表格最后一行的“学号”列中输入“平均分”,并在最后一行相应单元格内填入该门课的平均分。将表中的第 2 至第 6 行按照学号的升序排序。

(2)表格中的所有内容设置为五号宋体,水平居中;设置表格各列列宽为 3 厘米,表格居中;设置外框线为 1.5 磅蓝色(标准色)双窄线,内框线为 1 磅蓝色(标准色)单实线,表格第一行底纹为“橙色,个性色 6,淡色 60%”。

# 实验项目3 Excel 2016基本操作与拓展实践

## 3.1 Excel 2016基础

通过电子表格软件对数据进行管理和分析已经成为人们学习和工作的必备技能之一，Excel 2016是Microsoft Office软件中的电子表格处理软件，是常用的电子表格软件之一。通过该软件可以方便地创建电子表格，对表格的数据进行编辑与管理，美化表格，运用图表对数据进行分析，打印工作表等，帮助人们快速地完成日常办公任务。完成Excel 2016电子表格的操作主要涉及以下知识点。

### 知识点1:相关术语

(1)工作簿:单击“开始”菜单下的“Excel 2016”命令或双击桌面Excel快捷方式启动Excel软件，通过“新建”按钮，选择“空白工作簿”，即可创建一个新的工作簿，默认的文件扩展名为.xlsx。

(2)工作表:默认生成的工作簿包含一张工作表Sheet1，其外观是一张庞大的二维表格，由1048576行、16384列构成，行的编号为:1～1048576，列的编号为A～Z，AA～AZ，BA～BZ……XFD，选中任意单元格，单击Ctrl+→键，即可定位到最后一列；单击Ctrl+↓键，即可定位到最后一行。

(3)单元格:每一行与每一列交叉处的长方形区域称为单元格，单元格是Excel操作的最小对象。当鼠标单击某个单元格时，该单元格被黑粗框标出，此时该单元格称为活动单元格，是当前可以操作的单元格。

### 知识点2:Excel 2016窗口组成

Excel 2016软件的启动与退出方法与Word 2016类似。

Excel 2016的窗口由标题栏、功能选项卡、编辑栏、工作表编辑区、快速访问工具栏、工作表标签、状态栏等组成，如图3-1所示。

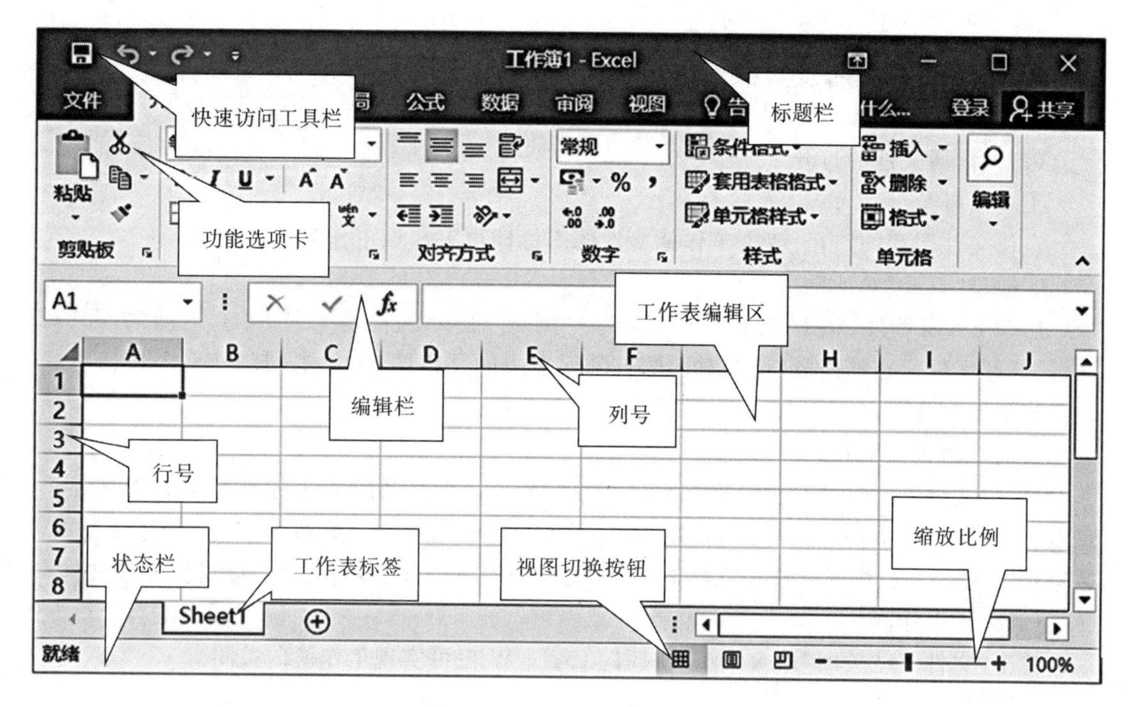


图 3-1　Excel 2016 窗口组成

编辑栏主要用于显示和编辑当前活动单元格中的数据或公式。编辑栏由以下部分组成，如图 3-2 所示。

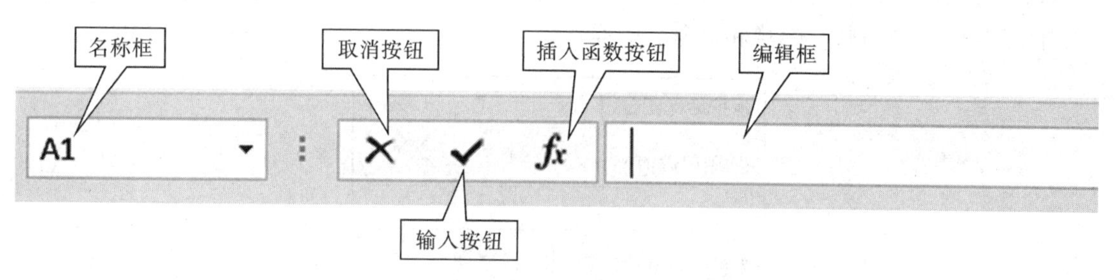


图 3-2　编辑栏

①名称框：显示当前单元格的名称，如活动单元格在第一列第一行，该单元格名称为 A1，在名称框中输入名称后按 Enter 键可以定位单元格。

②“取消”按钮：单击该按钮，可取消当前输入的内容。

③“输入”按钮：单击该按钮，可确定并完成当前的输入。

④“插入函数”按钮：单击该按钮可快速打开“插入函数”对话框，在该对话框中可以选择或搜索相应的函数进行输入和编辑操作。

⑤编辑框：显示相应单元格中输入或编辑的内容，也可以选择单元格后，直接在编辑框中进行输入和编辑操作。

## 知识点 3:工作簿及其操作

(1)工作簿文件的打开

①直接打开

定位文件保存的路径,双击工作簿文件的图标即可完成该工作簿的打开。

②通过“打开”对话框

启动 Excel 程序,单击“文件”→“打开”→“浏览”命令(快捷键 Ctrl+O),启动“打开”对话框,找到文件所在的路径,选择对话框右侧列表中的文件图标,单击“打开”命令按钮可完成工作簿的打开。

③通过历史记录打开

单击“文件”→“打开”→“最近”命令,右侧罗列了最近打开的文件列表,默认情况下显示最近打开的 25 个文件,文件的个数可以通过“文件”→“选项”→“高级”→“显示”进行设置,数量是 1～50,一般情况下选择默认值,在右侧列表中单击某个列表文件,即可打开该文件。

(2)关闭工作簿

单击“文件”→“关闭”命令,或者快捷键 Ctrl+W 也可实现工作簿的关闭。

(3)保护工作簿

①保护结构和窗口

单击“审阅”→“更改”组→“保护工作簿”命令,打开“保护结构和窗口”对话框,如图 3-3 所示,通过锁定和保护可以实现对整个工作簿的保护,锁定后用户无法对该工作簿中的工作表进行移动、添加、删除、隐藏和重命名等操作。

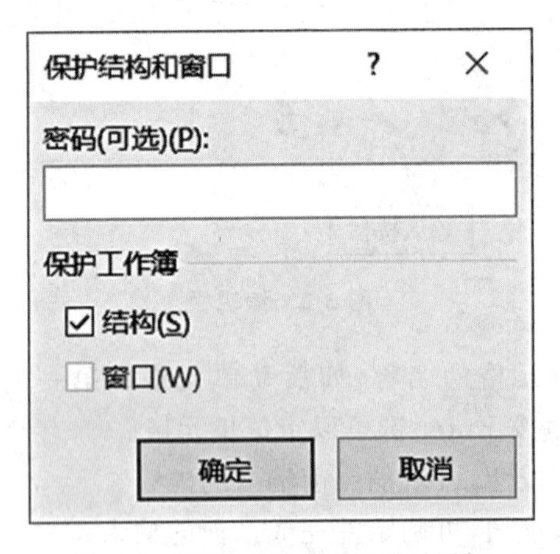


图 3-3 “保护结构和窗口”对话框

②设置工作簿密码

单击“文件”→“信息”→“保护工作簿”→“用密码进行加密”命令,如图 3-4 所示,打开“加密文档”对话框,输入密码,打开“确认密码”对话框,再次输入相同的密码,即完成文档的密码保护,当重新打开文档时会提示输入密码,密码错误将不能打开文档。

修改工作簿密码的方法与设置密码的方法相同,删除工作簿密码只需要在“加密文档”对话框中,删除已设置的密码,即可取消文档的密码保护。

图 3-4　设置工作簿密码

## 知识点 4:工作表及其操作

在默认情况下，Excel 2016 一个工作簿只包含一张工作表 Sheet1，用户可以根据需要添加或删除工作表，但是工作簿内至少要含有一张可视工作表。

(1)工作表的基本操作

包括选择、移动、插入、复制、删除、重命名、修改工作表标签颜色等，右击工作表的标签，在弹出的快捷菜单中可实现相应的基本操作。

(2)冻结工作表窗口

当工作表有多页内容，为了阅读时将数据与表头对应起来查看，可使用冻结窗格功能。

①冻结首行/冻结首列

单击“视图”→“窗口”组→“冻结窗格”下拉按钮，在下拉列表中选择“冻结首行”/“冻结首列”命令，此时在工作表的第 1 行/第 1 列之后将出现一条细线，把工作表划分成两部分，第 1 行/第 1 列被冻结，表格上下/左右拖动，首行/首列不会被隐藏。

②冻结拆分窗格

如果要冻结一个单元格区域，可选中要冻结单元格区域的下一行或下一行第 1 列的单元格，例如要冻结 A1:D3，则选中第 4 行或 A4 单元格，单击“视图”→“窗口”组→“冻结窗格”下拉按钮，在下拉列表中选择“冻结拆分窗格”命令，如图 3-5 所示。

图 3-5　冻结窗格示例

③取消冻结窗格

若要取消冻结窗格，单击“视图”→“窗口”组→“冻结窗格”下拉按钮，在下拉列表中选择“取消冻结窗格”命令。

(3)保护工作表

右击工作表的标签，在打开的快捷菜单中单击“保护工作表”命令，打开“保护工作表”对话框，如图 3-6 所示，输入密码后弹出“确认密码”对话框，再次输入相同密码后，可以实现对工作表相关内容的保护。若要取消工作表保护，右击工作表的标签，在弹出的快捷菜单中单击“撤销工作表保护”命令，打开“撤销工作表保护”对话框，输入密码，单击“确定”按钮。

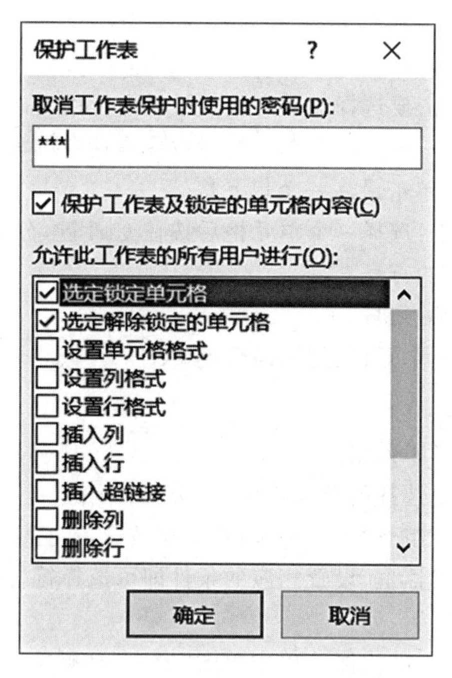


图 3-6　“保护工作表”对话框

## 知识点 5:单元格及其操作

(1)活动单元格

鼠标单击某个单元格,该单元格就成为活动单元格,该单元格的框线变为黑粗线,单元格的地址显示在名称框中,内容显示在活动单元格内和编辑框中,此时可对该单元格的内容进行编辑操作。

(2)单元格地址

单元格的地址用“列号＋行号”的形式表示,反映了单元格在工作表中的位置,例如“C5”表示第 C 列第 5 行的单元格。

单元格区域的地址用单元格矩形块的左上角和右下角两个单元格地址用冒号(:)相连表示,例如,C5:E8 表示图 3-7 所示的单元格区域,在名称框中仅显示该区域左上角的单元格地址 C5。

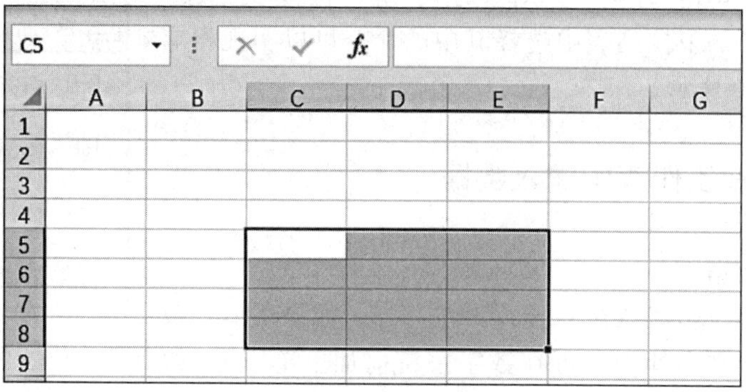

图 3-7　单元格区域地址

(3)选择单元格

①使用鼠标选择单元格

◇选择一个单元格:单击要选择的单元格或按键盘上的方向键。

◇选择多个连续单元格:选择一个单元格后按住鼠标左键,拖动鼠标进行选取或选择一个单元格后,按住 Shift 键,单击最后一个单元格。

◇选择不连续的单元格:选择一个单元格后按住 Ctrl 键,分别单击要选择的单元格。

◇选择整行:单击该行的行号。

◇选择整列:单击该行的列号。

◇全选工作表中的所有单元格:使用组合键 Ctrl+A 或单击工作表的左上角行号与列号交叉处的◢按钮。

②使用“定位”命令选择单元格

◇在编辑栏中输入需要选择的单元格区域,按 Enter 键。

◇单击“开始”→“编辑”组→“查找和选择”下拉按钮,在打开的下拉列表中选择“定位条件”命令,打开“定位条件”对话框,设置相应的条件即可选择符合条件的所有单元格。

(4)插入与删除单元格(行、列)

右击活动单元格,在弹出的快捷菜单中单击“插入”/“删除”命令,打开对话框执行相应的操作,如图 3-8 和图 3-9 所示。或者单击“开始”→“单元格”组中的“插入”/“删除”命令实现相应的操作。

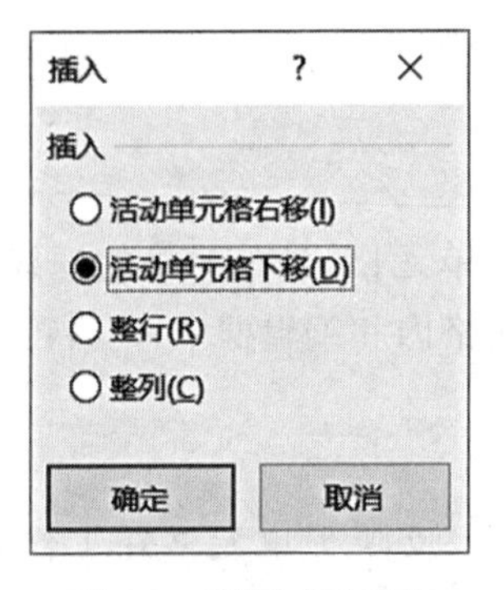


图 3-8 “插入”对话框

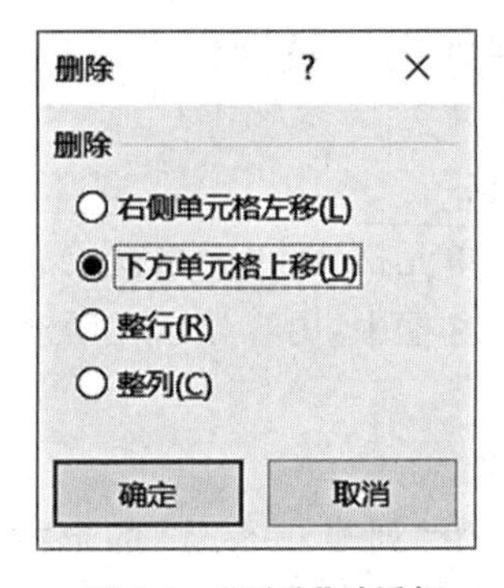


图 3-9 “删除”对话框

(5)合并单元格与取消单元格合并

在实际应用中常常需要对单元格区域进行合并或取消单元格合并的操作,单击“开始”→“对齐方式”组→“合并后居中”下拉按钮,在打开的下拉列表中选择其中的命令可以实现相应的操作,如图 3-10 所示。

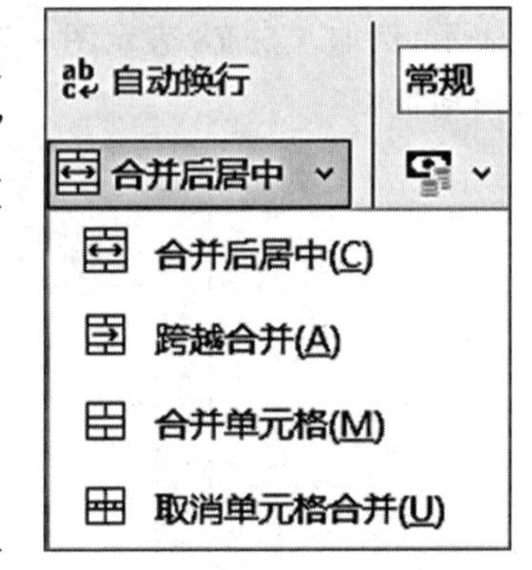


图 3-10 “合并”单元格选项

## 知识点 6:在工作表中输入数据

(1)文本型数据

输入文本型数据,默认对齐方式为左对齐。如果要输入数字字符(数字作为文本处理),可在数字字符前加上单引号(如

'20180362104)，在单元格的左上方会出现绿色三角标记，数字字符就作为文本型数据输入单元格中，或者将该单元格的格式设置为文本类型，再输入数字字符，也可实现数字作为文本处理。

(2)数值型数据

输入数值型数据，默认对齐方式为右对齐。当输入的数字长度超过单元格的列宽或超过 15 位时，单元格里的数据以科学记数法形式表示。例如，在单元格中输入数字字符“350104000000000000”，单元格显示“3.50104E+17”；当科学记数形式仍然超过单元格的列宽时，单元格中会出现“###”的符号，增加该列的列宽就可将数据显示出来。

分数：需要输入分数时，需先输入“0”和一个空格，再输入分数，按 Enter 键即可完成分数的输入。例如，在活动单元格中输入“0 3/8”，按 Enter 键确定后单元格中显示“3/8”。

负数：在数值前加“－”号或者将数值放在括号内，均可输入负数。例如，在活动单元格中输入“－33”或者(33)，按 Enter 键后在单元格中均显示“－33”。

(3)日期和时间型数据

Excel 2016 内置了一些日期和时间的格式，当用户输入日期和时间型数据时，软件会自动识别。日期型数据可采用 dd-mm-yy 或 yyyy/mm/dd 等多种格式输入，如 5-8-21 或 2021/8/5；时间型数据可采用 hh:mm:ss(AM/PM)的格式输入，其中(AM/PM)与 ss 之间有个空格，例如：4:05:21 PM。

输入当前系统的日期/时间只需按 Ctrl+；/Ctrl+Shift+；组合键即可。

(4)数据的有效性设置

单击“数据”→“数据工具”组→“数据验证”下拉按钮，在打开的下拉列表中选择“数据验证”命令，打开“数据验证”对话框，对话框中包括“设置”、“输入信息”、“出错警告”和“输入法模式”4 个选项卡，设置相关参数可以实现在单元格中输入数据时从单元格右侧的下拉列表中选择项目进行输入，或者指定单元格中输入文本的长度、数的范围、时间的范围，禁止输入重复数据以及出错提醒等。

(5)快速填充数据

如果输入的数据是一组相同或有规律的数据序列，用户可以通过拖动填充柄(活动单元格右下角黑色小方块)或者使用“序列”对话框快速地进行数据填充。

①使用填充柄快速填充数据

◇填充相同的数据(复制数据)

选中初值单元格后，鼠标停在填充柄上呈现黑色实心“+”，按住鼠标左键沿着水平或垂直方向拖动填充柄，可填充相同的数据，但是初值单元格里的数据是某自定义序列中的数据时，将填充该序列的数据(见“填充自定义序列”)。

◇填充有规律的数据

数值型数据选中第一个值，拖动填充柄的同时按住 Ctrl 键，默认按照差值为 1 的等差序列进行填充；如果选中前两项作为初值，拖动填充柄进行填充，步长为前两项之差；如果是日期型数据，直接拖动填充柄，按“日”生成等差数列。

◇填充自定义序列

利用填充柄可以填充自定义序列，自定义序列可以是软件自带的，也可以是用户自行创建的。例如，单元格中输入“星期日”，选中单元格后拖动填充柄可以填充序列“星期日、星期

一、星期二、星期三、星期四、星期五、星期六”(软件自带的)。

用户还可以自定义序列,单击“文件”→“选项”命令,打开“ Excel 选项”对话框,在对话框中单击“高级”→“编辑自定义列表”按钮,如图 3-11 所示;打开“自定义序列”对话框,如图 3-12 所示,单击“新序列”(例如,在“输入序列”列表中输入“北京、上海、广州、深圳”,按Enter键分隔列表条目),输入完成后单击“添加”按钮,再单击“确定”按钮。此时若在某单元格中输入“北京”,选中该单元格后拖动填充柄可以填充序列“北京、上海、广州、深圳”(用户自定义的)。

Excel 选项
常规
公式
校对
保存
语言
轻松访问
高级
自定义功能区
快速访问工具栏
显示加载项用户界面错误(U)
缩放内容以适应 A4 或 8.5 x 11" 纸张大小(A)
始终在此应用中打开加密文件
启动时打开此目录中的所有文件(L):
Web 选项(P)...
启用多线程处理(P)
创建用于排序和填充序列的列表:
编辑自定义列表(O)...
数据
禁用撤消大型数据透视表刷新操作以减少刷新时间(R)

图 3-11 “Excel 选项”对话框

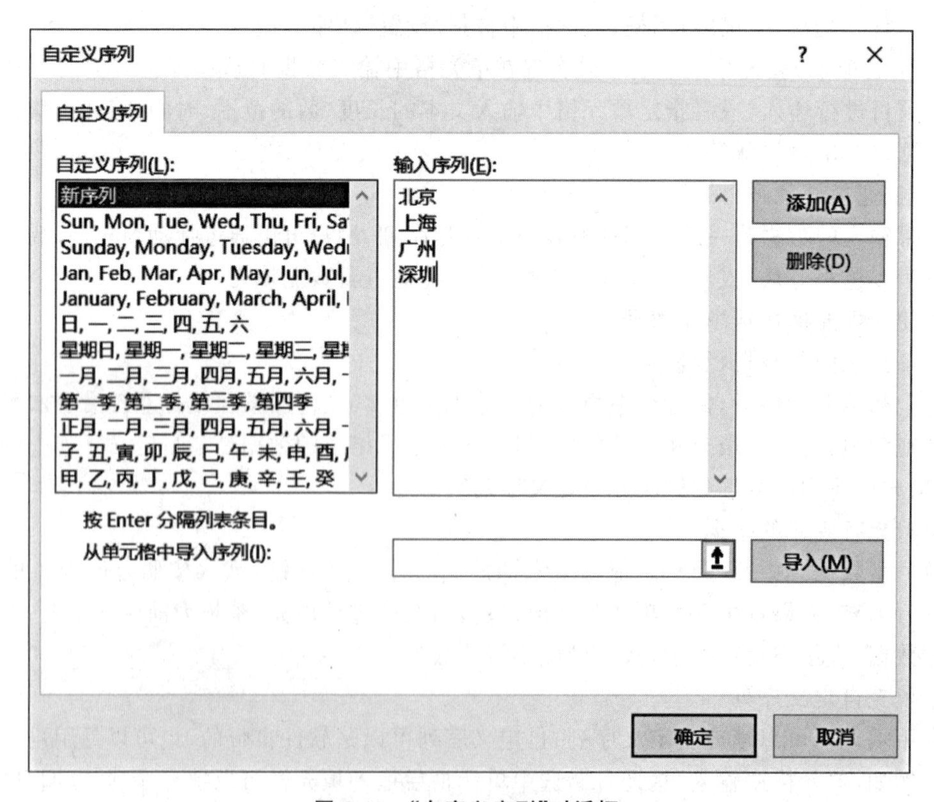


图 3-12 “自定义序列”对话框

②使用“序列”对话框快速填充数据

在初始单元格输入起始值，单击“开始”→“编辑”组→“填充”下拉按钮，在打开的下拉列表中选择“序列”命令，打开“序列”对话框，如图 3-13 所示，输入步长值、终止值，选择填充类型，选择序列产生在行还是列，即可填充系列数据。

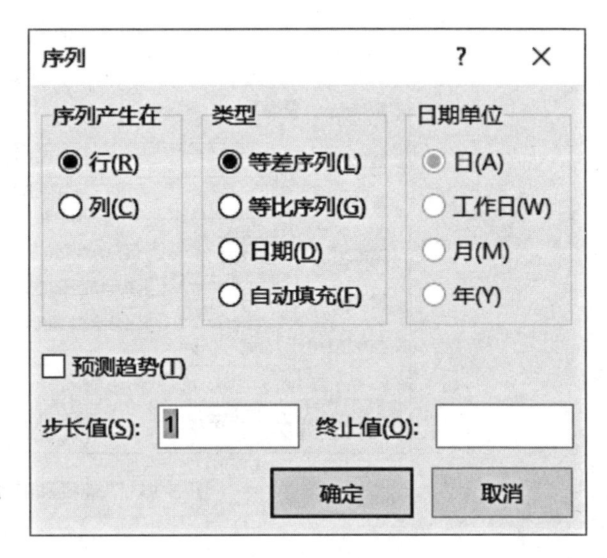


图 3-13 “序列”对话框

## 知识点 7:数据的编辑

(1)修改和删除数据

用鼠标双击需要编辑数据的单元格，直接在单元格中或在编辑栏中对内容进行编辑(修改或删除)，按 Enter 键或单击其他单元格完成操作。

(2)复制和移动数据

①利用鼠标拖放实现

将光标移至所选择的单元格区域边缘，鼠标呈现双向十字箭头，按住鼠标左键拖动到目标处释放，完成单元格区域数据的移动；若按住鼠标左键的同时按住 Ctrl 键进行拖动，到目标处释放，即完成单元格区域数据的复制。

②利用剪贴板技术

选择单元格区域，单击“开始”→“剪贴板”组→“剪切”命令，选择目标单元格，单击“开始”→“剪贴板”组→“粘贴”命令，完成单元格区域数据的移动；若使用“复制”和“粘贴”命令则完成单元格区域数据的复制。

选择单元格区域，右击单元格，在弹出的快捷菜单中单击“剪切”或“复制”命令，右击目标单元格，选择“粘贴”命令，也可完成单元格区域数据的移动或复制。

选择单元格区域，利用快捷键 Ctrl+X (剪切)或 Ctrl+C(复制)，选择目标单元格，利用快捷键 Ctrl+V(粘贴)，也可完成单元格区域数据的移动或复制。

(3)查找和替换数据

在编辑工作表数据时，有时需要对某张工作表或者整个工作簿中多张工作表多处相同的数据进行批量修改，单击“开始”→“编辑”组→“查找和选择”下拉按钮，在打开的下拉列表中选择“替换”命令，打开“查找和替换”对话框，输入查找的内容(可指定格式)、替换的内容(可指定格式)，选择查找的范围(工作表或者工作簿)，设置搜索是按行还是按列等，单击“查找全部”/“查找下一个”/“替换”/“全部替换”命令，可实现相应的操作，如图 3-14 所示，提高工作效率。

查找和替换 ? ×

查找(D) 替换(P)

查找内容(N): 未设定格式 格式(M)...

替换为(E): 未设定格式 格式(M)...

范围(H): 工作表 □区分大小写(C)

搜索(S): 按行 □单元格匹配(O)

查找范围(L): 公式 □区分全/半角(B)

选项(T) <<

全部替换(A) 替换(R) 查找全部(I) 查找下一个(F) 关闭

图 3-14 “查找和替换”对话框

## 知识点 8:格式化工作表

为了美化工作表,需要对工作表进行格式化操作。主要包括设置单元格格式、工作表的列宽和行高、条件格式及自动套用格式等。

(1)设置单元格格式

单击“开始”→“字体”组/“对齐方式”组/“数字”组右下角的对话框启动器按钮,打开“设置单元格格式”对话框,如图 3-15 所示,可以在数字、对齐、字体、边框、填充、保护等选项卡中进行相应的格式设置。

图 3-15 “设置单元格格式”对话框

(2)调整行高与列宽

①拖动边框线调整

当鼠标指针移至要调整的两行(或两列)的分割线上,鼠标指针呈现双向箭头的十字形时,按住鼠标左键,根据行高(或列宽)大小的显示值,拖动鼠标至需要的位置释放即可。

②使用功能区命令

选择需要调整行高的行(或列宽的列),单击“开始”→“单元格”组→“格式”下拉按钮,在打开的下拉列表中选择“行高”(或“列宽”)命令,打开“行高”(或“列宽”)对话框,如图 3-16 所示,输入设置的磅值,单击“确定”即可。

行高　?　×
行高(R):　13.8
确定　取消

列宽　?　×
列宽(C):　10
确定　取消

**图 3-16　“行高”与“列宽”对话框**

“格式”命令下的“自动调整行高”(或“自动调整列宽”)命令可使选择的单元格的行高(或列宽)适应单元格里的内容。

(3)套用表格格式

软件提供了许多配色专业、漂亮的表格格式(包括数字、字体、对齐、边框、填充、行高和列宽等格式),用户可以选中需要使用表格套用的单元格区域,单击“开始”→“样式”组→“套用表格格式”下拉按钮,展开的表格格式列表如图 3-17(a)所示,根据颜色的深浅分为浅色、中等色、深色三类,用户可以根据工作表的内容及个人喜好,选择其中的一个样式,弹出“套用表格式”对话框,设置表是否包含标题,如图 3-17(b)所示,单击“确定”按钮,即可完成选中表格格式的套用。

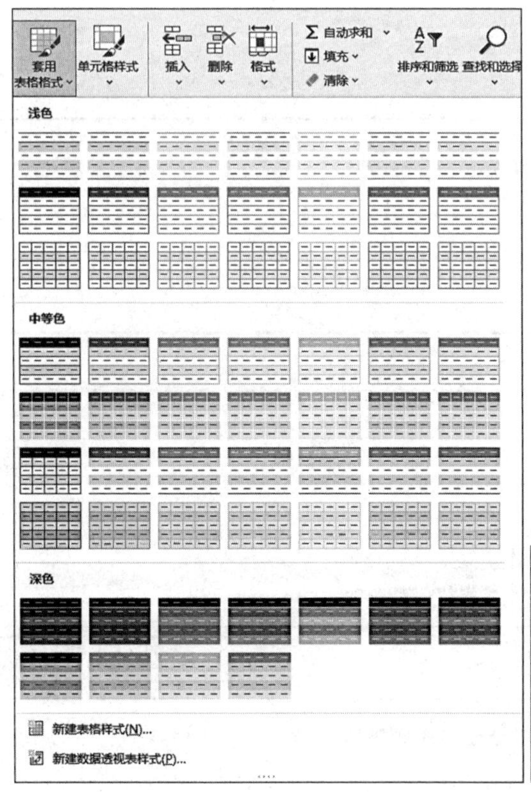


(a)“套用表格格式”选项卡

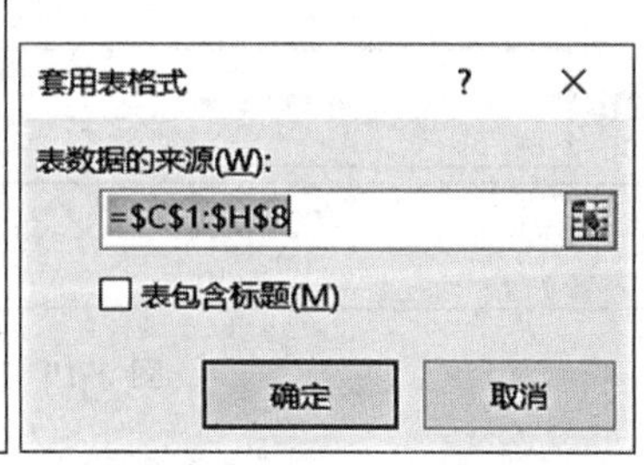


(b)“套用表格式”对话框

**图 3-17　套用表格格式**

(4)使用格式刷

Excel 2016 与 Word 2016 一样也可以使用格式刷进行格式复制。

选择需要复制格式的对象,单击“开始”→“剪贴板”组→“格式刷”命令,鼠标呈现刷子的形状,单击目标单元格区域,可以将复制的格式进行一次粘贴;若选择需要复制格式的对象后,双击“格式刷”命令,则可将复制的格式进行多次粘贴。要取消鼠标的格式刷状态,单击“格式刷”命令即可。

(5)条件格式

设置表格中的数据在满足不同的条件时,显示不同的格式,便于数据的直观显示。

选择需要设置条件格式的单元格区域,单击“开始”→“样式”组→“条件格式”下拉按钮,打开的下拉列表如图 3-18 所示,用户可以选择 Excel 提供的条件格式选项,也可以单击“新建规则”命令,打开“新建格式规则”对话框,如图 3-19 所示,在对话框中选择规则类型,编辑规则说明,单击“确定”按钮完成操作。

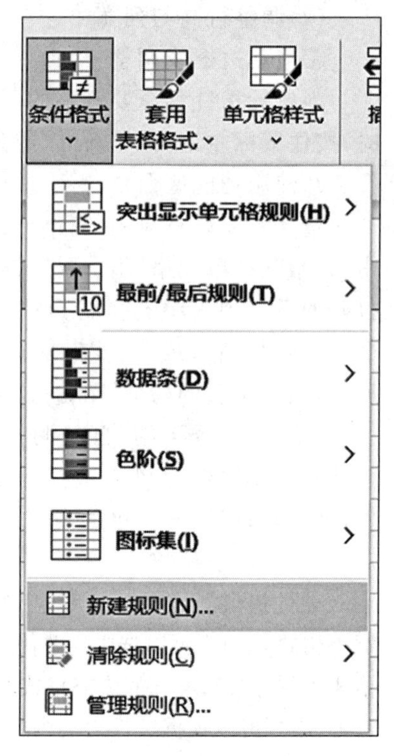


图 3-18 “条件格式”选项卡

图 3-19 “新建格式规则”对话框

## 知识点 9:单元格的引用

(1)引用运算符

①冒号(:):区域运算符

两个单元格之间用英文冒号连接,表示引用这两个单元格之间的所有单元格区域。例如,C5:E9 是以 C5 为左上角单元格,E9 为右下角单元格的单元格区域;“A:A”表示引用 A 列;“A:D”表示引用 A 列至 D 列;“1:1”表示引用第一行;“1:4”表示引用第 1 行至第 4 行,依此类推。

②逗号(,):联合运算符

逗号运算符将多个引用合并为一个引用。例如公式:=SUM(A2:D4,F3:F8),是计算 A2:D4 和 F3:F8 两个区域中所有单元格数值的和。

③空格( ):交集运算符

空格运算符生成对两个引用中共有的单元格的引用。例如公式:=SUM(A2:D4 B1:C6),是计算 A2:D4 和 B1:C6 两个区域的交叉区域(B2:C4)所有单元格数值的和。

三个引用运算符之间的优先顺序依次是:冒号、空格和逗号。

(2)运算符

①算术运算符:加(+)、减(-)、乘(*)、除(/)、乘幂(^)、百分数(%)。

②比较运算符:等于(=)、不等于(＜＞)、小于(＜)、小于等于(＜=)、大于(＞)、大于等于(＞=)。比较运算符的运算结果是逻辑值 True 或者 False。

③文本运算符:&,作用是连接字符串。例如:B2 单元格内容为“姓名”,C2 单元格内容为“专业”,在 D2 单元格中输入公式:=B2&C2,则在 D2 的单元格中得到的内容为“姓名专业”。

(3)引用类型

Excel 提供了三种不同的引用类型

①相对引用。包含相对引用的公式复制到其他单元格时,复制的公式会自动调整公式中的单元格名称,这样的引用称为相对引用。例如:G3 单元格里的公式:=E3*0.5+F3*0.5 复制到 G4 单元格时,公式自动调整为:=E4*0.5+F4*0.5。

②绝对引用。若公式中的单元格地址的行号和列号前都加了“$”符号,该公式复制时,单元格引用地址保持不变,这样的引用称为绝对引用。例如:G3 单元格里公式:=$C$3+$F$3,复制到 G4 单元格时,公式不发生变化,依然是:=$C$3+$F$3,其中$C$3 和$F$3 就使用了绝对引用。

③混合引用。在一个单元格引用的地址中,具有绝对列和相对行或者绝对行和相对列,这样的引用称为混合引用,如$A1、B$1。如果多行或多列地复制公式,相对引用的行或列会自动调整,而绝对引用的行或列将不做调整,例如,A1=3,B1=4,B2 中的公式为:=A$1,复制公式到 C2 时,公式自动调整为:=B$1,行号不变,列号自动调整。

按功能键“F4”可以快速地给单元格的行、列号的前面添加或去除“$”符号,在引用类型之间切换。例如,公式:=A1+B1,按下“F4”键,公式切换为:=$A$1+$B$1;再按下“F4”键,公式切换为:=A$1+B$1;再按下“F4”键,公式切换为:=$A1+$B1;再按下“F4”键,公式切换为:=A1+B1,如此循环。

## 知识点 10:公式与函数

(1)公式的使用

公式是对工作表中的数据进行计算和处理的表达式,公式以“=”开始,由单元格或单元格区域的引用、常数、函数、运算符和括号组成。选择要输入公式的单元格,在单元格或者编辑栏中输入“=”,然后输入公式内容,如“=B1+C1”,按 Enter 键或用鼠标单击编辑栏中的确定按钮 ✓ ,完成输入操作。

(2)函数的使用

①快速计算

选择需要进行计算(求平均值、计数、求和)的单元格或单元格区域,在 Excel 2016 工作表的状态栏中,可以直接查看计算结果,如图 3-20 所示。

| | A | B | C | D | E |
|---|---|---|---|---|---|
| 1 | 产品销售统计 | | | | |
| 2 | 日期 | 顾客 | 产品 | 销售额总计 | |
| 3 | 2006/1/1 | 上海嘉华 | 衬衫 | $302.00 | |
| 4 | 2006/1/3 | 天津大宇 | 香草枕头 | $293.00 | |
| 5 | 2006/1/3 | 北京福东 | 宠物垫 | $150.00 | |
| 6 | 2006/1/3 | 南京万通 | 宠物垫 | $530.00 | |
| 7 | 2006/1/4 | 上海嘉华 | 睡袋 | $223.00 | |
| 8 | 2006/1/11 | 南京万通 | 宠物垫 | $585.00 | |
| 9 | 2006/1/11 | 上海嘉华 | 睡袋 | $0.00 | |
| 10 | 2006/1/18 | 天津大宇 | 宠物垫 | $876.00 | |
| 11 | 2006/1/20 | 上海嘉华 | 睡袋 | $478.00 | |
| 12 | 2006/1/20 | 上海嘉华 | 床罩 | $191.00 | |
| 13 | 2006/1/21 | 上海嘉华 | 雨伞 | $684.00 | |
| 14 | 2006/1/21 | 南京万通 | 宠物垫 | $747.00 | |

Sheet1

就绪　平均值: $434.23　计数: 35　求和: $15,198.00

图 3-20　快速计算

②自动求和

选择需要进行计算(求和、平均值、计数、最大值、最小值)的单元格区域,单击“公式”→“函数库”组→“自动求和”下拉按钮,展开计算命令列表,如图 3-21 所示。如果选择某个计算命令,即可在所选单元格区域(选择列)的下方或者右侧(选择行)的单元格中显示相应的计算结果。

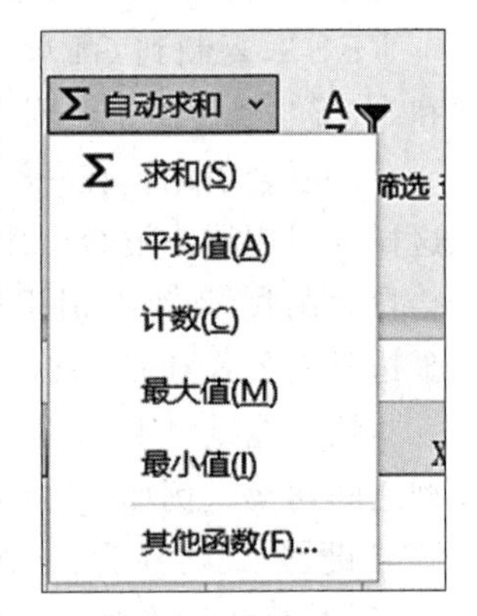


图 3-21　自动求和

③插入函数

选择要插入函数的单元格,单击编辑栏中的“插入函数”按钮,或者单击“公式”→“插入函数 fx ”命令,打开“插入函数”对话框,如图 3-22 所示,选择需要的函数,输入相应的参数,单击“确定”按钮即可在单元格中显示计算结果。

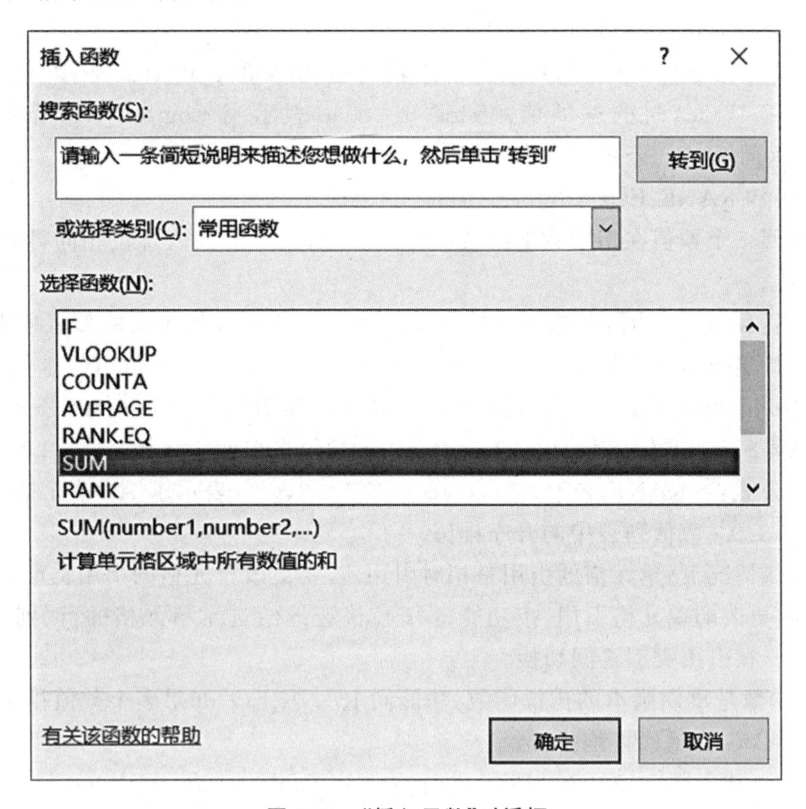


图 3-22　"插入函数"对话框

④常用函数

◇求和函数 SUM(number1,[number2],…)

功能:将指定的参数 number1、number2……相加求和。

◇条件求和函数 SUMIF(Range,Criteria,[Sum_range])

功能:将指定的单元格区域中符合指定条件的值求和。

参数说明:Range 参数为用于条件计算的单元格区域,Criteria 参数为求和的条件,Sum_range是求和的实际单元格区域。

◇求平均值函数 AVERAGE(number1,[number2],…)

功能:将指定的参数 number1、number2……相加求算术平均值。

◇条件求平均值函数 AVERAGEIF(Range,Criteria,[Average_range])

功能:将指定的单元格区域满足指定条件的所有单元格中的数值相加求算术平均值。

参数说明:Range 参数为用于条件计算的单元格区域,Criteria 参数为求平均值要满足的条件,Average_range 是实际求平均值的单元格区域。

◇统计函数 COUNT(number1,number2,…)

功能:统计指定的单元格区域中所包含的数值型数据的单元格个数。

◇条件统计函数 COUNTIF(Range,Criteria)

功能:统计指定的单元格区域中满足指定条件的单元格的个数。

参数说明:Range 参数为需要统计的单元格区域,Criteria 参数为计数的条件。

◇逻辑判断函数 IF(Logical_test,Value_if_true,Value_if_false)

功能:根据条件的判断返回不同的结果。

参数说明:Logical_test 是判断条件的逻辑表达式,Value_if_true 表示当 Logical_test 条件为逻辑真(True)时的返回值,Value_if_false 表示当 Logical_test 条件为逻辑假(False)时的返回值。IF 函数可以嵌套使用。

◇排位函数 RANK.EQ(Number, Ref,[Order])

功能:返回一个数值在指定数据区域中的排位,如果多个数值排位相同,则返回该组数值的最佳排位。

参数说明:Number 为需要排位的数值,Ref 为要在其中查找排名的数值列表,Order 参数为可选项,指定数值列表的排序方式。Order 取值为 0 或忽略,对数值的排位基于 Ref 按降序排位;Order 取值不为 0,对数值的排位基于 Ref 按升序排位。例如,公式:=RANK.EQ(A3,$A$3:$A$9),表示求 A3 单元格中的数值在单元格区域 A3:A9 的数值列表中的降序排位;公式:=RANK.EQ(A3,$A$3:$A$9, 1),表示求 A3 单元格中的数值在单元格区域 A3:A9 数值列表中的升序排位。

提示:默认情况下,单元格的引用是相对引用,若要更改单元格的引用类型,可在公式编辑栏中选择要更改的单元格引用,按功能键"F4"快速地给选定单元格的行、列前面添加或去除"$"符号,在引用类型之间切换。

RANK 函数是早期版本的排位函数,功能同 RANK.EQ;如果多个数值排位相同,使用函数 RANK.AVG 将返回平均排位。

◇列匹配查找函数 VLOOKUP(Lookup_value,Table_array, Col_index_num,Range_lookup)

功能:在数据表的首列查找与指定的数值相匹配的值,并将指定列的匹配值填入当前数据的当前列中。

参数说明:Lookup_value 是在数据表 Table_array 第一列查找的内容,它可以是数值、单元格引用或文本字符串。Table_array 是要查找的数据所在的单元格区域。Col_index_num 为要返回的值在 Table_array 的第几列。Range_lookup 取值为 True 或者默认时,返回近似匹配值,即如果找不到精确匹配值,则返回小于 Lookup_value 的最大数值;Range_lookup 取值为 False 时,返回精确匹配值,如果找不到,则返回错误#N/A。

注意:Range_lookup 取值为 True 或者默认时,Table_array 中的值必须按升序排列,否则 VLOOKUP 无法返回正确的结果。

例如,案例 1:要在图 3-23 所示的工作表中根据每位学生的总分,通过 VLOOKUP 函数在 M2:N7 单元格区域进行列匹配查找,填充每位同学总分的对应等级。具体操作如下:在 H3 单元格中输入:=VLOOKUP(G3,$M$3:$N$7,2),按 Enter 键确定,H3 单元格填充等级"B"[软件在 M3:N7 的首列(M 列)查找与 G3 单元格里的数值"84.5"相匹配的值,在 M 列找不到精确匹配值,由于 Range_lookup 取值为默认,返回小于"84.5"的最大数值"80",将指定列(2,本案例为 N 列)的匹配值("B")填入 H3 单元格,完成 H3 单元格的操作]。H 列的其他单元格数据可通过拖动 H3 单元格的填充柄得到。

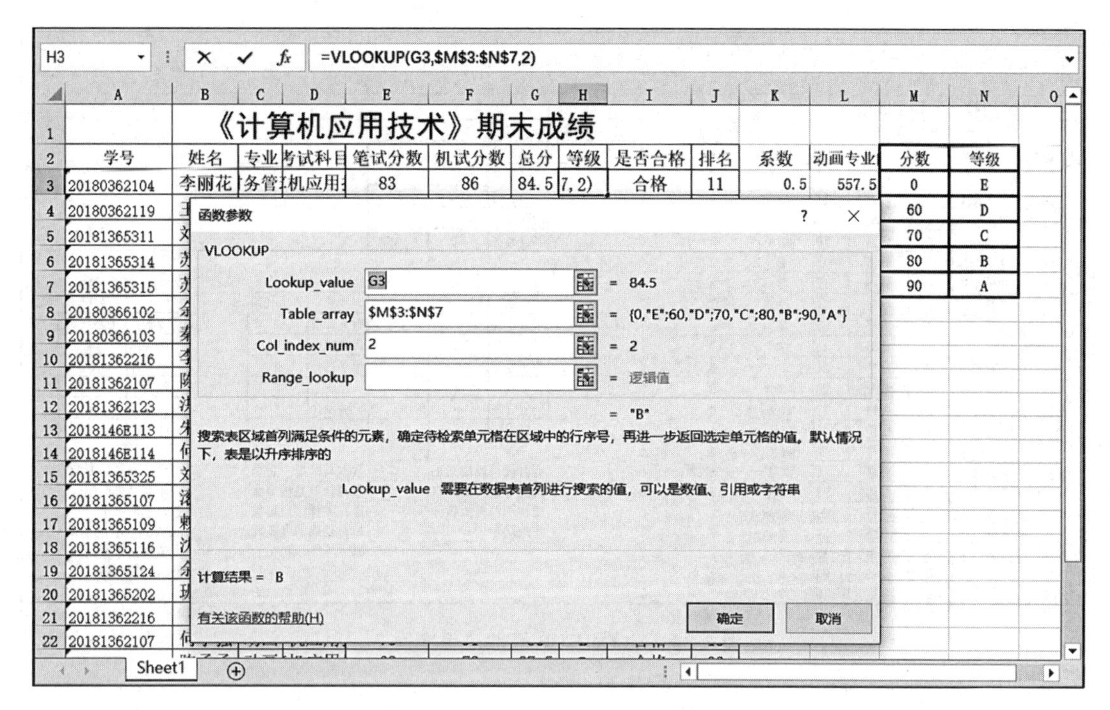


图 3-23　VLOOKUP 函数应用案例 1

案例 2：在图 3-24 所示的工作表中根据专业名称，通过 VLOOKUP 函数在 3 个不同的单元格区域进行列匹配查找，分别在 K、L、M 列填充对应的专业代码，Range_lookup 取值为默认值。查找的数据区域的情况直接影响查找填充的结果。

情况一：Table_array 区域为 O10：P16，数据未排序，在 K3 单元格输入：=VLOOKUP(C3，$O$11：$P$16，2)，按 Enter 键确定，完成 K3 单元格的输入，拖动 K3 单元格的填充柄得到 K 列其他单元格的数据，如图 3-24 的 K 列所示。使用 VLOOPUP 函数列匹配查找填充专业代码时，当 Table_array 区域数据未排序时无法返回正确的结果。

情况二：Table_array 区域为 R10：S16(数据与情况一完全相同，但是数据按“专业”升序排列)，在 L3 单元格输入：=VLOOKUP(C3，$R$11：$S$16，2)，按 Enter 键确定，完成 L3 单元格的输入，拖动 L3 单元格的填充柄得到 L 列其他单元格的数据，如图 3-24 的 L 列所示。此情况下使用 VLOOPUP 函数列匹配查找，可以填充正确的专业代码。

情况三：Table_array 区域为 U11：V16(数据按“专业”的升序排序，但是缺少“电子商务”专业的数据)，在 M3 单元格输入：=VLOOKUP(C3，$U$12：$V$16，2)，按 Enter 键确定，完成 M3 单元格的输入，拖动 M3 单元格的填充柄得到 M 列其他单元格的数据。在查找“电子商务”专业时，找不到精确匹配值，返回小于 Lookup_value 的最大数值，即“产品设计”专业，M8 和 M9 单元格中填充“产品设计”的专业代码“6”，发生错误，如图 3-24 的 M 列所示。

K3 =VLOOKUP(C3,$O$11:$P$16,2)

| | A | C | H | I | J | K | L | M | N |
|---|---|---|---|---|---|---|---|---|---|
| 1 | 《应用技术》期末成绩 | | | | | | | | |
| 2 | 学号 | 专业 | 等级 | 是否合格 | 排名 | 专业代码1 | 专业代码2 | 专业代码3 | 系数 |
| 3 | 20180362 | 财务管理 | B | 合格 | 1 | #N/A | 9 | 9 | 0.5 |
| 4 | 20180362 | 财务管理 | A | 合格 | 1 | #N/A | 9 | 9 | |
| 5 | 20181365 | 产品设计 | C | 合格 | 22 | #N/A | 6 | 6 | |
| 6 | 20181365 | 产品设计 | B | 合格 | 13 | #N/A | 6 | 6 | |
| 7 | 20181365 | 产品设计 | B | 合格 | 16 | #N/A | 6 | 6 | |
| 8 | 20180366 | 电子商务 | A | 合格 | 5 | 2 | 2 | 6 | |
| 9 | 20180366 | 电子商务 | B | 合格 | 17 | 2 | 2 | 6 | |
| 10 | 20181362 | 动画 | B | 合格 | 11 | 9 | 7 | 7 | |
| 11 | 20181362 | 动画 | A | 合格 | 3 | 9 | 7 | 7 | |
| 12 | 20181362 | 动画 | B | 合格 | 10 | 9 | 7 | 7 | |
| 13 | 2018146E | 机械设计 | C | 合格 | 21 | 3 | 3 | 3 | |
| 14 | 2018146E | 机械设计 | E | 不合格 | 25 | 3 | 3 | 3 | |
| 15 | 20181365 | 产品设计 | B | 合格 | 17 | #N/A | 6 | 6 | |
| 16 | 20181365 | 产品设计 | A | 合格 | 2 | #N/A | 6 | 6 | |
| 17 | 20181365 | 产品设计 | B | 合格 | 7 | #N/A | 6 | 6 | |
| 18 | 20181365 | 产品设计 | B | 合格 | 8 | #N/A | 6 | 6 | |
| 19 | 20181365 | 产品设计 | B | 合格 | 13 | #N/A | 6 | 6 | |
| 20 | 20181365 | 产品设计 | C | 合格 | 20 | #N/A | 6 | 6 | |
| 21 | 20181362 | 动画 | E | 不合格 | 24 | 9 | 7 | 7 | |
| 22 | 20181362 | 动画 | B | 合格 | 13 | 9 | 7 | 7 | |
| 23 | 20181362 | 动画 | D | 合格 | 23 | 9 | 7 | 7 | |
| 24 | 20181362 | 动画 | B | 合格 | 8 | 9 | 7 | 7 | |

| | O | P | Q | R | S | T | U | V |
|---|---|---|---|---|---|---|---|---|
| 2 | 画专业的总 | 分数 | 等级 | | | | | |
| 3 | 557.5 | 0 | E | | | | | |
| 4 | 动画专业 | 60 | D | | | | | |
| 5 | 7 | 70 | C | | | | | |
| 6 | 动画专业 | 80 | B | | | | | |
| 7 | 79.64286 | 90 | A | | | | | |
| 9 | 情况一：专业未排序 | | | 情况二：按专业排序 | | | 情况三：按专业排序，但是缺少电子商务专业 | |
| 10 | 专业 | 专业代码 | | 专业 | 专业代码 | | | |
| 11 | 土木工程 | 4 | | 财务管理 | 9 | | 专业 | 专业代码 |
| 12 | 产品设计 | 6 | | 产品设计 | 6 | | 财务管理 | 9 |
| 13 | 电子商务 | 2 | | 电子商务 | 2 | | 产品设计 | 6 |
| 14 | 动画 | 7 | | 动画 | 7 | | 动画 | 7 |
| 15 | 财务管理 | 9 | | 机械设计 | 3 | | 机械设计 | 3 |
| 16 | 机械设计 | 3 | | 土木工程 | 4 | | 土木工程 | 4 |
| 18 | 有时候可以填充正确的专业代码，但是拖动填充柄后可能出错 | | | 数据与情况一完全相同，但是按专业进行了排序，可以填充正确的专业代码 | | | “电子商务”专业找不到精确匹配值，返回小于Lookup_value的最大数值，本案例返回6，发生错误。 | |

**图 3-24 VLOOKUP 函数应用案例 2**

## 知识点 11：数据管理与分析

(1)数据排序

在实际应用中，常常需要查看排序的数据，用来排序的字段称为关键字，排序方式有升序和降序。

①快速排序

在需要进行排序的数据列中选择关键字所在列的任意单元格，单击“数据”→“排序和筛选”组→“A↓Z”/“Z↓A”命令，即可实现按关键字(所选列字段)进行数据升序/降序的排序操作。此方法只能实现按一个关键字进行排序。

②组合排序

选择需要进行排序的数据，单击“数据”→“排序和筛选”组→“排序”命令，打开“排序”对话框，在“排序”对话框中可以设置按主要关键字排序，顺序可以是升序或者降序，当排序主要关键字相同时可单击“添加条件”按钮，添加次要关键字，按次要关键字进行排序，实现多关键字排序，如图 3-25 所示。当次要关键字也相同时还可以再添加次一级的关键字。

**图 3-25　排序案例**

(2)分类汇总

分类汇总将数据按一定字段分类进行汇总。单击“数据”→“分级显示”组→“分类汇总”命令，打开“分类汇总”对话框，汇总方式可以是求和、求平均值、求最大值、求最小值、计数、乘积、标准偏差、方差等多种方式，汇总结果分级显示。

注意：

◇分类汇总操作前需要进行排序操作，排序的字段即分类汇总的分类字段。

◇单击分类汇总数据记录单中的任意一个单元格，打开“分类汇总”对话框，在对话框上单击“全部删除”命令，即可删除分类汇总，恢复未分类汇总前的状态。

(3)数据筛选

要在工作表中显示用户感兴趣的数据，隐藏不满足条件的数据，可以选择自动筛选或高级筛选操作。

①自动筛选

选择需要进行筛选的数据区域，单击“数据”→“排序和筛选”组→“筛选”命令，在字段名单元格右侧出现下拉按钮 ，此时设置筛选的条件即可实现数据的自动筛选操作。

注意：

◇可以对多个字段进行筛选。

◇单击字段名右侧的下拉按钮 ，在打开的下拉列表中选择“全选”命令，即可恢复显示所有的记录。

◇要取消自动筛选，再次单击“数据”→“排序和筛选”组→“筛选”命令即可恢复未筛选的状态。

②高级筛选

当自动筛选不能满足用户的需求时，可以使用高级筛选。首先建立一个条件区域，用来罗列筛选条件，条件区域的第 1 行是作为筛选条件的字段名，这些字段名与数据列表中的字段名是相同的，第 2、3 行是筛选的条件，在条件区域里同一行的条件之间是“且”的关系，不同行之间是“或”的关系，单击“数据”→“排序和筛选”组→“高级”命令，打开“高级筛选”对话框，高级筛选的结果可以在原有区域显示，也可以在指定区域显示。

案例 1：利用高级筛选列出所有项目中学生男子组中第一名的记录（包含的条件：性别＝"男"且名次＝"第一名"），在“高级筛选”对话框中的设置如图 3-26 所示。

| | | | | | | | | |
|---|---|---|---|---|---|---|---|---|
| 60 | 800m | 学士女子组 | 20170761350 | 林丽颖 | 数信学院 | 02:48.5 | 第三名 | 6 |
| 61 | 800m | 学士女子组 | 20190761228 | 徐婷婷 | 数信学院 | 02:52.0 | 第四名 | 5 |
| 62 | 800m | 学士女子组 | 20190661135 | 李红艳 | 建工学院 | 02:53.3 | 第五名 | 4 |
| 63 | 800m | 学士女子组 | 20170761244 | 陈炫丽 | 化工学院 | 02:56.1 | 第六名 | 3 |
| 64 | 800m | 学士女子组 | 20180962237 | 余沅沅 | 海外学院 | 02:59.4 | 第七名 | 2 |
| 65 | 800m | 学士女子组 | 20180661340 | 马亮颖 | 建工学院 | 03:00.2 | 第八名 | 1 |
| 66 | | | | | | | | |
| 67 | | 分组 | 名次 | | | | | |
| 68 | | 学生男子组 | 第一名 | | | | | |
| 69 | | | | | | | | |
| 70 | | | | | | | | |
| 71 | 项目名称 | 分组 | 学号 | 姓名 | 学院 | 成绩 | 名次 | 积分 |
| 72 | 100m | 学生男子组 | 20180961127 | 张亚杰 | 海外学院 | 11.89 | 第一名 | 8 |
| 73 | 200m | 学生男子组 | 20180961127 | 张亚杰 | 海外学院 | 24.27 | 第一名 | 8 |
| 74 | 400m | 学生男子组 | 20180667111 | 哈力木拉 | 建工学院 | 56.37 | 第一名 | 8 |
| 75 | 800m | 学生男子组 | 20170761231 | 刘力华 | 机电学院 | 02:16.8 | 第一名 | 8 |
| 76 | | | | | | | | |

高级筛选　?　×
方式
○在原有区域显示筛选结果(F)
◉将筛选结果复制到其他位置(O)
列表区域(L): $A$1:$H$65
条件区域(C): $B$67:$C$68
复制到(T): $A$71:$H$75
☐选择不重复的记录(R)
确定　取消

**图 3-26　高级筛选案例 1**

用于筛选数据的条件，借助通配符“＊”或“?”可以实现模糊筛选。

案例 2：筛选出所有记录中学生男子组的第一名或姓“张”同学的记录，在“高级筛选”对话框中的设置如图 3-27 所示。

| | A | B | C | D | E | F | G | H |
|---|---|---|---|---|---|---|---|---|
| 62 | 800m | 学士女子组 | 20190661135 | 李红艳 | 建工学院 | 02:53.3 | 第五名 | 4 |
| 63 | 800m | 学士女子组 | 20170761244 | 陈炫丽 | 化工学院 | 02:56.1 | 第六名 | 3 |
| 64 | 800m | 学士女子组 | 20180962237 | 余沅沅 | 海外学院 | 02:59.4 | 第七名 | 2 |
| 65 | 800m | 学士女子组 | 20180661340 | 马亮颖 | 建工学院 | 03:00.2 | 第八名 | 1 |
| 66 | | | | | | | | |
| 67 | | 分组 | 名次 | 姓名 | | | | |
| 68 | | 学生男子组 | 第一名 | | | | | |
| 69 | | | | 张* | | | | |
| 70 | | | | | | | | |
| 71 | 项目名称 | 分组 | 学号 | 姓名 | 学院 | 成绩 | 名次 | 积分 |
| 72 | 100m | 学生男子组 | 20180961127 | 张亚杰 | 海外学院 | 11.89 | 第一名 | 8 |
| 73 | 200m | 学生男子组 | 20180961127 | 张亚杰 | 海外学院 | 24.27 | 第一名 | 8 |
| 74 | 400m | 学生男子组 | 20180667111 | 哈力木拉 | 建工学院 | 56.37 | 第一名 | 8 |
| 75 | 400m | 学生男子组 | 20190961240 | 张新鹏 | 海外学院 | 01:00.2 | 第八名 | 1 |
| 76 | 800m | 学生男子组 | 20170761231 | 刘力华 | 机电学院 | 02:16.8 | 第一名 | 8 |

高级筛选　?　×
方式
○在原有区域显示筛选结果(F)
◉将筛选结果复制到其他位置(O)
列表区域(L): $A$1:$H$65
条件区域(C): $B$67:$D$69
复制到(T): $A$71:$H$76
☐选择不重复的记录(R)
确定　取消

**图 3-27　高级筛选案例 2**

（4）数据透视表

如果需要对多个字段进行分类并汇总，可以利用数据透视表。数据透视表是一种对大量数据进行快速汇总及建立交叉列表的交互式报表，它通过选择页、行、列中的不同元素，快速分类汇总大量的数据，方便用户快速浏览源数据的不同统计结果，提高工作效率。

选择数据表或区域，单击“插入”→“表格”组→“数据透视表”命令，打开“创建数据透视表”对话框，通过选择页、行、列中的不同元素即可建立数据透视表，放置数据透视表的位置可以是新工作表，也可以是现有工作表。

(5)合并计算

如果需要汇总和报告多个单独工作表中数据的结果，方便对数据进行定期或不定期的更新和汇总，可以将每个独立工作表中的数据合并到一个主工作表，单击“数据”→“数据工具”组→“合并计算”命令，利用合并计算功能进行合并计算，所合并的工作表可以与主工作表位于同一工作簿，也可以位于其他工作簿中。

## 知识点12：使用图表分析数据

Excel 2016 提供了强大的图表和图形工具，对数据进行分析和对比，更直观、清楚地表达数据之间的关系，当工作表中的数据发生变化时，图表也会自动随之改变。

单击“插入”→“图表”组中的命令，可以选择插入的图表的类型，Excel 2016 提供了柱形图、条形图、折线图、面积图、饼图、圆环图、树状图、旭日图、直方图、箱型图、XY 散点图、气泡图、瀑布图、股价图、曲面图、雷达图、组合图等多种类型，如图 3-28 所示。

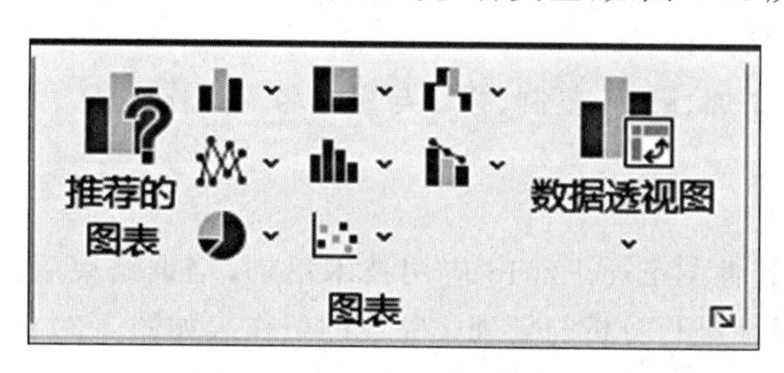


图 3-28　“插入图表”选项卡

选择已插入的图表，通过“图表工具”→“设计”选项卡，可以对图表布局、图表样式、数据、类型、位置进行修改，如添加图表的坐标轴、坐标轴标题、图表标题、数据标签、网格线、图例等图表元素等；通过“图表工具”→“格式”选项卡可以对图表的格式等进行修改，如更改图形的形状样式，修改图形的大小，设置对齐方式等。

## 知识点13：打印工作表

Excel 2016 的打印功能可以对工作表的打印效果进行预览和设置。

(1)页面布局设置

单击“文件”→“打印”命令，单击窗口中部“设置”下方的“页面设置”命令，可以打开“页面设置”对话框，对“页面”“页边距”“页眉/页脚”“工作表”等选项卡进行相应的设置，完成工作表页面版式的设置。

(2)打印预览

单击“文件”→“打印”命令，在窗口右侧出现打印预览效果，如果工作表中内容较多，可以单击窗口下方的箭头进行预览页面之间的切换。

(3)打印设置

单击“文件”→“打印”命令,在窗口中部的“设置”区可以设置打印范围、是否双面打印、纸张的方向(纵向或横向)、纸张类型等;“打印机”区可以选择当前使用的打印机;“打印”区可以设置打印的份数,完成后单击“打印”按钮,若打印机正常工作,即可完成打印操作。

## 3.2 Excel 2016 基本操作

### 实验 3-1 工作表的建立、编辑与格式化

#### 实验目的

1. 掌握工作簿的建立和保存;
2. 掌握工作表中各种数据的录入与编辑;
3. 掌握工作表的格式设置;
4. 掌握工作表的添加、删除、复制、移动与重命名等操作。

#### 实验内容

某高校组织了全校性的 Excel 2016 应用技术培训,培训结束后组织者需要及时录入、汇总考试成绩,并对成绩进行分析与管理。完成的工作表如图 3-29 所示。

| | A | B | C | D | E | F | G | H | I | J | K |
|---|---|---|---|---|---|---|---|---|---|---|---|
| 1 | 培训成绩统计分析表 | | | | | | | | | | |
| 2 | 学号 | 姓名 | 出生日期 | 部门 | 性别 | 培训科目 | 培训学时 | 笔试分数 | 机试分数 | 总成绩 | 排名 |
| 3 | 210001 | 林飞 | 2003/6/19 | 传播学院 | 男 | Excel应用 | 48 | 88 | 89 | | |
| 4 | 210002 | 刘苏 | 2002/11/3 | 建筑学院 | 男 | Excel应用 | 48 | 95 | 78 | | |
| 5 | 210003 | 李黎 | 2003/8/2 | 通信学院 | 女 | Excel应用 | 48 | 87 | 96 | | |
| 6 | 210004 | 张英 | 2003/7/6 | 通信学院 | 女 | Excel应用 | 48 | 53 | 51 | | |
| 7 | 210005 | 李东 | 2002/10/5 | 旅游学院 | 男 | Excel应用 | 48 | 92 | 85 | | |
| 8 | 210006 | 林琳 | 2002/3/13 | 通信学院 | 女 | Excel应用 | 48 | 80 | 75 | | |
| 9 | 210007 | 黄丽 | 2003/4/5 | 传播学院 | 女 | Excel应用 | 48 | 79 | 91 | | |
| 10 | 210008 | 王眺 | 2003/1/21 | 旅游学院 | 女 | Excel应用 | 48 | 50 | 82 | | |
| 11 | 210009 | 黄可 | 2002/6/2 | 旅游学院 | 男 | Excel应用 | 48 | 90 | 90 | | |
| 12 | 210010 | 刘果 | 2003/9/7 | 建筑学院 | 女 | Excel应用 | 48 | 81 | 92 | | |
| 13 | | | | | | | | | | | |

图 3-29 “培训成绩”工作表样张

1. 新建工作簿文件,命名为“培训成绩统计分析表.xlsx”。
2. 在 Sheet1 工作表中设置数据的有效性(“部门”列字段设置“传播学院”“通信学院”

“建筑学院”“旅游学院”4 个下拉选项;“笔试分数”列的数据有效范围设置为介于最小值 0 与最大值 100 之间),输入如图 3-29 所示的文本型、数值型、日期型等数据(表格标题除外)。

3. 在表格顶部插入一行,合并单元格 A1:K1,单元格中文字内容为“培训成绩统计分析表”,行高 30 磅,标题的字体为黑体,20 磅、加粗,居中显示,单元格蓝白双色中心辐射填充。

4. 表格的表头区域(A2:K2)填充图案样式为 6.25%的灰色。

5. 将 H 列和 I 列设置为适合的列宽,表格中所有单元格的对齐方式为中部居中,表格的边框样式为双实线外边框,单实线内边框。

6. 将工作表 Sheet1 重命名为“培训成绩”,复制“培训成绩”工作表,将新工作表命名为“培训成绩备份表”。

7. 保存文件。

## 实验步骤

1. 新建工作簿文件,命名为“培训成绩统计分析表.xlsx”。

步骤:启动 Execl 2016 ,单击“新建”→“空白工作簿”命令,即可创建一个新的工作簿文件,在新工作簿窗口中,单击“文件”→“保存”/“另存为”→“浏览”命令,打开“另存为”对话框,如图 3-30 所示,选择文件保存的路径,输入文件名“培训成绩统计分析表.xlsx”,单击“保存”按钮,完成工作簿的创建及命名保存。

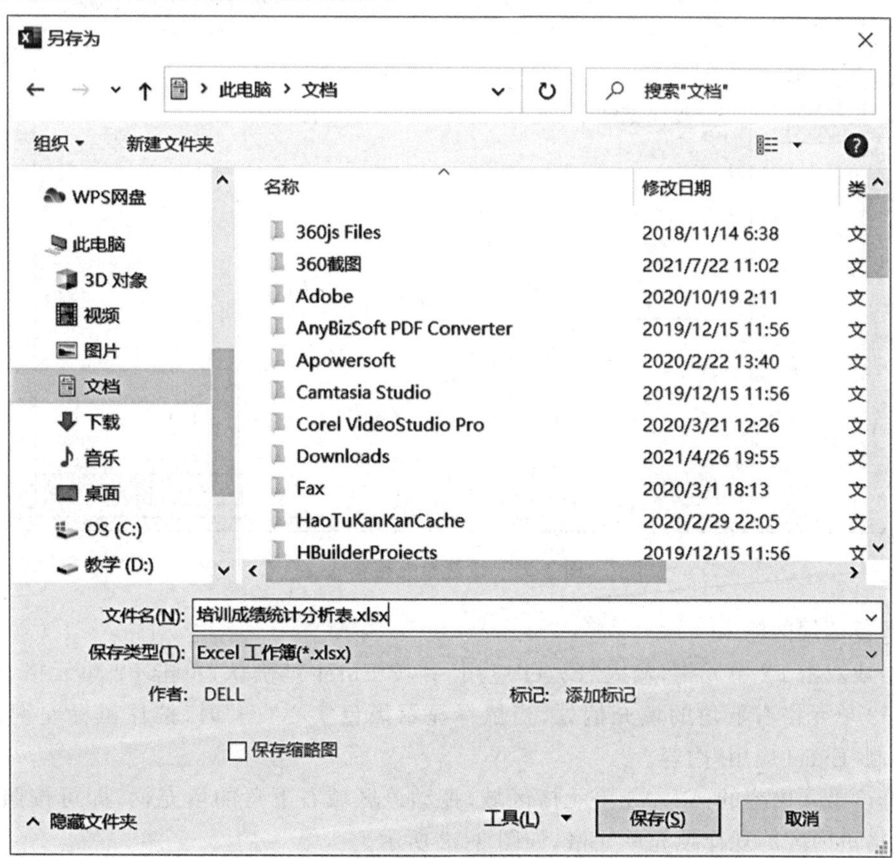


图 3-30　“另存为”对话框

2. 在 Sheet1 工作表中设置数据的有效性("部门"列字段设置"传播学院""通信学院""建筑学院""旅游学院"4 个下拉选项;"笔试分数"列的数据有效范围设置为介于最小值 0 与最大值 100 之间),输入如图 3-29 所示的文本型、数值型、日期型等数据(表格标题除外)。

(1)文本数据输入

①非数字纯文本的输入。单击或者双击 A1 单元格,输入"学号"并按 Enter 键确认,文本默认左对齐,以同样方法输入其他非数字纯文本数据。

②数字文本的输入

法一:单击或者双击 A2 单元格,输入:'210001,按 Enter 键确认输入,文本默认左对齐,以同样方法输入其他数字文本数据。

法二:选择需要输入数字文本的单元格区域,单击"开始"→"数字"组右下角对话框启动器按钮,打开"设置单元格格式"对话框,单击"数字"选项卡,选择"文本",如图 3-31 所示,单击"确定",即可将该单元格区域设置为文本类型,此时可在单元格中直接输入数字文本。

图 3-31 设置单元格格式

③重复数据的输入

单击或双击 F2 单元格,输入"Excel 应用"并按 Enter 键确认,单击 F2 单元格,将鼠标移动到 F2 单元格右下角的填充柄处,当鼠标显示黑色实心"+"时,按住鼠标左键向下拖拽,可复制"Excel 应用"内容。

选择已录入内容的 A2:A3 单元格区域,拖动该区域右下角的填充柄,即可按照 A2 与 A3 单元格里内容的规律填充单元格,如图 3-32 所示。

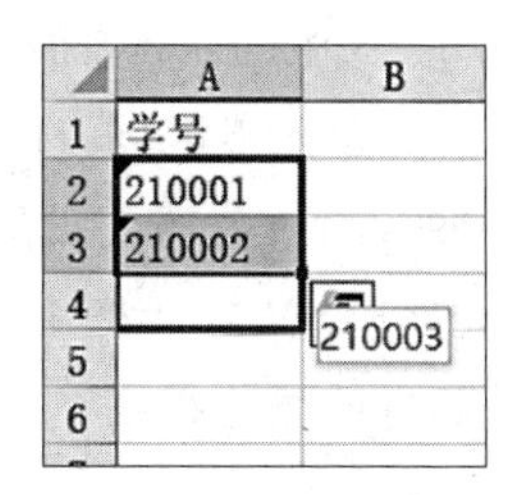


图 3-32　利用填充柄填充数据

(2)数值型数据输入

单击或双击 G2 单元格,输入“48”并按 Enter 键确认,数字默认右对齐,以同样方法输入其他数值型数据。

(3)日期型数据输入

采用 2021-6-19 或者 2021/6/19 等格式输入均可,若要输入当前系统的日期或时间只需分别按 Ctrl+;或 Ctrl+Shift+;组合键即可。

(4)数据有效性设置

设置在单元格中输入数据时可以从单元格右侧的下拉列表中选择项目进行输入或者指定单元格中输入文本的长度、数的范围、时间的范围、禁止输入重复数据等,可单击“数据”→“数据工具”组→“数据验证”命令,打开“数据验证”对话框,进行相应设置来实现。

①“学院”列字段要设置“传播学院”“通信学院”“建筑学院”“旅游学院”4 个下拉选项,选择需要设置的单元格区域(D2:D11),单击“数据”→“数据验证”命令,打开“数据验证”对话框,单击“设置”选项卡,进行如图 3-33 所示的设置,注意 4 个下拉选项之间用英文状态下的“,”隔开,完成后单击已设置数据有效性的单元格右侧下拉按钮,即出现下拉选项。

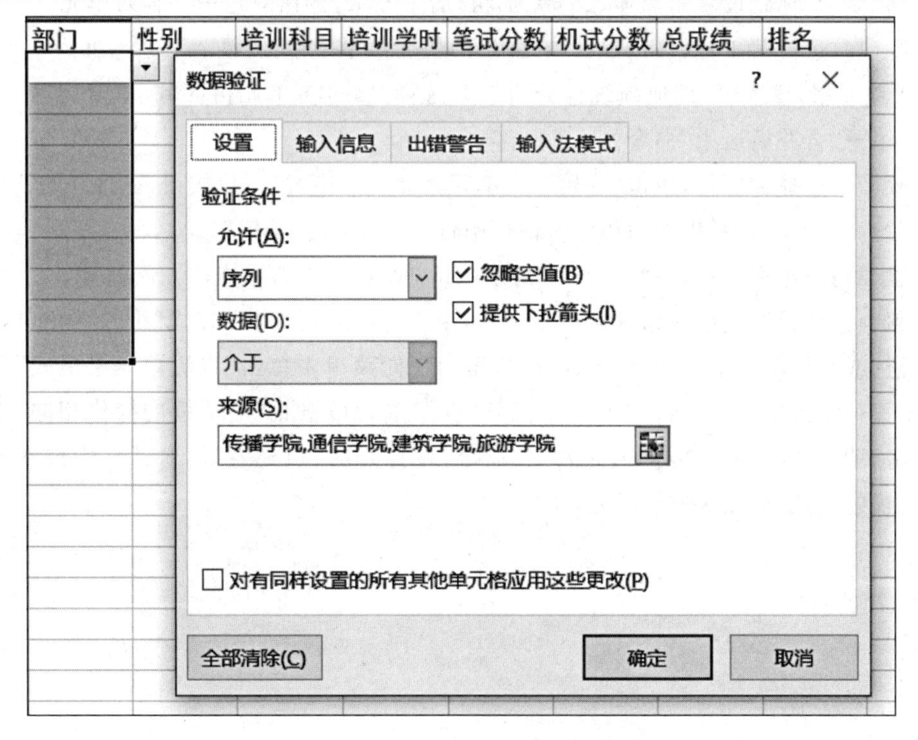


图 3-33　设置输入数据的允许序列

②设置输入数据的有效范围介于最小值 0 与最大值 100 之间，可选择“笔试分数”与“机试分数”两列中需要设置数据有效范围的单元格区域(H2:I11)，打开“数据验证”对话框，单击“设置”选项卡，进行如图 3-34 所示的设置；若需要设置当单元格输入的数据超出设置的范围时弹出消息框提醒用户，可在“数据验证”对话框中单击“出错警告”选项卡，进行如图 3-35 所示的设置，单击“确定”按钮。通过此操作提高数据录入的准确性。

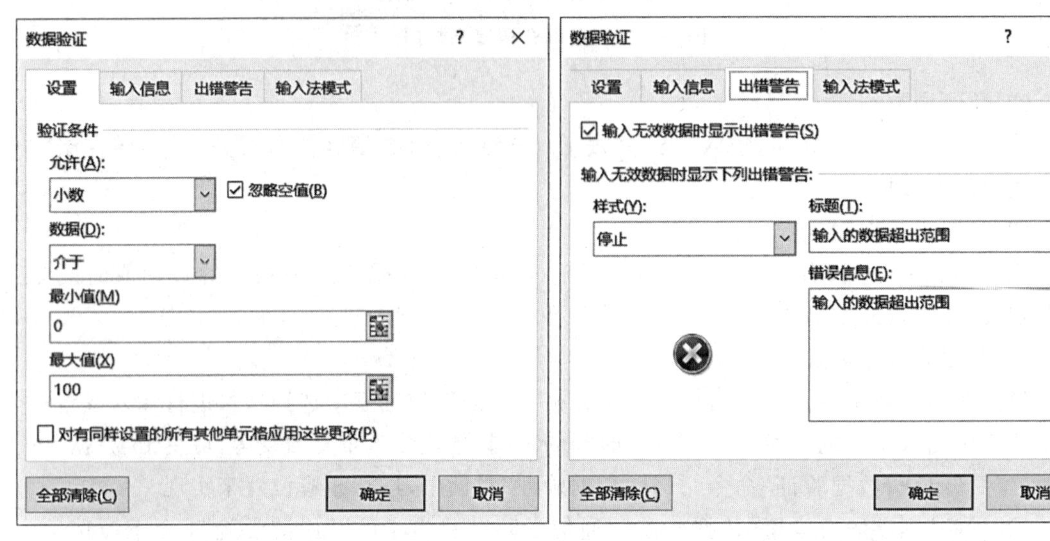


**图 3-34　设置输入数据的有效范围**　　　**图 3-35　设置输入无效数据显示出错警告**

3. 在表格顶部插入一行，合并单元格区域 A1:K1，单元格中内容为“培训成绩统计分析表”，行高 30 磅，标题设置为黑体、20 磅、加粗，居中显示，蓝白双色中心辐射填充。

步骤(1)：选择第 1 行，右击鼠标，在弹出的快捷菜单中单击“插入”命令，插入一个空行，双击 A1 单元格，输入“培训成绩统计分析表”，选择 A1:K1 单元格区域，单击“开始”→“对齐方式”组→“合并后居中”命令。

步骤(2)：选择标题行，单击“开始”→“单元格”组→“格式”下拉按钮，在打开的下拉列表中选择“行高”命令，在弹出的“行高”对话框中输入 30，单击“确定”。

步骤(3)：选择标题行，在“开始”→“字体”组中设置字体为黑体，20 磅、加粗。

步骤(4)：选择标题单元格区域(A1:K1)，单击“开始”→“对齐方式”组右下角对话框启动器按钮(或右击单元格区域 A1:K1，在弹出的快捷菜单中单击“设置单元格格式”命令)，打开“设置单元格格式”对话框(下文中打开“设置单元格格式”对话框的操作相同，不再赘述)，单击“填充”选项卡，单击“填充效果”命令，在打开的“填充效果”对话框中选择蓝白双色、中心辐射填充，如图 3-36 所示。

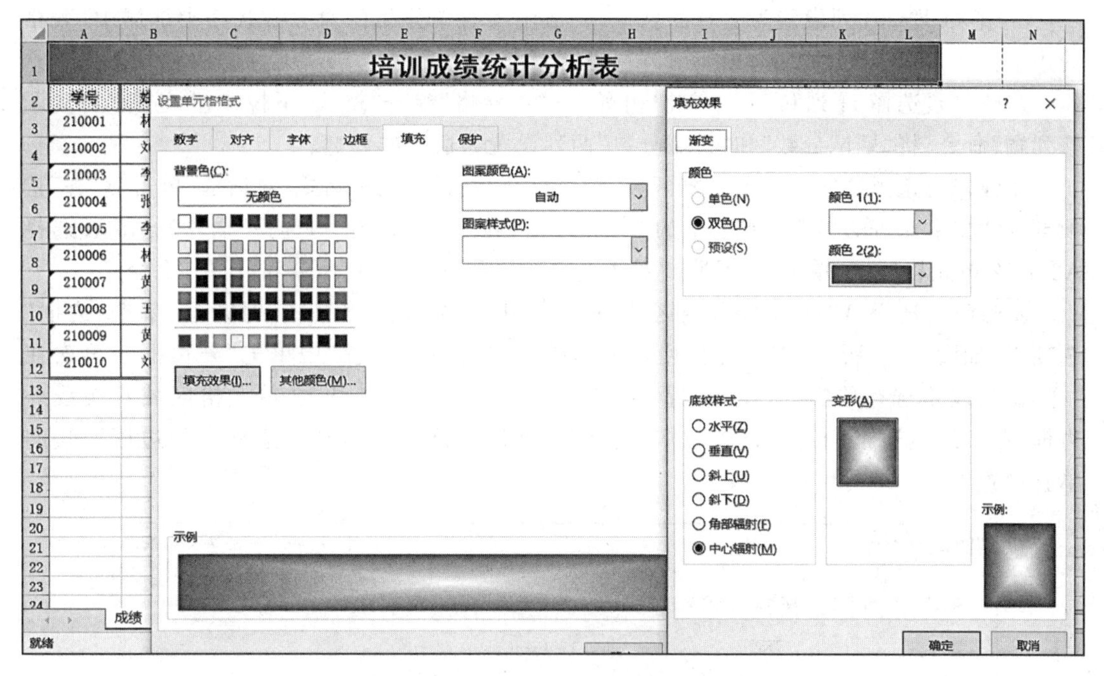


图 3-36　标题行填充效果的设置

4. 表格的表头区域(A2:K2)填充图案样式为 6.25%的灰色。

步骤：选择 A2:K2 单元格区域，右击打开“设置单元格格式”对话框，单击“填充”选项卡，“图案样式”选择下拉列表中第 1 行第 6 列的 6.25%的灰色，如图 3-37 所示，单击“确定”完成填充图案样式的设置。

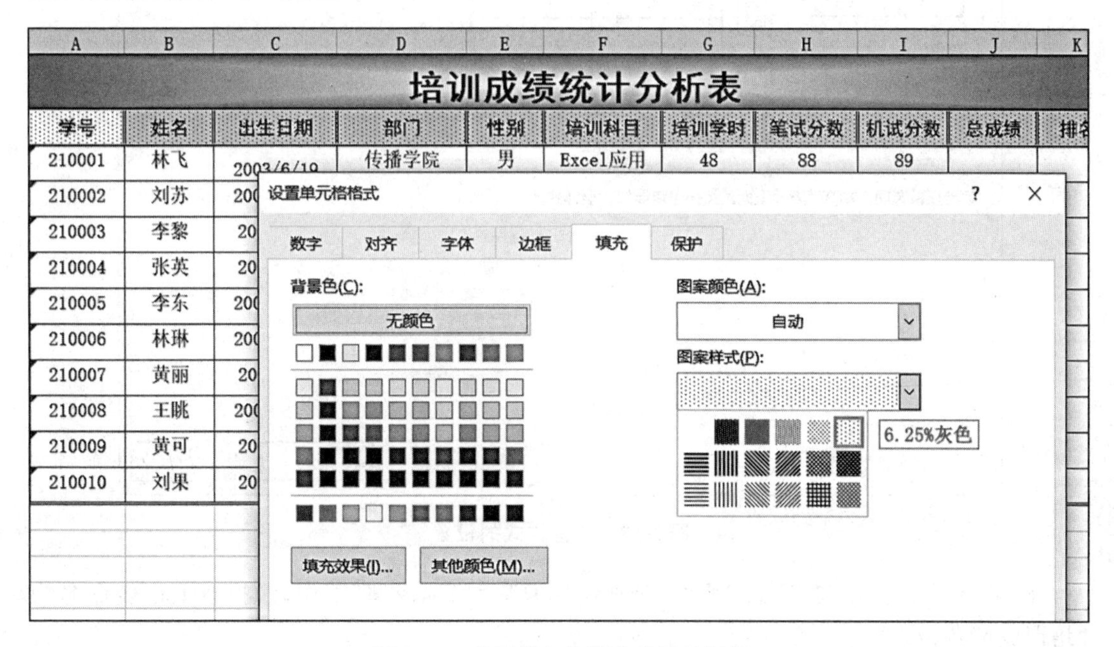


图 3-37　单元格灰色填充效果的设置

5. 将H列和I列设置为适合的列宽，表格中所有单元格的对齐方式为中部居中，表格的边框样式为双实线外边框，单实线内边框。

步骤(1)：选择H列和I列，单击“开始”→“单元格”组→“格式”下拉按钮，选择“自动调整列宽”命令，将“笔试分数”和“机试分数”两列设置为适合的列宽。

步骤(2)：选择A2:K12单元格区域，右击打开“设置单元格格式”对话框，单击“对齐”选项卡，在“文本对齐方式”功能区中的“水平对齐”和“垂直对齐”均选择“居中”。或者选择A2:K12单元格区域，单击“开始”→“对齐方式”组→“垂直居中”命令和“居中”命令。

步骤(3)：选择A2:K12单元格区域，右击打开“设置单元格格式”对话框，单击“边框”选项卡，如图3-38所示，在“样式”列表中选择双实线，在“预置”中单击“外边框”，再次在“样式”列表里选择单实线，在“预置”中单击“内部”，完成A2:K12单元格区域双实线外边框、单实线内边框的边框设置。在“边框”功能区中还可以对某个边框进行边框样式的单独设置。

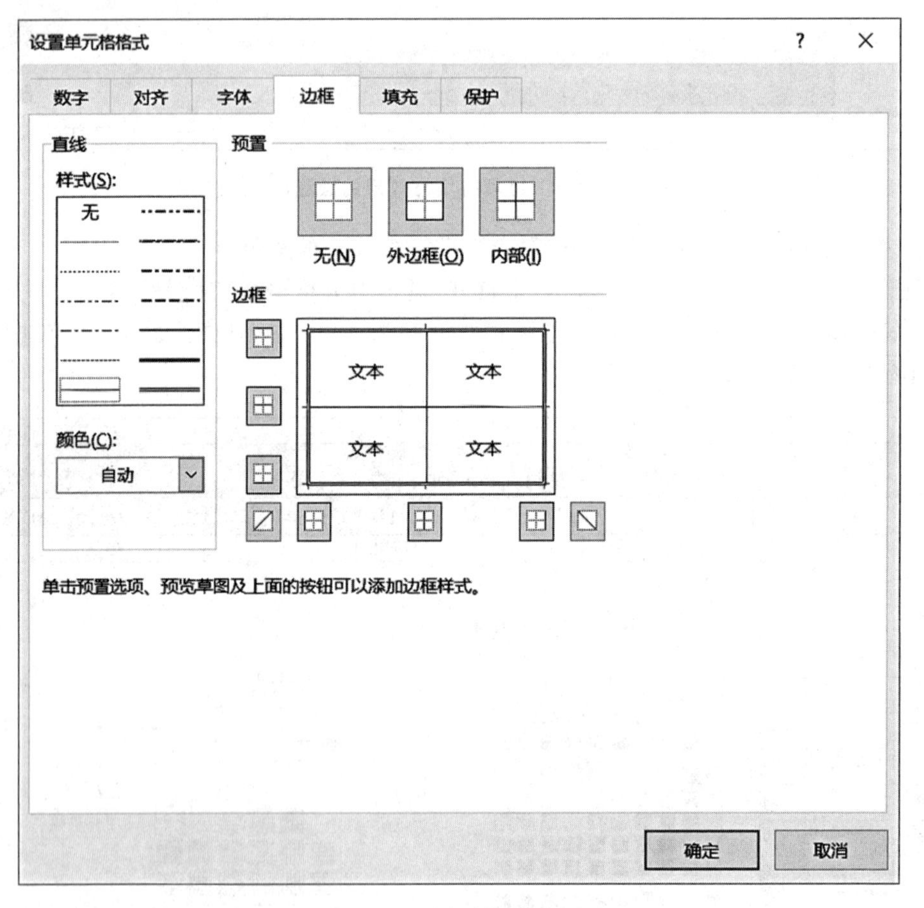


图3-38　边框样式的设置

6. 将工作表Sheet1重命名为“培训成绩”，复制“培训成绩”工作表，将新工作表命名为“培训成绩备份表”。

步骤(1):右击工作表名 Sheet1,在弹出的快捷菜单中单击“重命名”命令,将工作表名修改为“培训成绩”,按 Enter 键确定或单击工作表中的任一单元格确定修改。完成的“培训成绩”工作表效果如图 3-29 所示。

步骤(2):右击“培训成绩”工作表,在弹出的快捷菜单中单击“移动或复制”命令,打开“移动或复制工作表”对话框,勾选“建立副本”,如图 3-39 所示,单击“确定”按钮,完成添加“培训成绩(2)”工作表,重复步骤(1)将表重命名为“培训成绩备份表”。

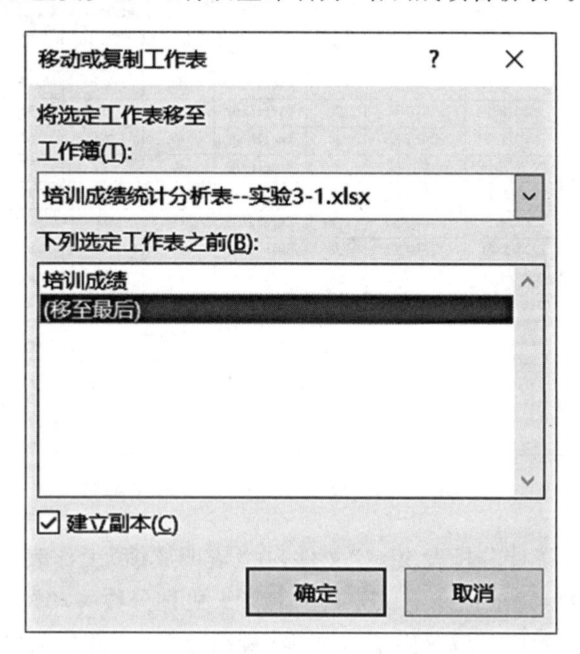


图 3-39　“移动或复制工作表”对话框

7. 保存文件。

法一:单击“文件”→“保存”命令。

法二:单击快速工具栏中的“保存”图标。

法三:快捷键 Ctrl+S。

## 实验 3-2　公式及函数的使用

实验目的

1. 掌握单元格地址的引用方法;
2. 掌握公式的使用方法;
3. 掌握常用函数的使用方法;
4. 掌握条件格式的使用方法。

实验内容

对实验 3-1 建立的“培训成绩统计分析表.xlsx”文件中的数据利用公式、函数进行数据的计算、条件格式的设置，完成的效果如图 3-40 所示。

| | A | B | C | D | E | F | G | H | I | J | K | L |
|---|---|---|---|---|---|---|---|---|---|---|---|---|
| 1 | 培训成绩统计分析表 | | | | | | | | | | | |
| 2 | 学号 | 姓名 | 出生日期 | 部门 | 性别 | 培训科目 | 培训学时 | 笔试分数 | 机试分数 | 总成绩 | 是否优秀 | 排名 |
| 3 | 210001 | 林飞 | 2003/6/19 | 传播学院 | 男 | Excel应用 | 48 | 88 | 89 | 88.7 | 是 | 3 |
| 4 | 210002 | 刘苏 | 2002/11/3 | 建筑学院 | 男 | Excel应用 | 48 | 95 | 78 | 83.1 | 否 | 7 |
| 5 | 210003 | 李黎 | 2003/8/2 | 通信学院 | 女 | Excel应用 | 48 | 87 | 96 | 93.3 | 是 | 1 |
| 6 | 210004 | 张英 | 2003/7/6 | 通信学院 | 女 | Excel应用 | 48 | 53 | 51 | 51.6 | 否 | 10 |
| 7 | 210005 | 李东 | 2002/10/5 | 旅游学院 | 男 | Excel应用 | 48 | 92 | 85 | 87.1 | 是 | 6 |
| 8 | 210006 | 林琳 | 2002/3/13 | 通信学院 | 女 | Excel应用 | 48 | 80 | 75 | 76.5 | 否 | 8 |
| 9 | 210007 | 黄丽 | 2003/4/5 | 传播学院 | 女 | Excel应用 | 48 | 79 | 91 | 87.4 | 是 | 5 |
| 10 | 210008 | 王眺 | 2003/1/21 | 旅游学院 | 女 | Excel应用 | 48 | 50 | 82 | 72.4 | 否 | 9 |
| 11 | 210009 | 黄可 | 2002/6/2 | 旅游学院 | 男 | Excel应用 | 48 | 90 | 90 | 90 | 是 | 2 |
| 12 | 210010 | 刘果 | 2003/9/7 | 建筑学院 | 女 | Excel应用 | 48 | 81 | 92 | 88.7 | 是 | 3 |
| 13 | | | | | | | | | | | | |
| 14 | 最高分 | | | | | | | | | 93.3 | | |
| 15 | 最低分 | | | | | | | | | 51.6 | | |
| 16 | 优秀人数 | | | | | | | | | 6 | | |
| 17 | 优秀率 | | | | | | | | | 60.00% | | |
| 18 | 通信学院总成绩平均分 | | | | | | | | | 73.80 | | |

图 3-40 “培训成绩统计分析”工作表样张

1. 打开“培训成绩统计分析表.xlsx”文件，在“培训成绩”工作表的 J3:J12 单元格区域计算每位学生的总成绩（总成绩=笔试分数 * 30%+机试分数 * 70%），保留一位小数。

2. 在 A14:A18 单元格区域分别输入文本“最高分”、“最低分”、“优秀人数”、“优秀率”和“通信学院总成绩平均分”；计算总成绩的最高分和最低分、总成绩达到优秀（总成绩>=85）的人数、优秀率（优秀率=优秀人数/总人数），计算结果放在 J14:J17 单元格区域中，其中优秀率以百分数表示，保留两位小数。

3. 计算通信学院学生总成绩的平均分（保留两位小数），计算结果放在 J18 单元格，并将该列设置适合的列宽。

4. 计算每位学生的排名，计算结果放在 K3:K12 单元格区域。

5. 在“排名”列前插入一列，K2 单元格输入文本“是否优秀”，利用 IF 函数计算出学生的总成绩是否达到优秀（总成绩>=85 为优秀），结果放在 K3:K12 单元格区域中。

6. 突出显示“是否优秀”列中“是”的记录，设置为浅红填充色深红色文本样式。

7. 将“培训成绩”工作表重命名为“培训成绩统计分析”，将文件另存为“培训成绩统计分析表 2. xlsx”。

实验步骤

1. 打开“培训成绩统计分析表.xlsx”文件，在“培训成绩”工作表的 J3:J12 单元格区域计算每位学生的总成绩（总成绩=笔试分数 * 30%+机试分数 * 70%），保留一位小数。

步骤(1)：打开实验 3-1 建立的“培训成绩统计分析表.xlsx”文件，单击“培训成绩”工作表标签，在此工作表中单击 J3 单元格，在编辑框中输入：=H3 * 30%+I3 * 70%，按Enter键

或单击编辑栏上的 ✔ 按钮确定。

步骤(2)：按住鼠标左键，拖动 J3 单元格的填充柄向下填充到 J13 单元格，复制公式完成所有同学总成绩的计算。

步骤(3)选择单元格区域 J3:J13，右击打开“设置单元格格式”对话框，单击“数字”选项卡，在“分类”列表中选择“数值”，右侧的“小数位数”设置为“1”，单击“确定”按钮。

2. 在 A14:A18 单元格区域分别输入文本“最高分”、“最低分”、“优秀人数”、“优秀率”和“通信学院总成绩平均分”；计算总成绩的最高分和最低分、总成绩达到优秀(总成绩＞＝85)的人数、优秀率(优秀率＝优秀人数/总人数)，计算结果放在 J14:J17 单元格区域中，其中优秀率以百分数表示，保留两位小数。

步骤(1)：单击 A14 单元格，输入文本“最高分”，在 A15:A18 区域依次输入文本“最低分”、“优秀人数”、“优秀率”和“通信学院总成绩平均分”。

步骤(2)：单击 J14 单元格，单击编辑栏中的“插入函数” *fx* ，打开“插入函数”对话框，选择 MAX 函数，单击“确定”按钮，打开“函数参数”对话框，单击 Number1 右侧的折叠钮，选择数据区域为 J3:J12，再次单击折叠钮返回函数参数对话框(下面折叠钮操作类似，不再赘述)，如图 3-41 所示，单击“确定”按钮，完成总成绩最高分的计算。J15 单元格计算最低分，函数选择 MIN，操作步骤同 MAX 函数。

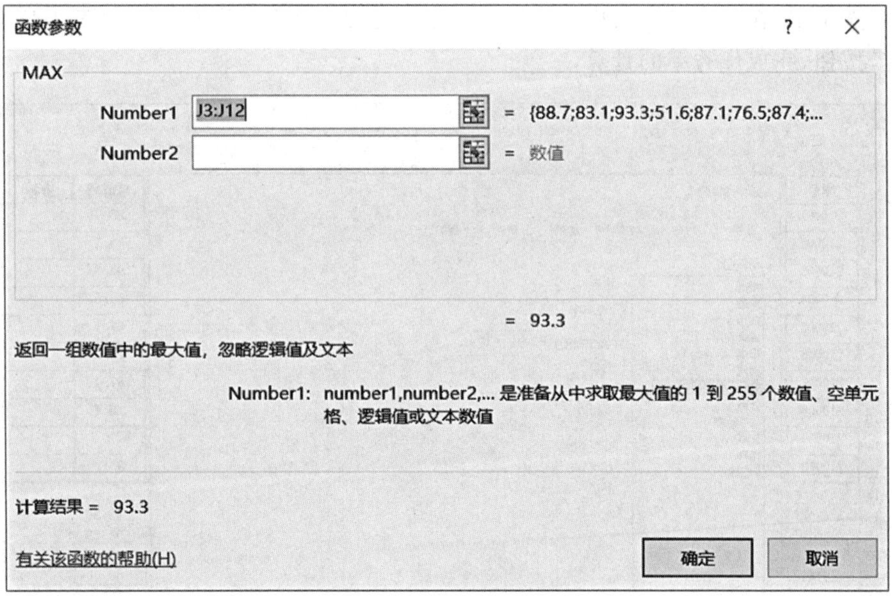

函数参数　?　×
MAX
Number1　J3:J12　= {88.7;83.1;93.3;51.6;87.1;76.5;87.4;...
Number2　　= 数值
= 93.3
返回一组数值中的最大值，忽略逻辑值及文本
Number1: number1,number2,... 是准备从中求取最大值的 1 到 255 个数值、空单元格、逻辑值或文本数值
计算结果 = 93.3
有关该函数的帮助(H)　确定　取消

**图 3-41　MAX 函数的使用**

步骤(3)：选择 J16 单元格，单击编辑栏中的“插入函数” *fx* ，打开“插入函数”对话框，选择 COUNTIF 函数，打开“函数参数”对话框，Range 参数选择 J3:J12，Criteria 参数输入＞＝85(注意：输入条件时无需输入引号“”)，如图 3-42 所示，单击“确定”按钮，完成总成绩优秀人数的统计计算。

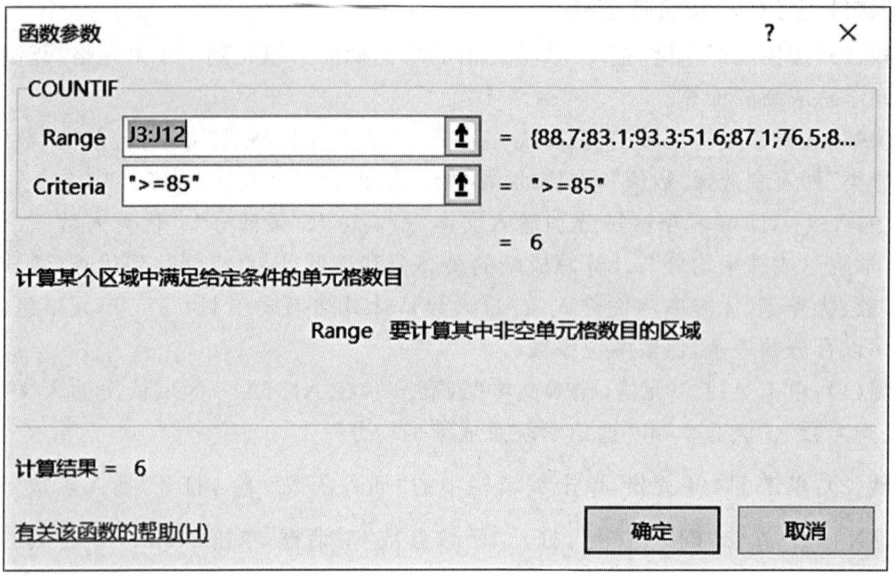

函数参数

COUNTIF

Range J3:J12 = {88.7;83.1;93.3;51.6;87.1;76.5;8...

Criteria ">=85" = ">=85"

= 6

计算某个区域中满足给定条件的单元格数目

Range 要计算其中非空单元格数目的区域

计算结果 = 6

有关该函数的帮助(H) 确定 取消

图 3-42 COUNTIF 函数的使用

步骤(4)：单击 J17 单元格，在编辑框中输入公式：=J16/COUNT(J3:J12)，按 Enter 键或单击编辑栏上的 ✓ 按钮确定；选择 J17 单元格，右击打开“设置单元格格式”对话框，单击“数字”选项卡，在“分类”列表中选择“百分比”，“小数位数”设置为“2”，如图 3-43 所示，单击“确定”按钮，完成优秀率的计算。

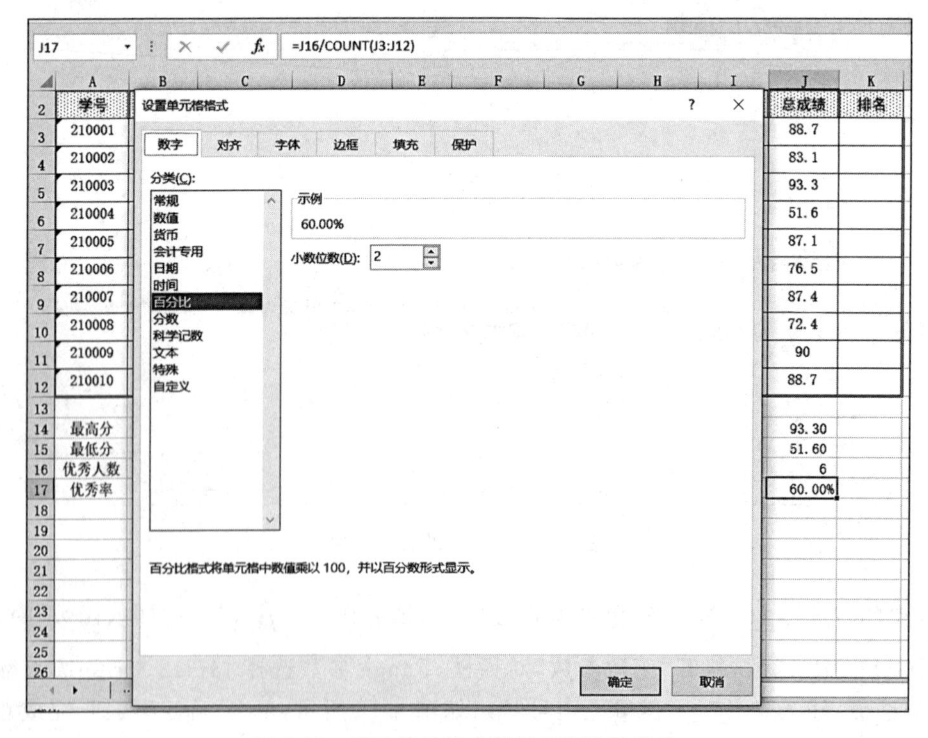


图 3-43 设置单元格中数据以百分数表示

3. 计算通信学院学生总成绩的平均分(保留两位小数),计算结果放在 J18 单元格,并将该列设置适合的列宽。

步骤(1):选择 J18 单元格,单击编辑栏中的“插入函数” fx ,打开“插入函数”对话框,选择 AVERAGEIF 函数,打开“函数参数”对话框,Range 参数选择 D3:D12,Criteria 参数输入“通信学院”,Average_range 参数选择 J3:J12,如图 3-44 所示,单击“确定”按钮。

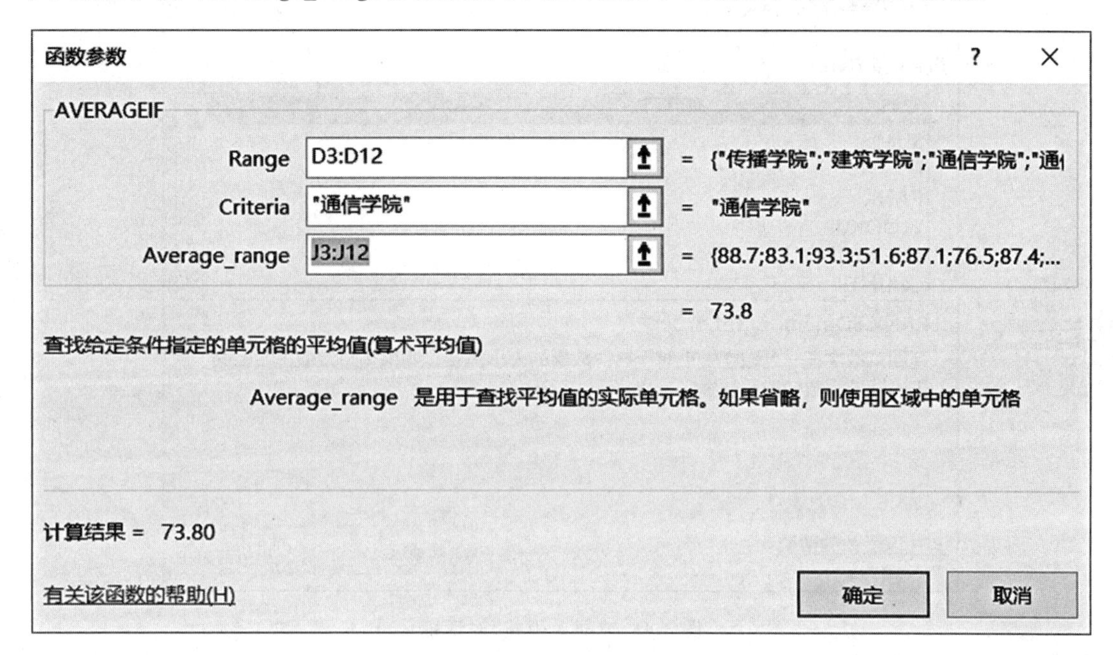


图 3-44　AVERAGEIF 函数的使用

步骤(2):选择 J18 单元格,右击打开“设置单元格格式”对话框,单击“数字”选项卡,在“分类”列表中选择“数值”,右侧的“小数位数”设置为“2”,单击“确定”按钮,完成通信学院学生总成绩平均分的计算。

步骤(3):选择 J 列,单击“开始”→“单元格”组→“格式”下拉按钮,在打开的下拉列表中选择“自动调整列宽”命令,将 J 列的列宽设置适合的宽度(根据内容调整列宽)。

4. 计算每位学生的排名,计算结果放在 K3:K12 单元格区域。

步骤(1):选择 K3 单元格,单击编辑栏中的“插入函数” fx ,打开“插入函数”对话框,在“搜索函数”中输入 RANK.EQ 函数,单击“转到”命令(较少使用的函数可采用此方法快速找到),在“选择函数”列表中选择 RANK.EQ,如图 3-45 所示,单击“确定”按钮,打开“函数参数”对话框;Number 参数输入 J3(也可通过打开右侧的折叠钮选取 J3 单元格),Ref 参数选择 J3:J12,单击“F4”键或者在单元格的行号和列号前添加“$”,即对 J3:J12 区域设置为绝对引用,文本框中呈现为 $J$3:$J$12;Order 参数可以不输入任何数据,如图 3-46 所示,单击“确定”按钮,完成第 1 条记录的排名操作。

插入函数 ? ×

搜索函数(S):

RANK.EQ 转到(G)

或选择类别(C): 常用函数

选择函数(N):

RANK.EQ
SUM
IF
RANK
VLOOKUP
AVERAGEIF
COUNTIF

RANK.EQ(number,ref,order)

返回某数字在一列数字中相对于其他数值的大小排名；如果多个数值排名相同，则返回该组数值的最佳排名

有关该函数的帮助 确定 取消

图 3-45 “插入函数”对话框

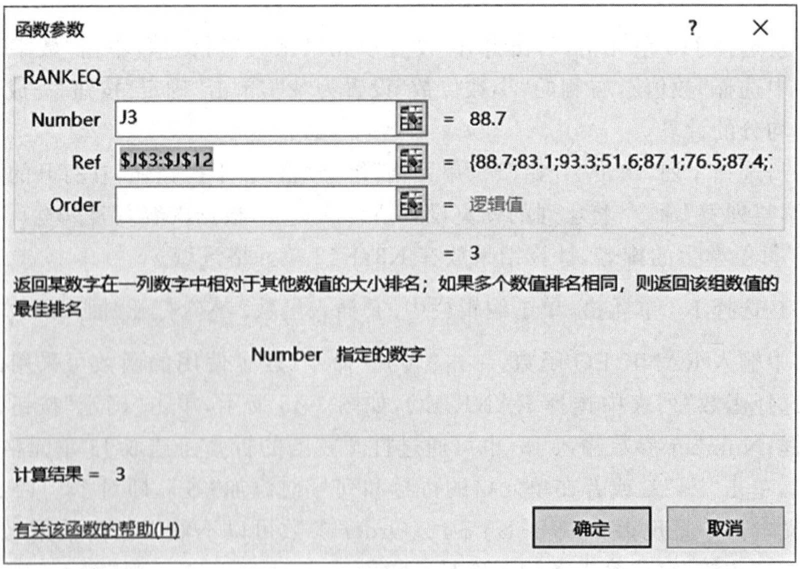

函数参数 ? ×

RANK.EQ

Number J3 = 88.7

Ref $J$3:$J$12 = {88.7;83.1;93.3;51.6;87.1;76.5;87.4;

Order = 逻辑值

= 3

返回某数字在一列数字中相对于其他数值的大小排名；如果多个数值排名相同，则返回该组数值的最佳排名

Number 指定的数字

计算结果 = 3

有关该函数的帮助(H) 确定 取消

图 3-46 RANK.EQ 函数的使用

步骤(2)：按住鼠标左键拖动 K3 单元格的填充柄向下填充至 K12 单元格，完成所有学生的排名操作。

5. 在“排名”列前插入一列，K2 单元格输入文本“是否优秀”，利用 IF 函数计算出学生的总成绩是否达到优秀(总成绩＞＝85 为优秀)，结果放在 K3:K12 单元格区域中。

步骤(1)：右击 K 列，在弹出的快捷菜单中单击“插入”命令，在“总成绩”与“排名”列之间插入一个新的列，单击 K2 单元格，输入文本“是否优秀”。

步骤(2)：选择 K3 单元格，单击编辑栏中的“插入函数” fx ，打开“插入函数”对话框，选择 IF 函数，打开“函数参数”对话框，Logical_test 参数输入 J3＞＝85，Value_if_true 参数输入“是”，Value_if_false 参数中输入“否”，如图 3-47 所示，单击“确定”按钮，完成第 1 条记录的总成绩是否优秀的判断。

步骤(3)：按住鼠标左键拖动 K3 单元格的填充柄向下填充至 K12 单元格，完成所有记录的总成绩是否优秀的判断。

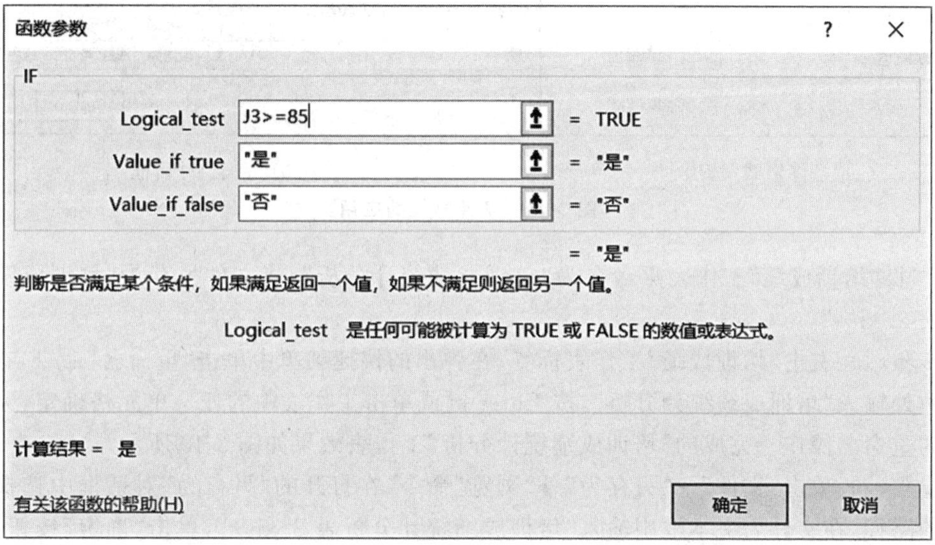

**图 3-47　IF 函数的使用**

6. 突出显示“是否优秀”列中“是”的记录，设置为浅红填充色深红色文本样式。

步骤：选择 K3:K12 单元格区域，单击“开始”→“样式”组→“条件格式”下拉按钮，在打开的下拉列表中选择“突出显示单元格规则”→“等于”命令，打开“等于”对话框，在左侧文本框中输入“是”，在右侧的“设置为”列表中选择“浅红填充色深红色文本”，如图 3-48 所示，单击“确定”按钮，完成 K3:K12 单元格区域条件格式的设置。

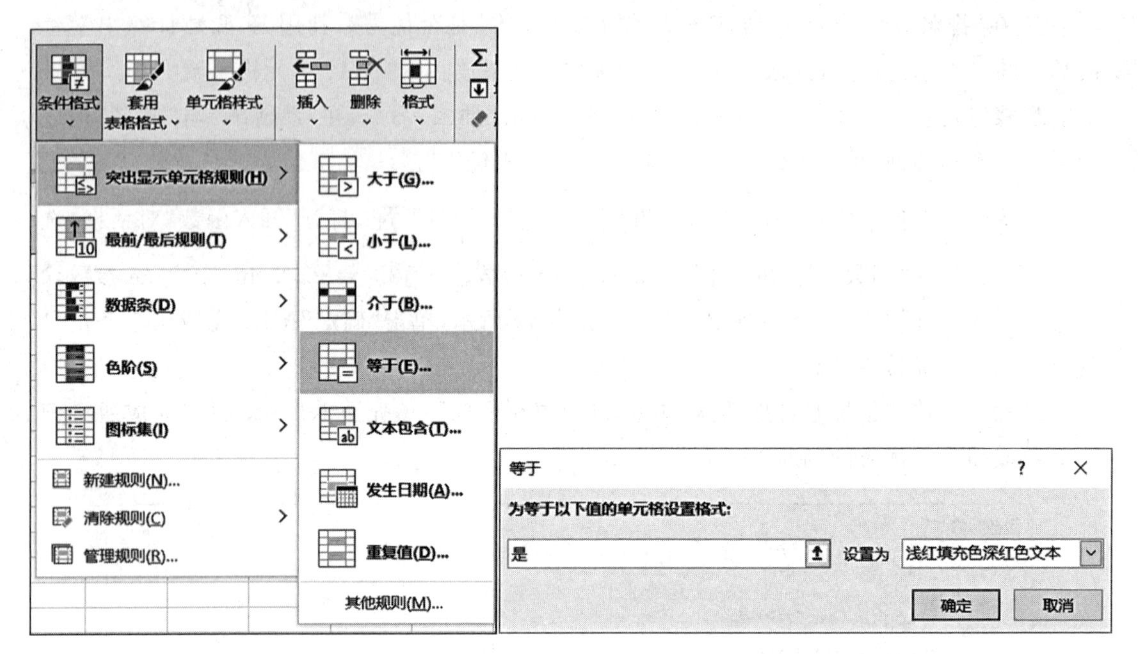


(a)"条件格式"选项卡　　(b)"等于"对话框

**图 3-48　条件格式的应用**

7. 将"培训成绩"工作表重命名为"培训成绩统计分析",将文件另存为"培训成绩统计分析表 2. xlsx"。

步骤(1):右击"培训成绩"工作表标签,在弹出的快捷菜单中单击"重命名"命令,在工作表名称处输入"培训成绩统计分析",按 Enter 键或单击工作表中的任一单元格确定,完成工作表的重命名操作。完成的"培训成绩统计分析"工作表效果如图 3-40 所示。

步骤(2):单击"文件"→"另存为"→"浏览"命令,在打开的"另存为"对话框中选择文件保存的路径,在文件名文本框中输入"培训成绩统计分析表 2. xlsx",单击"确定"按钮,完成文件的另存为操作。

## 实验 3-3　数据的管理及图表化

### 实验目的

1. 掌握数据排序、筛选、分类汇总的操作方法;
2. 掌握数据透视表的建立和修改的操作方法;
3. 掌握图表的创建、编辑和格式化的方法。

### 实验内容

对实验 3-2 建立的"培训成绩统计分析表 2. xlsx"文件中的数据进行排序、筛选及分类汇总等操作,建立数据透视表,利用表中的数据创建图表,实现数据的可视化操作,完成的效果如图 3-49 所示。

| | A | B | C | D | E | F |
|---|---|---|---|---|---|---|
| 1 | 学号 | 姓名 | 部门 | 笔试分数 | 机试分数 | 总成绩 |
| 2 | 210001 | 林飞 | 传播学院 | 88 | 89 | 88.7 |
| 3 | 210007 | 黄丽 | 传播学院 | 79 | 91 | 87.4 |
| 4 | | | 传播学院 平均值 | | | 88.1 |
| 5 | 210010 | 刘果 | 建筑学院 | 81 | 92 | 88.7 |
| 6 | 210002 | 刘苏 | 建筑学院 | 95 | 78 | 83.1 |
| 7 | | | 建筑学院 平均值 | | | 85.9 |
| 8 | 210009 | 黄可 | 旅游学院 | 90 | 90 | 90.0 |
| 9 | 210005 | 李东 | 旅游学院 | 92 | 85 | 87.1 |
| 10 | 210008 | 王眺 | 旅游学院 | 50 | 82 | 72.4 |
| 11 | | | 旅游学院 平均值 | | | 83.2 |
| 12 | 210003 | 李黎 | 通信学院 | 87 | 96 | 93.3 |
| 13 | 210006 | 林琳 | 通信学院 | 80 | 75 | 76.5 |
| 14 | 210004 | 张英 | 通信学院 | 53 | 51 | 51.6 |
| 15 | | | 通信学院 平均值 | | | 73.8 |
| 16 | | | 总计平均值 | | | 81.9 |
| 17 | | | | | | |

培训成绩备份表 | 培训成绩统计分析 | 数据管理

就绪

(a)　分类汇总样张

| | A | B | C | D | E | F | G | H | I | J | K |
|---|---|---|---|---|---|---|---|---|---|---|---|
| 1 | 学号 | 姓名 | 出生日期 | 部门 | 性别 | 培训科目 | 培训学时 | 笔试分数 | 机试分数 | 总成绩 | |
| 2 | 210001 | 林飞 | 2003/6/19 | 传播学院 | 男 | Excel应用 | 48 | 88 | 89 | 88.7 | |
| 4 | 210003 | 李黎 | 2003/8/2 | 通信学院 | 女 | Excel应用 | 48 | 87 | 96 | 93.3 | |
| 5 | 210004 | 张英 | 2003/7/6 | 通信学院 | 女 | Excel应用 | 48 | 53 | 51 | 51.6 | |
| 7 | 210006 | 林琳 | 2002/3/13 | 通信学院 | 女 | Excel应用 | 48 | 80 | 75 | 76.5 | |
| 8 | 210007 | 黄丽 | 2003/4/5 | 传播学院 | 女 | Excel应用 | 48 | 79 | 91 | 87.4 | |
| 12 | | | | | | | | | | | |
| 13 | | | | | | | | | | | |

培训成绩统计分析 | 数据管理 | 自动筛选

就绪　"筛选"模式

(b)自动筛选样张

| | A | B | C | D | E | F | G | H | I | J | K |
|---|---|---|---|---|---|---|---|---|---|---|---|
| 1 | 部门 | 总成绩 | | | | | | | | | |
| 2 | 传播学院 | >=85 | | | | | | | | | |
| 3 | 通信学院 | >=85 | | | | | | | | | |
| 4 | | | | | | | | | | | |
| 5 | 学号 | 姓名 | 出生日期 | 部门 | 性别 | 培训科目 | 培训学时 | 笔试分数 | 机试分数 | 总成绩 | |
| 6 | 210001 | 林飞 | 2003/6/19 | 传播学院 | 男 | Excel应用 | 48 | 88 | 89 | 88.7 | |
| 8 | 210003 | 李黎 | 2003/8/2 | 通信学院 | 女 | Excel应用 | 48 | 87 | 96 | 93.3 | |
| 12 | 210007 | 黄丽 | 2003/4/5 | 传播学院 | 女 | Excel应用 | 48 | 79 | 91 | 87.4 | |
| 16 | | | | | | | | | | | |
| 17 | | | | | | | | | | | |

数据管理 | 自动筛选 | 高级筛选

就绪　"筛选"模式

(c)高级筛选样张

(d)数据透视表样张

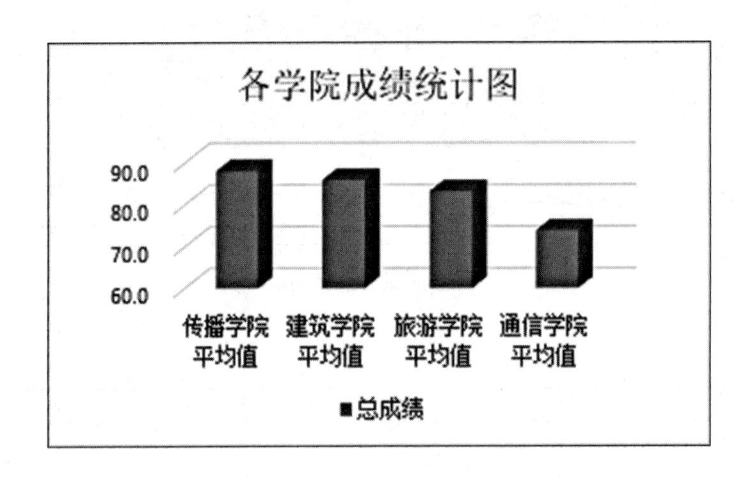


(e)各学院成绩统计图样张

**图 3-49　实验 3-3 完成的效果**

1. 打开“培训成绩统计分析表 2. xlsx”文件，新建工作表，表名为“数据管理”，将“培训成绩统计分析”工作表中的学号、姓名、部门、笔试分数、机试分数、总成绩 6 列数据复制到“数据管理”工作表中。

2. 将“数据管理”工作表中的数据按“学院”升序排列，学院相同者按“总成绩”的降序排列。

3. 在“数据管理”工作表中利用分类汇总求各学院学生的平均总分。

4. 新建工作表，表名为“自动筛选”，将“培训成绩统计分析”工作表中 A2:J12 区域的数据复制到“自动筛选”工作表中，在“自动筛选”工作表筛选出“部门为传播学院或通信学院”的记录。

5. 复制“自动筛选”工作表，重命名为“高级筛选”；在“高级筛选”工作表中撤销自动筛选，对数据清单的内容建立高级筛选(在数据清单前插入4行,条件区域设在A1:B3单元格区域,筛选条件为:显示传播学院或通信学院总成绩>=85的记录,在原有区域显示筛选结果)。

6. 创建数据透视表,计算各学院笔试分数、机试分数和总成绩的平均分(保留1位小数)。

7. 为“数据管理”工作表中各学院总成绩平均分的数据建立“三维簇状柱形图”,图标题为“各学院成绩统计图”,图例置于底部,图放置在“数据管理”工作表A18:F29的单元格区域中。

8. 文件另存为“培训成绩统计分析表3. xlsx”。

实验步骤

1. 打开“培训成绩统计分析表2. xlsx”文件,新建工作表,表名为“数据管理”,将“培训成绩统计分析”工作表中的学号、姓名、部门、笔试分数、机试分数、总成绩等6列数据复制到“数据管理”工作表中。

步骤(1):打开“培训成绩统计分析表2. xlsx”文件,右击“培训成绩统计分析”工作表,在弹出的快捷菜单中单击“插入”命令,打开“插入”对话框,选择“工作表”图标,如图3-50所示,单击“确定”按钮,完成新工作表的插入。

步骤(2):右击新工作表的标签,在弹出的快捷菜单中单击“重命名”命令,在工作表名称处输入“数据管理”,按Enter键或单击工作表中的任一单元格,完成工作表的重命名操作。

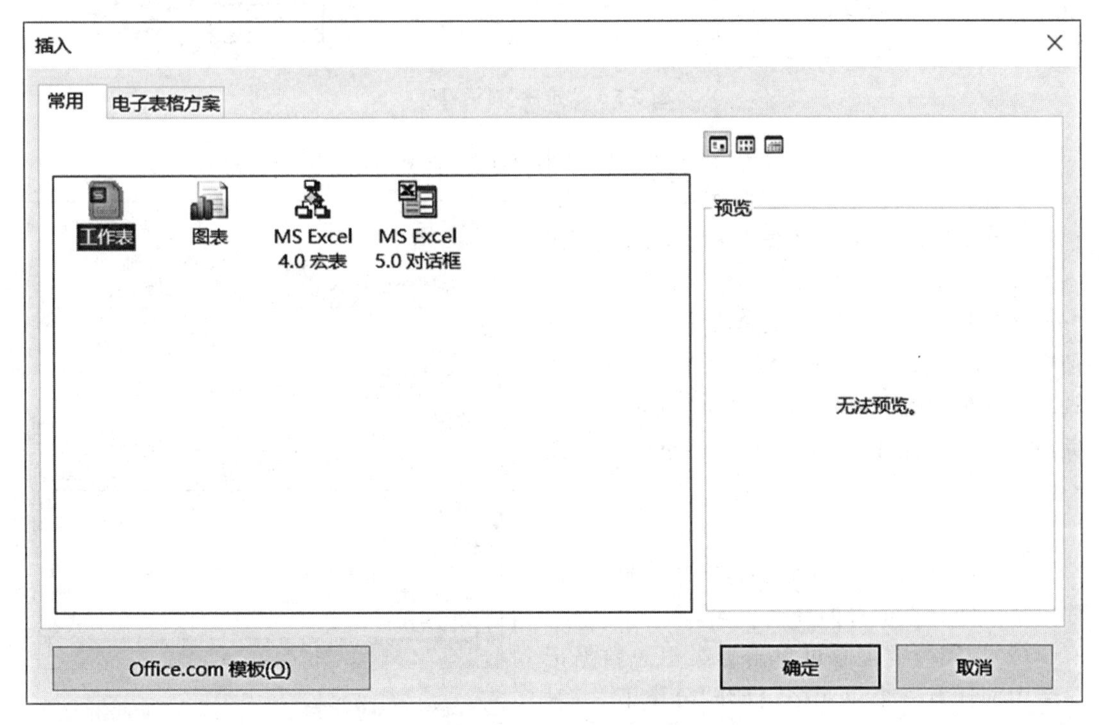


图3-50　“插入”对话框

步骤(3):单击“培训成绩统计分析”工作表,选择A2:B12单元格区域,按住Ctrl键,不连续选取D2:D12、H2:J12区域,松开Ctrl键,右击选择的区域,在弹出的快捷菜单中单击“复制”命令,单击“数据管理”工作表标签,右击该工作表的A1单元格,在弹出的快捷菜单中单击“粘贴”命令,完成数据的复制操作。

2. 将“数据管理”工作表中的数据按“学院”升序排列，学院相同者按“总成绩”的降序排列。

步骤(1)：单击“数据管理”工作表标签，选择 A1:F11 单元格区域，单击“数据”→“排序和筛选”组→“排序”命令，打开“排序”对话框，“主要关键字”选择“部门”，“次序”选择“升序”。

步骤(2)：单击“添加条件”按钮，添加次要关键字。

步骤(3)：“次要关键字”选择“总成绩”，“次序”选择“降序”，如图 3-51 所示，单击“确定”按钮，完成排序操作。

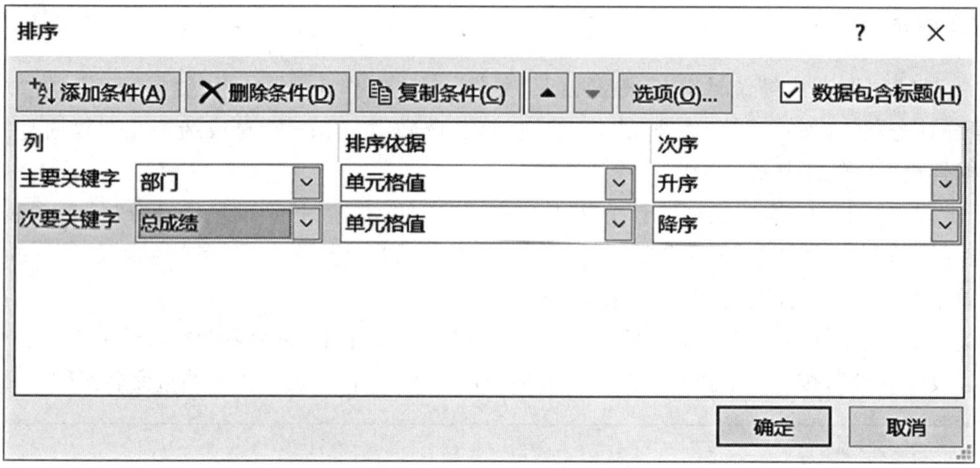

图 3-51 “排序”对话框

3. 在“数据管理”工作表中利用分类汇总求各学院学生的平均总分。

步骤：在“数据管理”工作表中，选择 A1:F11 单元格区域，单击“数据”→“分级显示”组→“分类汇总”命令，打开“分类汇总”对话框，“分类字段”选择“部门”，“汇总方式”选择“平均值”，“选定汇总项”中勾选“总成绩”，其他采用选择默认值，如图 3-52 所示，单击“确定”按钮，完成分类汇总操作，完成的分类汇总效果如图 3-49(a)所示。

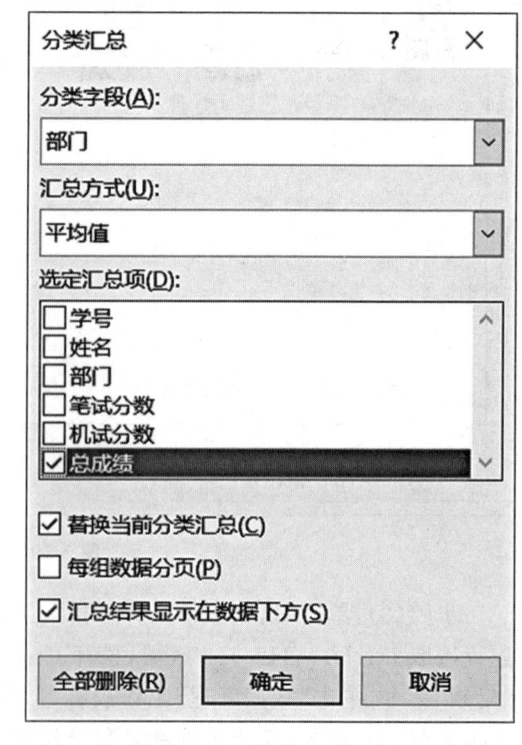


图 3-52 “分类汇总”对话框

注意：

(1)分类汇总操作前需要进行排序操作，排序的字段即分类汇总的分类字段。

(2)撤销分类汇总可单击分类汇总数据记录单中的任意一个单元格，打开“分类汇总”对话框，在对话框上单击“全部删除”按钮，即可删除分类汇总，恢复未分类汇总前的状态。

(3)在分类汇总结果中，左侧的“123”和“+”可实现数据的分级显示。

4. 新建工作表，表名为“自动筛选”，将“培训成绩统计分析”工作表中的 A2:J12 单元格区域的数据复制到“自动筛选”工作表中，在“自动筛选”工作表筛选出“部门为传播学院或通信学院”的记录。

步骤(1)：右击“培训成绩统计分析”工作表，在弹出的快捷菜单中单击“插入”命令，打开“插入”对话框，选择“工作表”命令，单击“确定”按钮，完成新工作表的插入，右击新工作表的标签，在弹出的快捷菜单中单击“重命名”命令，在工作表名称处输入“自动筛选”，按Enter键或单击工作表中的任一单元格，完成工作表的重命名操作。

步骤(2)：单击“培训成绩统计分析”工作表标签，选择 A2:J12 单元格区域，右击选择的区域，单击“复制”命令，单击“自动筛选”工作表标签，右击该工作表的 A1 单元格，选择“粘贴”命令，完成数据的复制。

步骤(3)：在“自动筛选”工作表中，光标定位在数据区域的任一单元格上，单击“数据”→“排序和筛选”组→“筛选”命令，在表格第 1 行的每个字段名右侧出现下拉按钮。

步骤(4)：单击“部门”右侧的下拉按钮，在打开的下拉列表中选择“文本筛选”→“等于”命令，打开“自定义自动筛选方式”对话框，在对话框中进行如图 3-53 所示的设置，单击“确定”按钮，完成自动筛选的操作，完成的自动筛选操作效果如图 3-49(b)所示。

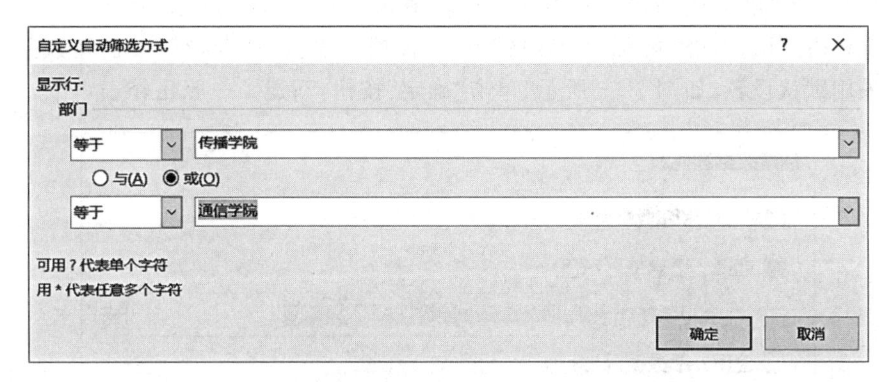


图 3-53　“自定义自动筛选方式”对话框

注意：

若要显示全部数据，法一：再次单击“数据”→“排序和筛选”组→“筛选”命令即可恢复未筛选的状态。法二：单击设置了自动筛选条件字段名右侧的 按钮，在下拉列表中勾选“全选”，单击“确定”按钮。

5. 复制“自动筛选”工作表，重命名为“高级筛选”；在“高级筛选”工作表中撤销自动筛选，对数据清单的内容建立高级筛选(在数据清单前插入 4 行，条件区域设在 A1:B3 单元格区域，筛选条件为：显示传播学院或通信学院总成绩>=85 的记录，在原有区域显示筛选结果)。

步骤(1)：右击“自动筛选”工作表，在弹出的快捷菜单中单击“移动或复制”命令，打开“移动或复制工作表”对话框，勾选“建立副本”，单击“确定”按钮，添加了“自动筛选(2)”工作表，右击该工作表的标签，在弹出的快捷菜单中单击“重命名”命令，在工作表标签上输入“高级筛选”，按 Enter 键确认。

步骤(2)：在“高级筛选”工作表中，光标定位在工作表中的任一单元格，单击“数据”→“排序和筛选”组→“筛选”命令，撤销自动筛选，恢复未筛选的状态。

步骤(3)：在“高级筛选”工作表中选择第 1 行，右击第 1 行的行号，在弹出的快捷菜单中单击“插入”命令，即可插入一行空行，重复操作，再插入 3 行。

步骤(4):在 A1、A2、A3 单元格中分别输入"部门"、"传播学院"、"通信学院",在 B1、B2、B3 单元格中分别输入"总成绩"、"＞＝85"、"＞＝85",完成高级筛选条件的输入。

步骤(5):光标定位在"高级筛选"工作表中的任一单元格上,单击"数据"→"排序和筛选"组→"高级"命令,打开"高级筛选"对话框,"方式"选择"在原有区域显示筛选结果","列表区域"参数设置为"＄A＄5:＄J＄15","条件区域"参数设置为"＄A＄1:＄B＄3",如图 3-54 所示,单击"确定"按钮,完成高级筛选操作,筛选结果如图 3-49(c)所示。

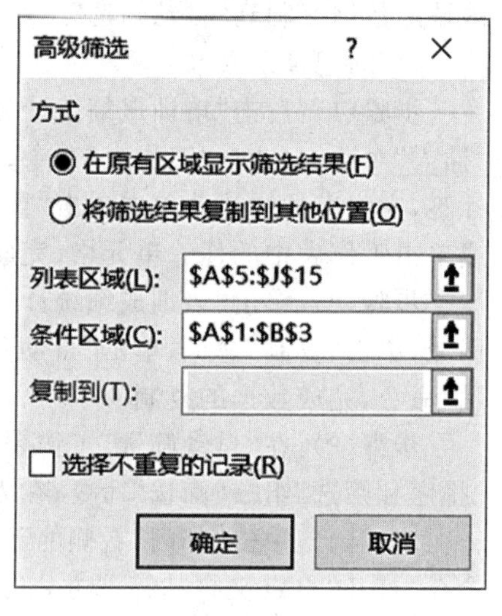


图 3-54 "高级筛选"对话框

6. 创建数据透视表,计算各学院笔试分数、机试分数和总成绩的平均分(保留 1 位小数)。

步骤(1):在"培训成绩统计分析"工作表中选择 A2:J12 单元格区域,单击"插入"→"表格"组→"数据透视表"命令,打开"创建数据透视表"对话框,采用默认设置,如图 3-55 所示,单击"确定"按钮,新建了一张工作表。

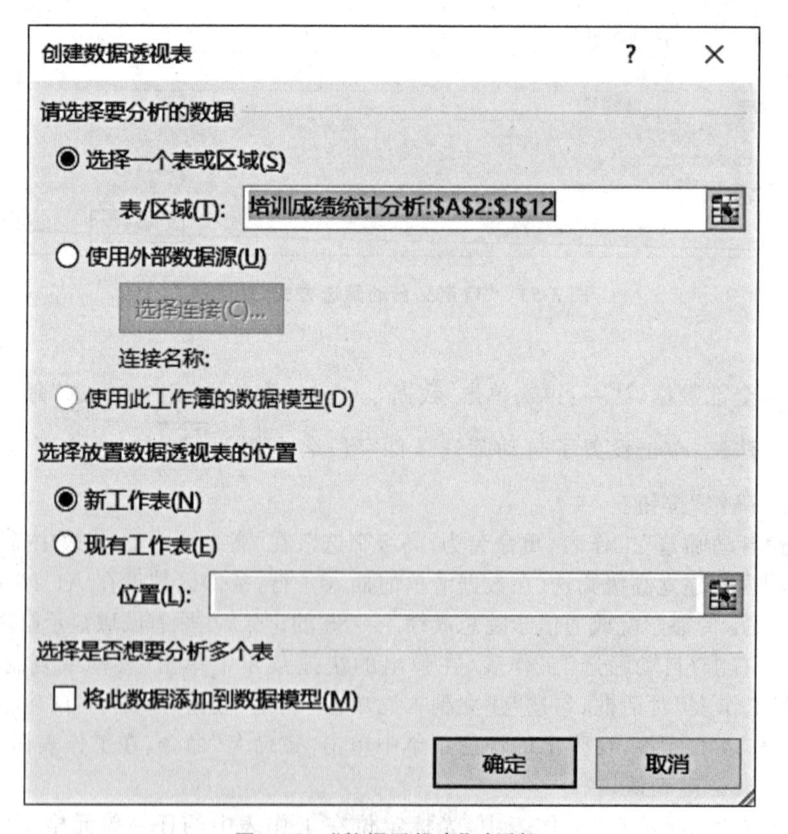


图 3-55 "数据透视表"对话框

步骤(2):在新工作表右侧的"数据透视表字段"任务窗格中,将"部门"和"姓名"拖曳到"行"列表中,将"笔试分数"、"机试分数"和"总成绩"字段拖拽到"∑值"列表中;单击"求和项:笔试分数”右侧的下拉按钮,在打开的下拉列表中单击“值字段设置”命令,打开“值字段设置”对话框,“计算类型”选择“平均值”,如图 3-56(b)所示,单击“确定”按钮,其他 2 个字段类似操作,设置完成后的“数据透视表字段”任务窗格如图 3-56(a)所示。

步骤(3):选择 B4:D18 单元格区域,右击选择的区域,单击“设置单元格格式”命令,将小数位数设置为 1 位。

展开左侧行标签下学院名称前面的“+”可以查看具体是哪些同学的成绩,单击“－”可以折叠。

步骤(4):右击新工作表的标签,在弹出的快捷菜单中单击“重命名”命令,在工作表标签上输入“数据透视表”,按 Enter 键确认,完成的数据透视表效果如图 3-49(d)所示。

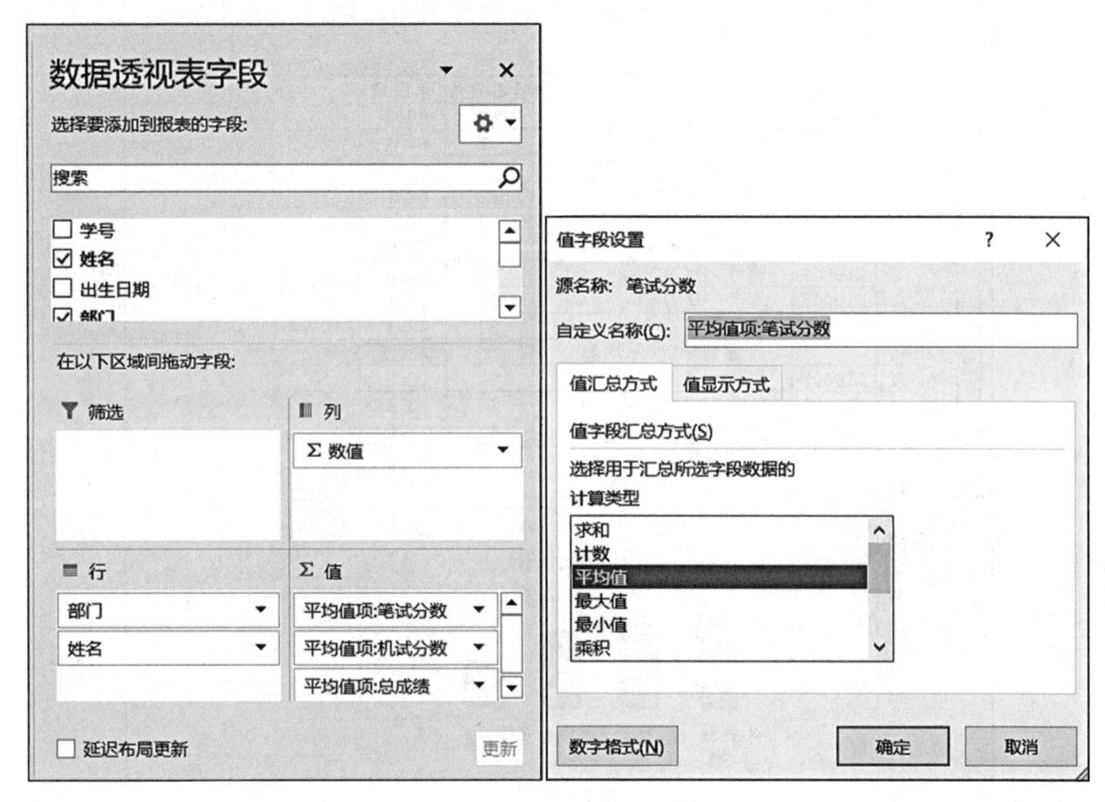


(a)“数据透视表字段”任务窗格　　(b)“值字段设置”对话框

**图 3-56　数据透视表字段设置**

7. 为“数据管理”工作表中各学院总成绩平均分的数据建立“三维簇状柱形图”,图标题为“各学院成绩统计图”,图例置于底部,图放置在“数据管理”工作表 A18:F29 单元格区域中。

步骤(1):单击“数据管理”工作表标签,单击 C1 单元格,按住 Ctrl 键,依次单击 F1 、C4、F4、C7、F7、C11、F11、C15、F15 单元格,松开 Ctrl 键,单击“插入”→“图表”组→“插入柱形图或条形图”下拉按钮 ,在打开的下拉列表中选择“三维簇状柱形图”,插入图形。

步骤(2):单击图表标题,将“总成绩”修改为“各学院成绩统计图”。

步骤(3):单击图表,单击“图表工具”→“设计”→“图表布局”组→“添加图表元素”下拉按钮,在打开的下拉列表中单击“图例”→“底部”命令。

步骤(4):当鼠标停靠在图片上呈现双向箭头时,按住鼠标左键拖动图片,使图片的左上角位于 A18 单元格,松开鼠标,选择图片,利用图片边缘的 8 个控点,调整图片的大小,使图片放置在 A18:F29 单元格区域中,操作完成的效果如图 3-57 所示。

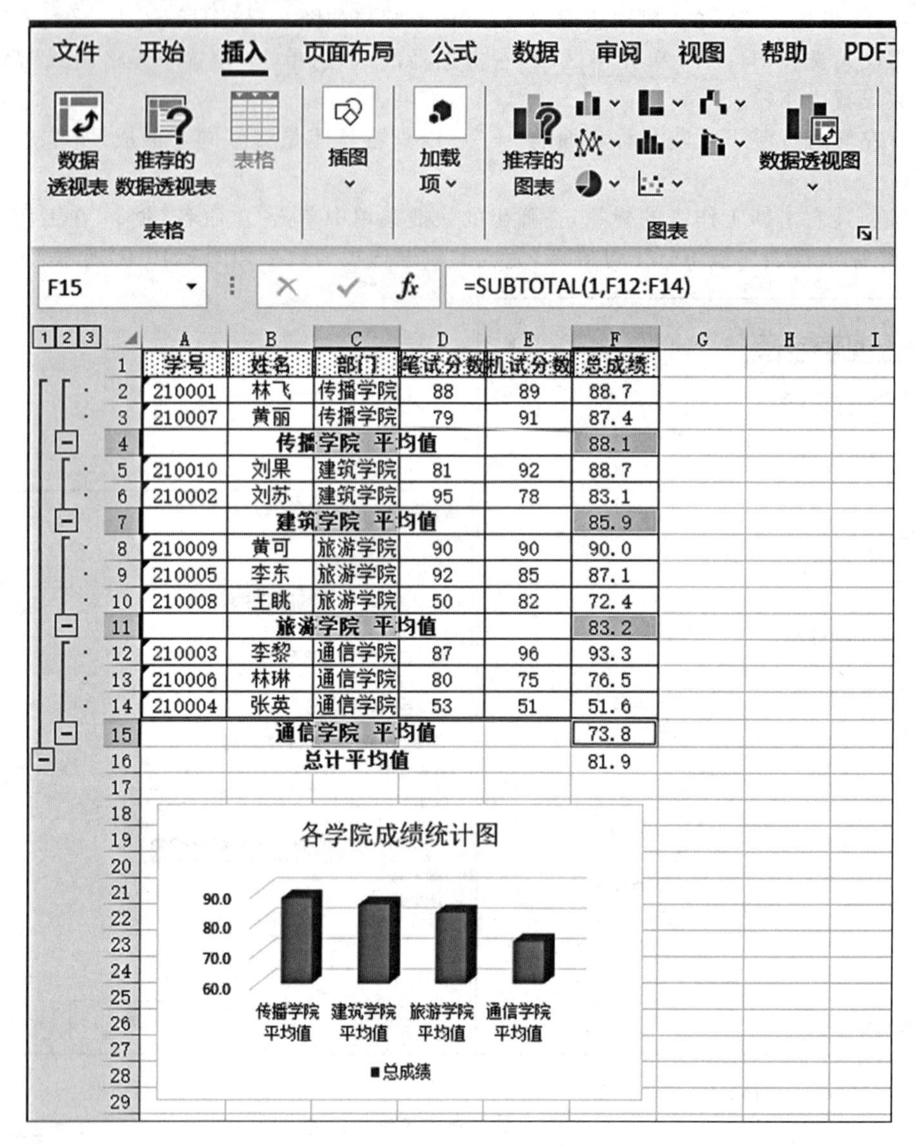


图 3-57 插入图表效果

注意:插入图表后还可以对图表进行修改与美化。选择已插入的图表,通过“图表工具”→“设计”选项卡可以对图表布局、图表样式、数据、类型、位置进行修改,例如,添加图表的坐标轴、坐标轴标题、图表标题、数据标签、网格线、图例等图表元素等;通过“图表工具”→“格式”选项卡可以对图表的格式等进行修改,例如,更改图形的形状样式,修改图形的大小,设置对齐方式等。

8. 文件另存为“培训成绩统计分析表 3. xlsx”

步骤:单击“文件”→“另存为”→“浏览”命令,在打开的“另存为”对话框中选择文件保存的路径,在文件名文本框中输入“培训成绩统计分析表 3. xlsx”,单击“确定”按钮,完成文件的另存为操作。

# 3.3　Excel 2016 拓展实践

## 实验 3-4　校园青春歌手大赛计分

实验目的

1. 掌握公式、函数的综合应用；
2. 掌握工作表中数据的可视化操作；
3. 掌握打印工作表的操作。

实验内容

某高校举行了校园青春歌手大赛，组织者需要展示评分规则，对歌手的成绩进行计算与评奖。完成的工作表效果如图 3-58 所示。

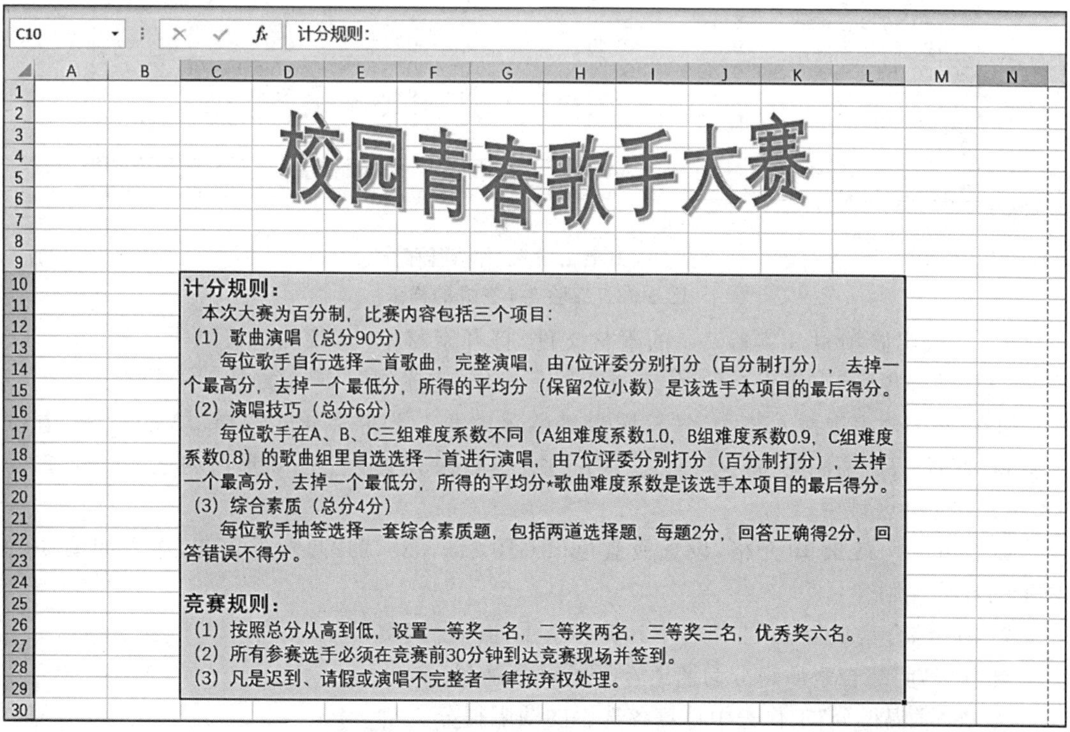

C10　计分规则:

校园青春歌手大赛

计分规则：
本次大赛为百分制，比赛内容包括三个项目：
（1）歌曲演唱（总分90分）
每位歌手自行选择一首歌曲，完整演唱，由7位评委分别打分（百分制打分），去掉一个最高分，去掉一个最低分，所得的平均分（保留2位小数）是该选手本项目的最后得分。
（2）演唱技巧（总分6分）
每位歌手在A、B、C三组难度系数不同（A组难度系数1.0，B组难度系数0.9，C组难度系数0.8）的歌曲组里自选选择一首进行演唱，由7位评委分别打分（百分制打分），去掉一个最高分，去掉一个最低分，所得的平均分*歌曲难度系数是该选手本项目的最后得分。
（3）综合素质（总分4分）
每位歌手抽签选择一套综合素质题，包括两道选择题，每题2分，回答正确得2分，回答错误不得分。

竞赛规则：
（1）按照总分从高到低，设置一等奖一名，二等奖两名，三等奖三名，优秀奖六名。
（2）所有参赛选手必须在竞赛前30分钟到达竞赛现场并签到。
（3）凡是迟到、请假或演唱不完整者一律按弃权处理。

(a)“计分规则”工作表样张

| | A | B | C | D | E | F | G | H |
|---|---|---|---|---|---|---|---|---|
| 1 | 选手编号 | 姓名 | 演唱得分 | 技巧得分 | 综合素质得分 | 总分 | 排名 | 奖项 |
| 2 | 2021011 | 龚华欣 | 85.40 | 88.20 | 2 | 84.15 | 27 | |
| 3 | 2021017 | 余明明 | 93.00 | 81.72 | 2 | 90.60 | 7 | 优秀奖 |
| 4 | 2021001 | 杨文涛 | 90.80 | 92.80 | 2 | 89.29 | 17 | |
| 5 | 2021013 | 李文博 | 88.40 | 84.24 | 4 | 88.61 | 19 | |
| 6 | 2021022 | 林涛 | 89.60 | 92.80 | 2 | 88.21 | 22 | |
| 7 | 2021006 | 陈一闽 | 84.80 | 91.00 | 2 | 83.78 | 28 | |
| 8 | 2021005 | 王文杰 | 89.80 | 92.80 | 4 | 90.39 | 9 | 优秀奖 |
| 9 | 2021021 | 刘智敏 | 90.80 | 93.20 | 2 | 89.31 | 16 | |
| 10 | 2021014 | 陈勇 | 90.00 | 92.60 | 2 | 88.56 | 20 | |
| 11 | 2021027 | 李军 | 88.80 | 90.20 | 4 | 89.33 | 15 | |
| 12 | 2021008 | 赵明发 | 90.80 | 95.00 | 2 | 89.42 | 14 | |
| 13 | 2021028 | 陈昊 | 87.60 | 93.40 | 4 | 88.44 | 21 | |
| 14 | 2021002 | 王凯承 | 88.80 | 72.64 | 2 | 86.28 | 26 | |
| 15 | 2021019 | 吴上荣 | 94.20 | 87.80 | 2 | 92.05 | 3 | 二等奖 |
| 16 | 2021020 | 何旅勇 | 76.60 | 85.20 | 4 | 78.05 | 29 | |
| 17 | 2021015 | 戴雄 | 91.40 | 86.40 | 4 | 91.44 | 4 | 三等奖 |
| 18 | 2021026 | 叶爱民 | 89.60 | 91.60 | 2 | 88.14 | 23 | |
| 19 | 2021003 | 郑思杰 | 89.40 | 91.40 | 2 | 87.94 | 24 | |
| 20 | 2021030 | 孙忠良 | 91.80 | 92.60 | 4 | 92.18 | 2 | 二等奖 |
| 21 | 2021016 | 姚杰锦 | 92.60 | 93.40 | 0 | 88.94 | 18 | |
| 22 | 2021029 | 罗超 | 90.00 | 92.60 | 4 | 90.56 | 8 | 优秀奖 |
| 23 | 2021004 | 胡勇朝 | 80.20 | 60.32 | 2 | 77.80 | 30 | |
| 24 | 2021024 | 钱贤光 | 93.40 | 82.62 | 2 | 91.02 | 5 | 三等奖 |
| 25 | 2021018 | 张力帆 | 92.00 | 83.52 | 2 | 89.81 | 12 | 优秀奖 |
| 26 | 2021023 | 张丹 | 92.20 | 84.24 | 2 | 90.03 | 10 | 优秀奖 |
| 27 | 2021025 | 江水华 | 87.20 | 87.20 | 4 | 87.71 | 25 | |
| 28 | 2021007 | 谢琳 | 91.40 | 91.40 | 2 | 89.74 | 13 | |
| 29 | 2021009 | 王强 | 92.40 | 92.60 | 2 | 90.72 | 6 | 三等奖 |
| 30 | 2021012 | 张伟 | 93.60 | 93.60 | 0 | 89.86 | 11 | 优秀奖 |
| 31 | 2021010 | 何珊珊 | 92.00 | 92.00 | 4 | 92.32 | 1 | 一等奖 |
| 32 | | | | | | | | |

计分规则 | 比赛总分 | 技巧得分 | 演唱得分 | 综合素质得分

(b)"比赛总分"工作表样张

**图 3-58　实验 3-4 完成的样张**

1. 下载实验项目 3 实验 3-4 的素材文件，打开素材中的"校园青春歌手大赛.xlsx"文件，新建"计分规则"工作表，对工作表进行以下操作，完成如图 3-58(a)所示的效果。

①在该工作表中插入艺术字"校园青春歌手大赛"，艺术字样式选择"填充-蓝色，着色 1，轮廓-背景 1，清晰阴影-着色 1"；艺术字的文本效果设置为"正 V 形"；将艺术字放置于 D2:K7 单元格区域中。

②合并 C10:L29 单元格，设置浅蓝色(RGB(217,225,242))背景填充，输入如图 3-59 所示的计分规则。

2. 在"综合素质得分"工作表中计算各选手的综合素质得分。

计分规则：综合素质得分为两道选择题得分总和。

3. 在"演唱得分"工作表中计算各选手的演唱得分。

计分规则：演唱得分为 7 位评委分去掉一个最高分，去掉一个最低分，所得的平均分(保留 2 位小数)。

4. 在"技巧得分"工作表中计算各选手的技巧得分。

计分规则：技巧得分＝平均分 * 歌曲难度系数，其中平均分为 7 位评委分去掉一个最高

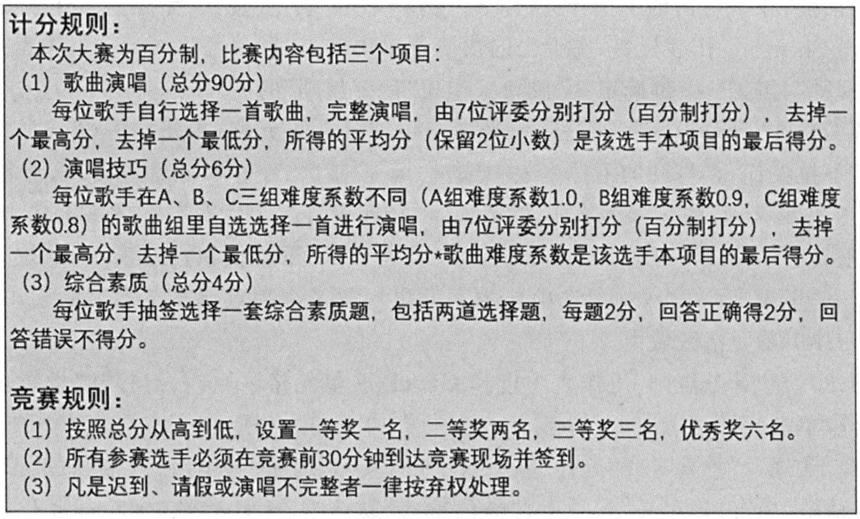

**计分规则：**

本次大赛为百分制，比赛内容包括三个项目：

（1）歌曲演唱（总分90分）

每位歌手自行选择一首歌曲，完整演唱，由7位评委分别打分（百分制打分），去掉一个最高分，去掉一个最低分，所得的平均分（保留2位小数）是该选手本项目的最后得分。

（2）演唱技巧（总分6分）

每位歌手在A、B、C三组难度系数不同（A组难度系数1.0，B组难度系数0.9，C组难度系数0.8）的歌曲组里自选选择一首进行演唱，由7位评委分别打分（百分制打分），去掉一个最高分，去掉一个最低分，所得的平均分*歌曲难度系数是该选手本项目的最后得分。

（3）综合素质（总分4分）

每位歌手抽签选择一套综合素质题，包括两道选择题，每题2分，回答正确得2分，回答错误不得分。

**竞赛规则：**

（1）按照总分从高到低，设置一等奖一名，二等奖两名，三等奖三名，优秀奖六名。

（2）所有参赛选手必须在竞赛前30分钟到达竞赛现场并签到。

（3）凡是迟到、请假或演唱不完整者一律按弃权处理。

**图 3-59　计分规则**

分，去掉一个最低分，所得的平均分(保留 2 位小数)。

A 组歌曲难度系数 1.0，B 组歌曲难度系数 0.9，C 组歌曲难度系数 0.8。

5. 新建工作表“比赛总分”，复制“演唱得分”工作表中“选手编号”“姓名”“演唱得分”列的数据、“技巧得分”工作表中的“技巧得分”列的数据、“综合素质得分”工作表中“综合素质得分”列的数据到“比赛总分”工作表 A1:E31 单元格区域中。

6. 在“比赛总分”工作表中的 F1:H1 单元格区域依次输入文本：“总分”、“排名”和“奖项”；计算每位选手的总分、排名和一、二、三等奖及优秀奖的获得者，并突出显示一、二、三等奖(浅红填充色深红色文本)。

计分规则：总分＝演唱得分(占 90%)＋技巧得分(占 6%)＋素质得分(占 4%)，其中演唱和技巧得分均为百分制，素质得分总分为 4 分。

奖项设置：一等奖一名、二等奖两名、三等奖三名、优秀奖六名。

7. 打印“计分规则”工作表。

8. 文件另存为“校园青春歌手大赛成绩表.xlsx”。

### 实验步骤

1. 下载实验项目 3 实验 3-4 的素材文件，打开素材中的“校园青春歌手大赛.xlsx”文件，新建“计分规则”工作表，对工作表进行以下操作，完成如图 3-58(a)所示的效果。

①在该工作表中插入艺术字“校园青春歌手大赛”，艺术字样式选择“填充-蓝色，着色 1，轮廓-背景 1，清晰阴影-着色 1”；艺术字的文本效果设置为“正 V 形”；将艺术字放置于 D2:K7 单元格区域中。

②合并 C10:L29 单元格，设置浅蓝色(RGB(217，225，242))背景填充，输入如图 3-59 所示的计分规则。

步骤(1)：下载实验项目 3 实验 3-4 的素材文件，双击打开素材中的“校园青春歌手大赛.xlsx”文件，右击文件中的任一工作表标签，在弹出的快捷菜单中单击“插入”命令，打开

“插入”对话框，在该对话框中选择“工作表”按钮，单击“确定”按钮，完成新工作表 Sheet1 的插入；右击 Sheet1 工作表标签，在弹出的快捷菜单中单击“重命名”命令，在工作表标签上输入“计分规则”，按 Enter 键确定，完成新工作表“计分规则”的插入。

步骤(2)：在“计分规则”工作表中，光标定位在任一单元格，单击“插入”→“文本”组→“艺术字”下拉按钮，在打开的下拉列表中选择“填充-蓝色，着色 1，轮廓-背景 1，清晰阴影-着色 1”(第 3 行第 3 列)的艺术字样式，输入文本“校园青春歌手大赛”，在艺术字选中状态，单击“绘图工具”→“格式”→“艺术字样式”组→“文本效果”下拉按钮，在打开的下拉列表中选择“转换”→“正 V 形”命令，利用选中艺术字后出现的 8 个控点调整艺术字的大小，拖动艺术字到 D2:K7 单元格区域中。

步骤(3)：在“计分规则”工作表中选择 C10:L29 单元格区域，右击打开“设置单元格格式”对话框，单击“对齐”选项卡，勾选“自动换行”“合并单元格”，在文本对齐方式中的“水平对齐”选择“常规”，“垂直对齐”选择“靠上”；单击“填充”选项卡，单击“其他颜色”按钮，打开“颜色”对话框，单击“自定义”选项卡，“颜色模式”默认为 RGB，红色、绿色和蓝色的值分别设置为(217,225,242)，单击“确定”按钮，返回“设置单元格格式”对话框，单击“确定”按钮完成该单元格区域的浅蓝色背景填充，双击该单元格或单击该单元格输入如图 3-59 所示的文字。完成的“计分规则”工作表的效果如图 3-58(a)所示。

2. 在“综合素质得分”工作表中计算各选手的综合素质得分。

计分规则：综合素质得分为两道选择题得分总和。

步骤(1)：单击“综合素质得分”工作表标签，选择 H2 单元格，单击“开始”→“编辑”组→“∑自动求和”命令，按 Enter 键或单击编辑栏上的 ✓ 确定。或者利用 SUM 函数(＝SUM(F2:G2))或公式法(＝F2＋G2)计算出 H2 单元格的值。

步骤(2)：单击 H2 单元格，按住鼠标左键拖动 H2 单元格右下角的填充柄，完成 H3:H31 单元格区域数据的计算。

3. 在“演唱得分”工作表中计算各选手的演唱得分。

计分规则：演唱得分为 7 位评委分去掉一个最高分，去掉一个最低分，所得的平均分(保留 2 位小数)。

步骤(1)：单击“演唱得分”工作表标签，选择 K2 单元格，在编辑栏中输入：＝(SUM(D2:J2)－MAX(D2:J2)－MIN(D2:J2))/5，如图 3-60 所示，按 Enter 键或单击编辑栏上的 ✓ 确定。

K2 =(SUM(D2:J2)-MAX(D2:J2)-MIN(D2:J2))/5

| | A | B | C | D | E | F | G | H | I | J | K |
|---|---|---|---|---|---|---|---|---|---|---|---|
| 1 | 出场序号 | 选手编号 | 姓名 | 评委1 | 评委2 | 评委3 | 评委4 | 评委5 | 评委6 | 评委7 | 演唱得分 |
| 2 | 1 | 2021011 | 龚华欣 | 85 | 84 | 88 | 86 | 84 | 83 | 88 | 85.40 |

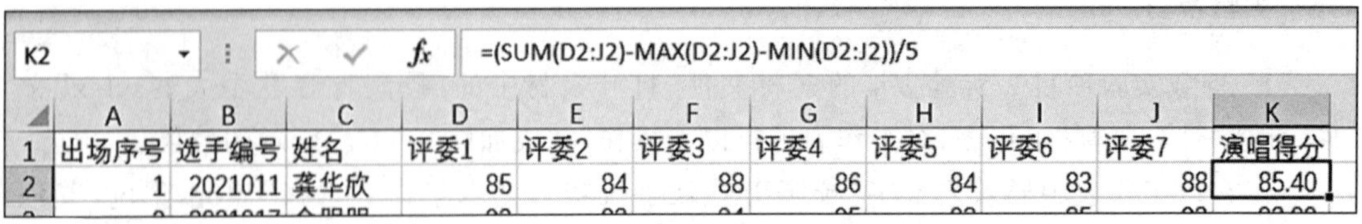

图 3-60　演唱得分计算公式

步骤(2)：单击 K2 单元格，按住鼠标左键拖动 K2 单元格右下角的填充柄，完成 K3:K31 单元格区域数据的计算。

步骤(3)：选择单元格区域 K2:K31，右击打开“设置单元格格式”对话框，单击“数字”选项卡，小数位数设置为“2”，单击“确定”按钮。

4. 在“技巧得分”工作表中计算各选手的技巧得分。

计分规则：技巧得分＝平均分 * 歌曲难度系数，其中平均分为 7 位评委分去掉一个最高分，去掉一个最低分，所得的平均分(保留 2 位小数)；

A 组歌曲难度系数 1.0，B 组歌曲难度系数 0.9，C 组歌曲难度系数 0.8。

步骤(1)：单击“技巧得分”工作表标签，选择 E2 单元格，在编辑栏中输入：＝IF(D2＝"A",1,IF(D2＝"B",0.9,0.8))，如图 3-61 所示，按 Enter 键或单击编辑栏上的 ✓ 确定，选择 E2 单元格，按住鼠标左键拖动 E2 单元格右下角的填充柄，完成 E3:E31 单元格区域难度系数的填充。

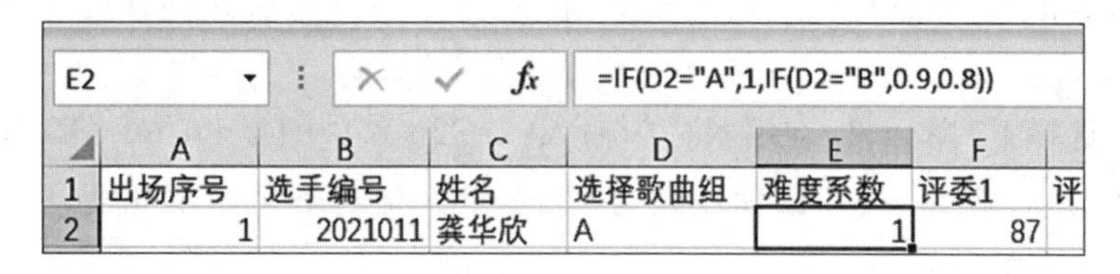


图 3-61　难度系数计算公式

步骤(2)：选择 M2 单元格，在编辑栏中输入：＝(SUM(F2:L2)－MAX(F2:L2)－MIN(F2:L2))/5 * E2，如图 3-62 所示，按 Enter 键或单击编辑栏上的 ✓ 确定。

M2　=(SUM(F2:L2)-MAX(F2:L2)-MIN(F2:L2))/5*E2

| | A | B | C | D | E | F | G | H | I | J | K | L | M |
|---|---|---|---|---|---|---|---|---|---|---|---|---|---|
| 1 | 出场序号 | 选手编号 | 姓名 | 选择歌曲组 | 难度系数 | 评委1 | 评委2 | 评委3 | 评委4 | 评委5 | 评委6 | 评委7 | 技巧得分 |
| 2 | 1 | 2021011 | 龚华欣 | A | 1 | 87 | 89 | 91 | 88 | 86 | 83 | 94 | 88.20 |

图 3-62　技巧得分计算公式

步骤(4)：选择 M2 单元格，按住鼠标左键拖动 M2 单元格右下角的填充柄，完成 M3:M31 单元格区域数据的计算。

步骤(3)：选择单元格区域 M2:M31，右击打开“设置单元格格式”对话框，单击“数字”选项卡，小数位数设置为“2”，单击“确定”按钮。

5. 新建工作表“比赛总分”，复制“演唱得分”工作表中“选手编号”“姓名”“演唱得分”列的数据、“技巧得分”工作表中“技巧得分”列的数据、“综合素质得分”工作表中“综合素质得分”列的数据到“比赛总分”工作表 A1:E31 单元格区域中。

步骤(1)：右击任一工作表的标签，在弹出的快捷菜单中单击“插入”命令，打开“插入”对话框，选择“工作表”按钮，单击“确定”按钮，完成新工作表 Sheet2 的插入；右击 Sheet2 工作表的标签，在弹出的快捷菜单中单击“重命名”命令，在工作表标签上输入“比赛总分”，按 Enter 键或单击编辑栏上的 ✓ 确定。

步骤(2)：单击“演唱得分”工作表标签，选择 B1:C31 区域，按住 Ctrl 键，选择 K1:K31 区域，松开 Ctrl 键，右击选择的区域，在弹出的快捷菜单中单击“复制”命令，单击“比赛总分”工作表标签，右击 A1 单元格，在弹出的快捷菜单中单击“粘贴”命令，进行数据的粘贴操作。

步骤(3)：单击“技巧得分”工作表标签，选择 M1:M31 区域，右击选择的区域，在弹出的快捷菜单中单击“复制”命令，单击“比赛总分”工作表标签，右击 D1 单元格，在弹出的快捷菜单中单击“粘贴”命令，进行技巧得分数据的粘贴操作。

步骤(4):类似步骤(3)的操作完成综合素质得分数据的复制,粘贴至“比赛总分”工作表的 E1:E31 单元格区域。

6. 在“比赛总分”工作表中的 F1:H1 单元格区域依次输入文本:“总分”、“排名”和“奖项”,计算每位选手的总分、排名和一、二、三等奖及优秀奖的获得者,并突出显示一、二、三等奖(浅红填充色深红色文本)。

计分规则:总分=演唱得分(占 90%)+技巧得分(占 6%)+素质得分(占 4%),其中演唱和技巧得分均为百分制,素质得分总分为 4 分。

奖项设置:一等奖一名、二等奖两名、三等奖三名、优秀奖六名。

步骤(1):单击“比赛总分”工作表标签,在 F1:H1 单元格区域依次输入文本:总分、排名、奖项。

步骤(2):选择 F2 单元格,在编辑栏中输入:=C2 * 0.9+D2 * 0.06+E2,按 Enter 键或单击编辑栏上的 ✔ 确定,按住鼠标左键拖动 F2 单元格右下角的填充柄,完成 F3:F31 单元格区域总分数据的计算。

步骤(3):选择 G2 单元格,单击编辑栏中的“插入函数” *fx* ,打开“插入函数”对话框,选择 RANK.EQ 函数,打开“函数参数”对话框,Number 参数输入“F2”;Ref 参数输入“$F$2:$F$31”,如图 3-63 所示,单击“确定”按钮,完成 G2 单元格排名数据的计算,按住鼠标左键拖动 G2 单元格右下角的填充柄,完成 G3:G31 单元格区域排名数据的计算。

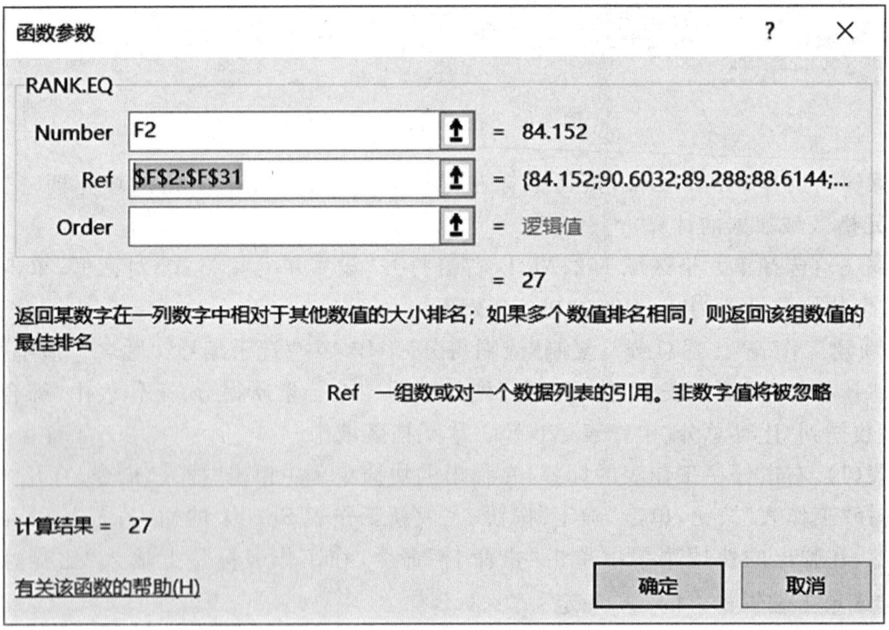

函数参数 ? ×
RANK.EQ
Number F2 = 84.152
Ref $F$2:$F$31 = {84.152;90.6032;89.288;88.6144;...
Order = 逻辑值
= 27
返回某数字在一列数字中相对于其他数值的大小排名;如果多个数值排名相同,则返回该组数值的最佳排名
Ref 一组数或对一个数据列表的引用。非数字值将被忽略
计算结果 = 27
有关该函数的帮助(H) 确定 取消

图 3-63 RANK.EQ 函数的使用

步骤(4):选择 H2 单元格,在编辑栏中输入=IF(G2=1,"一等奖",IF(G2＜=3,"二等奖",IF(G2＜=6,"三等奖",IF(G2＜=12,"优秀奖","")))),如图 3-64 所示,按 Enter 键或单击编辑栏上的 ✔ 确定,按住鼠标左键拖动 H2 单元格右下角的填充柄,完成 H3:H31 单元格区域奖项数据的计算。

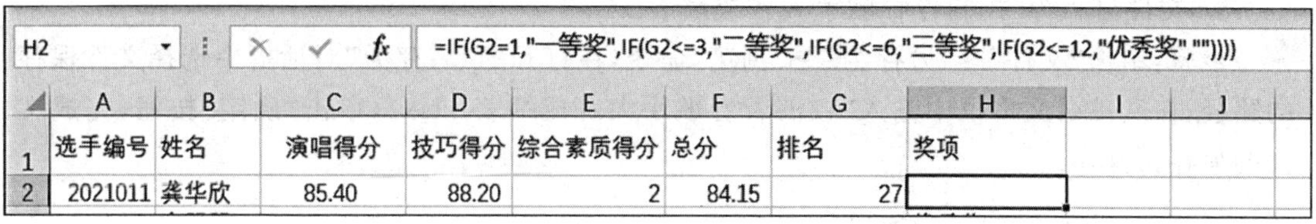

H2 =IF(G2=1,"一等奖",IF(G2<=3,"二等奖",IF(G2<=6,"三等奖",IF(G2<=12,"优秀奖",""))))

| | A | B | C | D | E | F | G | H | I | J |
|---|---|---|---|---|---|---|---|---|---|---|
| 1 | 选手编号 | 姓名 | 演唱得分 | 技巧得分 | 综合素质得分 | 总分 | 排名 | 奖项 | | |
| 2 | 2021011 | 龚华欣 | 85.40 | 88.20 | 2 | 84.15 | 27 | | | |

**图 3-64　奖项数据的计算**

步骤(5)：选择 H2:H31 单元格区域，单击“开始”→“样式”组→“条件格式”下拉按钮，在打开的下拉列表中选择“突出显示单元格规则”→“文本中包含”命令，进行如图 3-65 所示的设置，单击“确定”按钮，突出显示一、二、三等奖的文本。完成的“比赛总分”工作表的效果如图 3-58(b)所示。

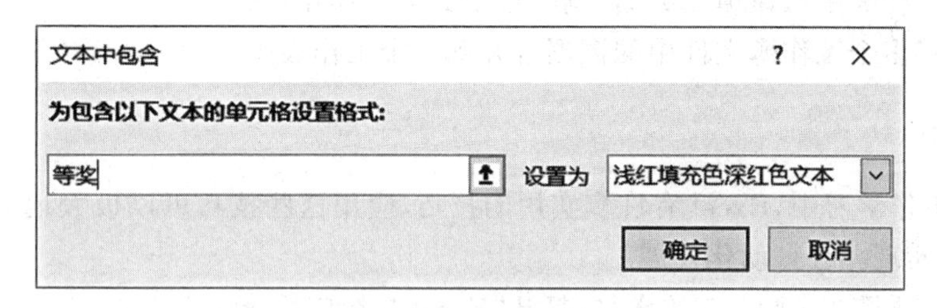


**图 3-65　条件格式设置**

7. 打印“计分规则”工作表。

步骤：单击“计分规则”工作表标签，单击“文件”→“打印”命令，出现如图 3-66 所示的界面，在中部“打印”区域单击“页面设置”可以打开“页面设置”对话框，对“页面”“页边距”“页眉/页脚”“工作表”进行相应的设置，右侧可以预览打印效果，单击“打印”按钮，可以进行工作表的打印，其他工作表的打印操作类似。

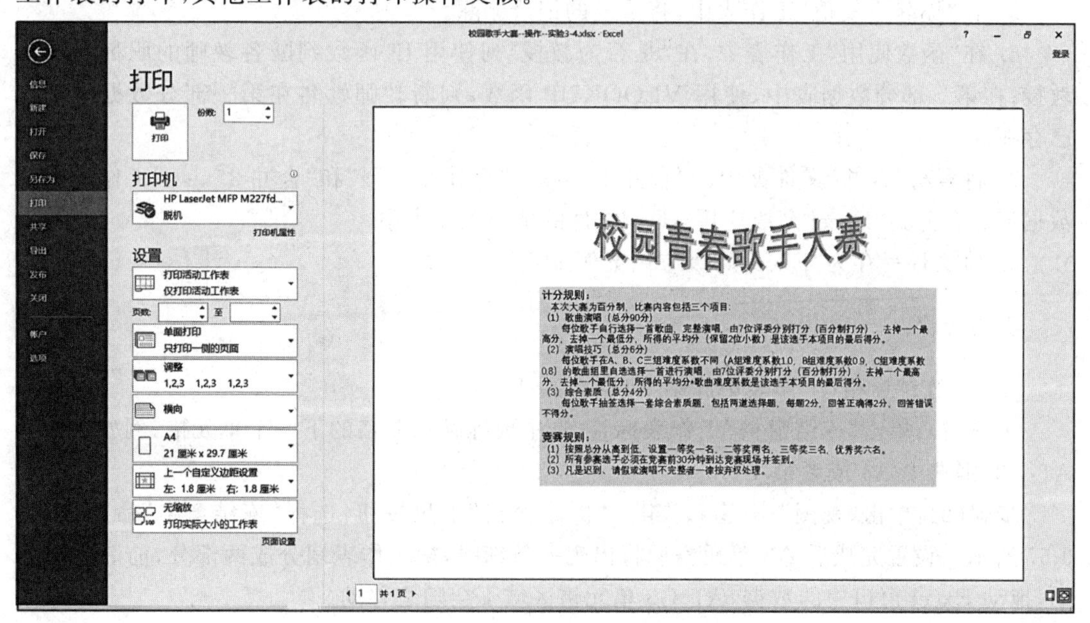


**图 3-66　“计分规则”工作表打印效果**

8. 文件另存为“校园青春歌手大赛成绩表.xlsx”

步骤：单击“文件”→“另存为”→“浏览”命令，在打开的“另存为”对话框中选择文件保存的路径，在文件名文本框中输入“校园青春歌手大赛成绩表.xlsx”，单击“确定”按钮，完成文件的另存为操作。

## 实验 3-5　Excel 高级应用

### 实验目的

1. 掌握冻结窗格的应用；
2. 掌握工作表中快速填充数据、删除重复数据等操作；
3. 掌握将多个工作簿文件中的数据合并到一个工作表中。

### 实验内容

在日常工作学习中，Excel 有许多实用的技巧，应用这些技巧可以极大地提高工作效率和工作质量，实现办公自动化发展。

下载实验项目 3 实验 3-5 的素材，打开“Excel 高级应用.xlsx”文件，完成以下的操作。

1. 在“冻结窗格”工作表中冻结 A1:G3 区域。
2. 在“快速填充”工作表中利用 Ctrl+E 组合键快速填充出生年月数据。
3. 在“相似单元格填充”工作表中使用批量填充和单元格定位方法，将 A～E 列的空白单元格填上相对应的值。
4. 在“快速填充不规则合并单元格序号”工作表中对不规则合并单元格快速填充连续的序号。
5. 在“删除重复值”工作表中，将重复的记录删除。
6. 在“函数使用”工作表中，在“是否为教授”列使用 IF 函数判断各教师的职称是否为教授；在第二部分数据表中，使用 VLOOKUP 函数，判断教师姓名在第一部分数据中是否已存在。
7. 将素材“合并”文件夹中的“合并 1. xlsx”、“合并 2. xlsx”和“合并 3. xlsx”工作簿中的数据汇总合并到“Excel 高级应用.xlsx”文件的新的工作表中。
8. 将文件另存为“Excel 高级应用案例.xlsx”。

### 实验步骤

1. 在“冻结窗格”工作表中冻结 A1:G3 区域。

步骤(1)：单击“冻结窗格”工作表标签，选中要冻结单元格的下一个单元格，例如要冻结 A1:G3，则选中 A4 或者第 4 行。

步骤(2)：单击“视图”→“窗口”组→“冻结窗格”下拉按钮，选择“冻结窗格”命令，如图 3-67 所示。设置完成后 A3 单元格后将出现一条细线，把工作表划分成两部分，前 3 行被冻结，拖动 Excel 窗口中的数据，A1:G3 单元格区域不会随之移动。

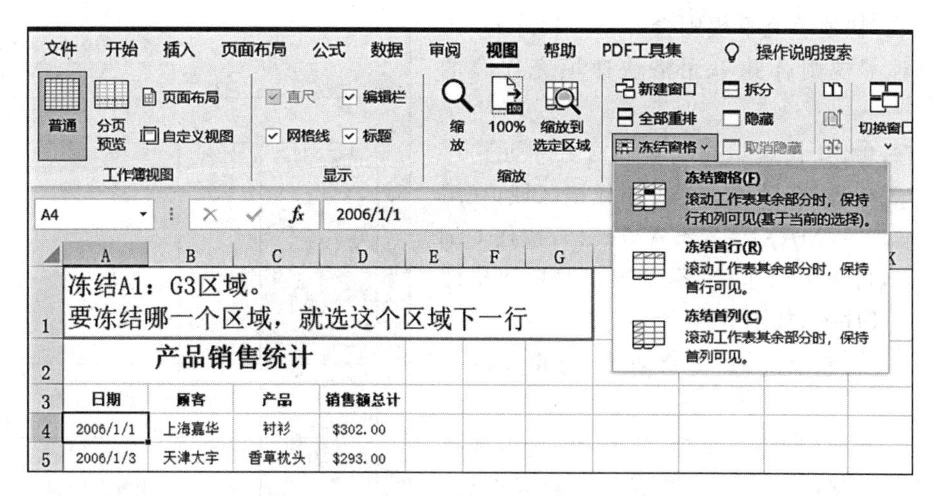


**图 3-67　冻结窗格示例**

2．在“快速填充”工作表中利用 Ctrl＋E 组合键快速填充出生年月数据。

步骤(1)：单击“快速填充”工作表标签，在 B2 单元格中输入出生年月“20010203”。

步骤(2)：单击 B3 单元格，按住 Ctrl 键不松手，再按下 E 键，则 B3:B15 单元格会根据左侧的身份证号自动填充出生年月，如图 3-68 所示。

3．在“相似单元格填充”工作表中使用批量填充和单元格定位方法，将 A～E 列的空白单元格填上相对应的值。

步骤(1)：单击“相似单元格填充”工作表标签，选择 A4:E33 区域，单击“开始”→“编辑”组→“查找和选择”下拉按钮，在打开的下拉列表中选择“定位条件”命令，打开“定位条件”对话框，选择“空值”，如图 3-69 所示，单击“确定”按钮。

步骤(2)：无需移动鼠标点击任何单元格，直接输入“＝”。

步骤(3)：单击键盘上的方向键“↑”或直接点击 A6(空值单元格的上一行单元格，例如空值单元格在 A7，则单击 A6)。

步骤(4)：按住 Ctrl 键不松手，再按下回车键，即可完成 A～E 列的空白单元格填上相对应的值。

| | A | B | C |
|---|---|---|---|
| 1 | 身份证号 | 出生年月 | |
| 2 | 35010220010203**** | 20010203 | |
| 3 | 35040320021201**** | 20021201 | |
| 4 | 35020620030420**** | 20030420 | |
| 5 | 35030119980504**** | 19980504 | |
| 6 | 35010420021217**** | 20021217 | |
| 7 | 35020119990208**** | 19990208 | |
| 8 | 35010419980709**** | 19980709 | |
| 9 | 35010220008210**** | 20008210 | |
| 10 | 35040220030315**** | 20030315 | |
| 11 | 35010319991112**** | 19991112 | |
| 12 | 35010420010808**** | 20010808 | |
| 13 | 35010320000702**** | 20000702 | |
| 14 | 35010420010607**** | 20010607 | |
| 15 | 35010520010416**** | 20010416 | |
| 16 | | | |

**图 3-68　利用 Ctrl＋E 组合键快速填充数据**

**图 3-69　“定位条件”对话框**

4. 在“快速填充不规则合并单元格序号”工作表中对不规则合并单元格快速填充连续的序号。

步骤：单击“快速填充不规则合并单元格序号”工作表标签，选择 A3:A31 单元格区域，在编辑栏中输入“=MAX(A $ 2:A2)+1”，按住 Ctrl 键不松手，再按下回车键，不规则合并单元格即可填充连续序号，如图 3-70 所示。

5. 在“删除重复值”工作表中，将重复的记录删除。

步骤：单击“删除重复值”工作表标签，选择 A7:I18 单元格区域，单击“数据”→“数据工具”组→“删除重复值”命令，打开“删除重复值”对话框，采用默认值，如图 3-71(a)所示，单击“确定”按钮，弹出消息框，提示“发现了 4 个重复值，已将其删除；保留了 7 个唯一值。”，如图 3-71(b)所示。

| 学院总排名 | 姓名 | 所在系 | 职称 |
| --- | --- | --- | --- |
| 1 | 姜帆 | 艺术系 | 助教 |
| 2 | 黄章 | 艺术系 | 副教授 |
| 3 | 张华 | 基础教研部 | 助教 |
| 4 | 王明 | 计算机工程系 | 讲师 |
| 5 | 戴伟 | 计算机工程系 | 讲师 |
| 6 | 林晓 | 文化传播系 | 助教 |
| 7 | 王女 | 法律系 | 副教授 |

图 3-70 不规则合并单元格填充连续序号

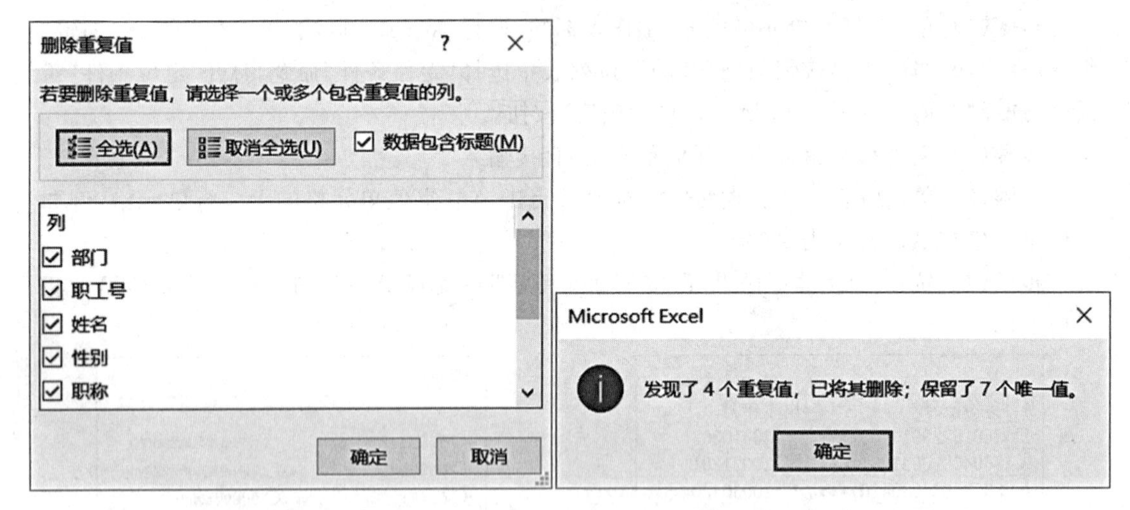


(a)“删除重复值”对话框　　(b)提示消息框

图 3-71 删除工作表中的重复值

6. 在“函数使用”工作表中，在“是否为教授”列使用 IF 函数判断各教师的职称是否为教授；在第二部分数据表中，使用 VLOOKUP 函数，判断教师姓名在第一部分数据中是否已存在。

步骤(1)：单击“函数使用”工作表标签，选择 J8 单元格，输入公式：=IF(E8="教授","是","否")，单击编辑栏中的 ✔ 或按 Enter 键，完成 J8 单元格数值的计算；按住鼠标左键拖动 J8 单元格的填充柄完成 J9:J18 单元格区域“是否为教授”列数据的计算。

步骤(2):选择 A7:K18 单元格区域,单击“数据”→“排序和筛选”组→“排序”命令,打开“排序”对话框,选择主要关键字为“姓名”,次序为“升序”,单击“确定”按钮完成排序操作。

步骤(3):单击 J31 单元格,在编辑框中输入:=VLOOKUP(C31,$C$8:$K$18,9,0),按 Enter 键或单击编辑栏中的 ✓ 确定,完成 J31 单元格数值的计算。按住鼠标左键拖动 J31 单元格的填充柄完成第二块单元格区域(J32:J41)“是否已存在”列数据的计算。

7. 将素材“合并”文件夹中的“合并 1. xlsx”、“合并 2. xlsx”和“合并 3. xlsx”工作簿中的数据汇总合并到“Excel 高级应用.xlsx”文件的新的工作表中;

步骤(1):在“Excel 高级应用.xlsx”工作簿中右击任一工作表的标签,在弹出的快捷菜单中选择“插入”命令,在打开的“插入”对话框中选择“工作表”,单击“确定”按钮,新建一个工作表。在新工作表中选择 A1 单元格,单击“数据”→“获取和转换”组→“新建查询”下拉按钮,在打开的下拉列表中选择“从文件”→“从文件夹”命令,如图 3-72 所示;打开“文件夹”对话框,单击“浏览”按钮,选择素材中的“合并”文件夹,如图 3-73 所示;单击“确定”按钮,出现“查询编辑器”窗口,如图 3-74 所示。

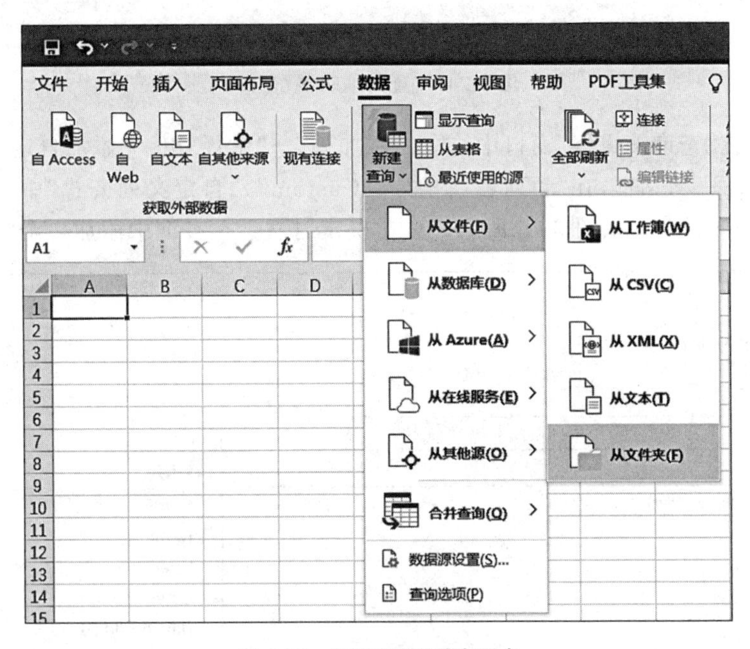


图 3-72　“新建查询”选项卡

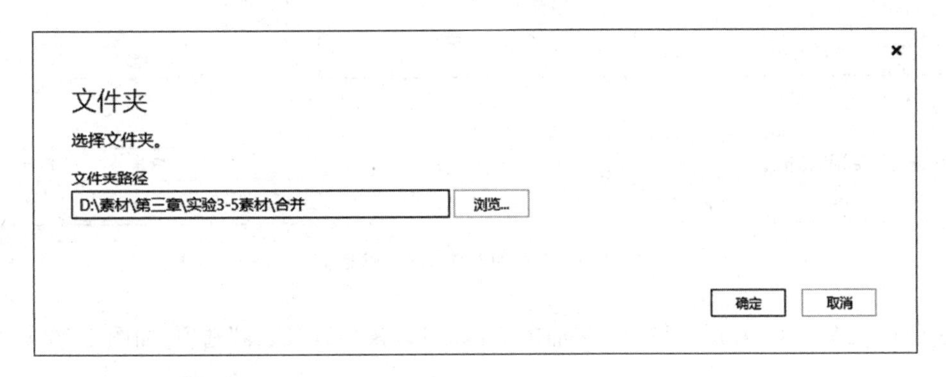


图 3-73　“文件夹”对话框

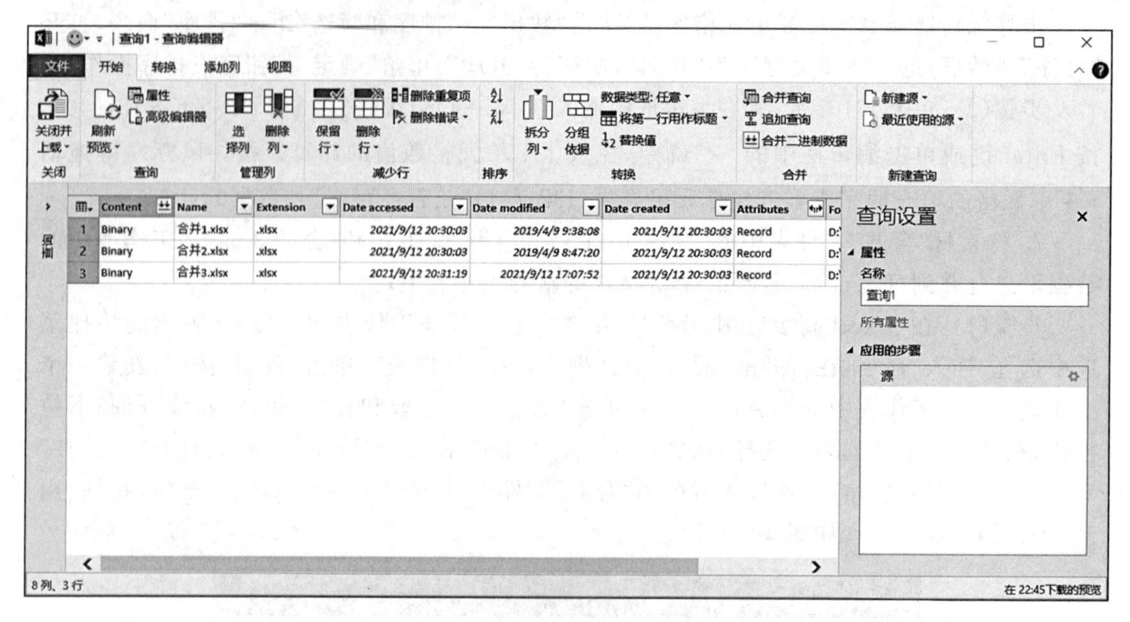


图 3-74 “查询编辑器”窗口

步骤(2)：在“查询编辑器”窗口中，单击“添加列”→“常规”组→“添加自定义列”命令，打开“添加自定义列”对话框，在“新列名”中输入“Custom”，“自定义列公式”中输入：=Excel.Workbook([Content])，如图 3-75 所示，单击“确定”按钮，在查询中添加一个“Custom”列。

添加自定义列

新列名

Custom

自定义列公式:

=Excel.Workbook([Content])

可用列:

Content
Name
Extension
Date accessed
Date modified
Date created
Attributes

<< 插入

了解 Power Query 公式

✔ 未检测到语法错误。

确定　取消

图 3-75 “添加自定义列”对话框

步骤(3)：单击 Custom 列右侧的 ，去除全选，仅勾选“Data”选项，如图 3-76 所示，单击“确定”按钮。

图 3-76　自定义列设置 1

步骤(4):再次单击 Custom 列右侧的 ,选择“扩展”,在“扩展”下的列表中选择“选择所有列”,如图 3-77 所示,单击“确定”按钮。

图 3-77　自定义列设置 2

步骤(5):单击“Content”列,单击“开始”→“管理列”组→“删除列”命令,删除“Content”列,同样的操作将 Custom.Data.Column1 列之前的所有列都删除。完成后如图 3-78 所示。

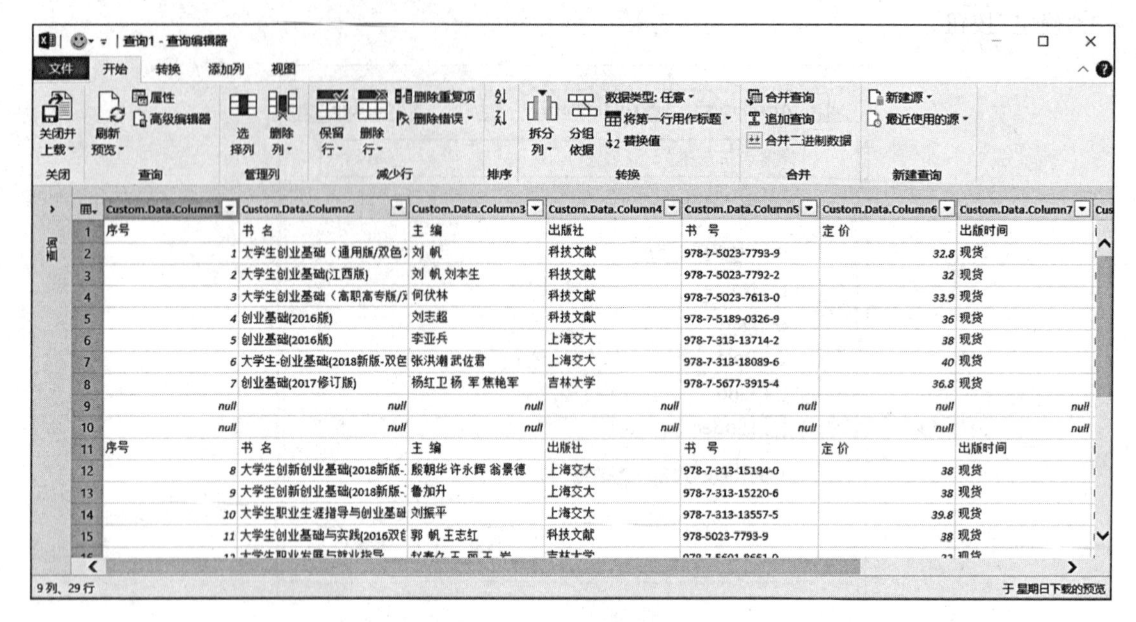


图 3-78　自定义列设置 3

步骤(6)：单击“文件”→“关闭”组→“关闭并上载”命令，汇总数据显示在新工作表中，如图 3-79 所示。

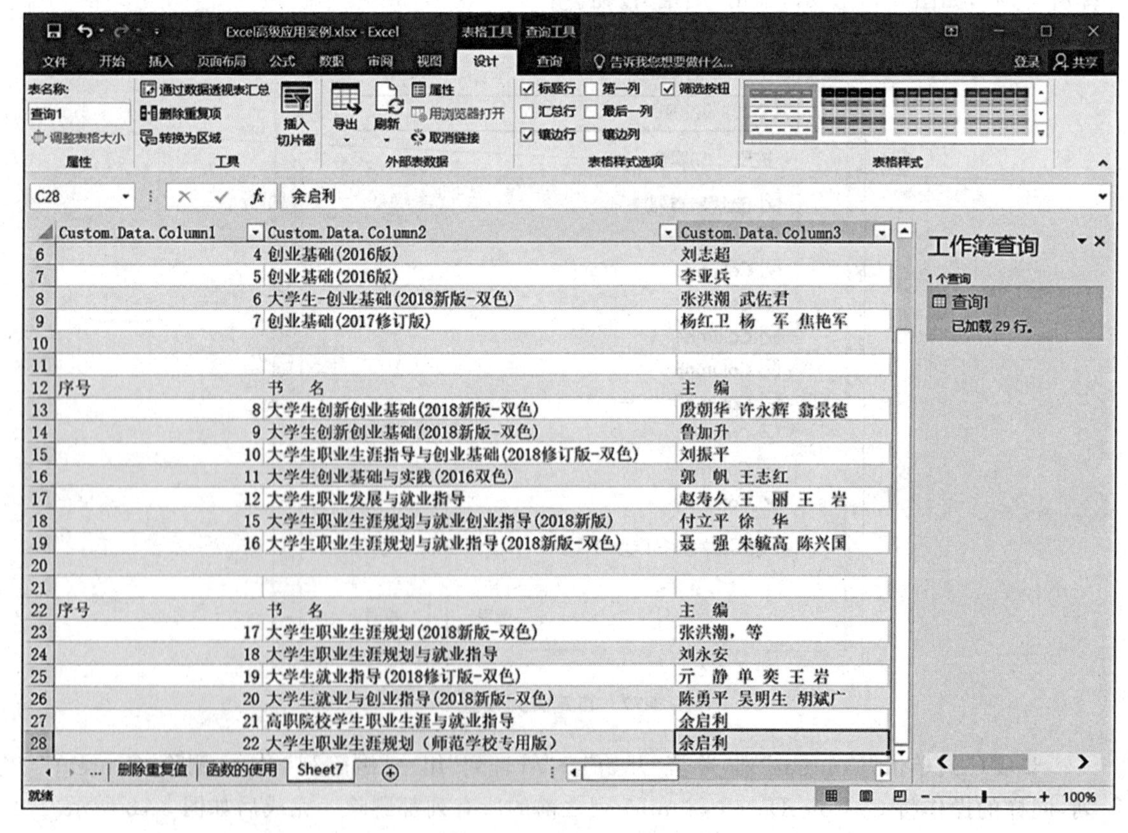


图 3-79　汇总数据工作表效果 1

步骤(7):选择已合并数据的工作表中的所有数据,单击“数据”→“数据工具”组→“删除重复项”命令,打开“删除重复项”对话框,单击“全选”按钮,勾选“数据包含标题”,如图 3-80 所示,单击“确定”按钮,将空行与重复的表头数据行删除。至此已将三个工作簿文件中的数据汇总在一个工作表中,如图 3-81 所示。

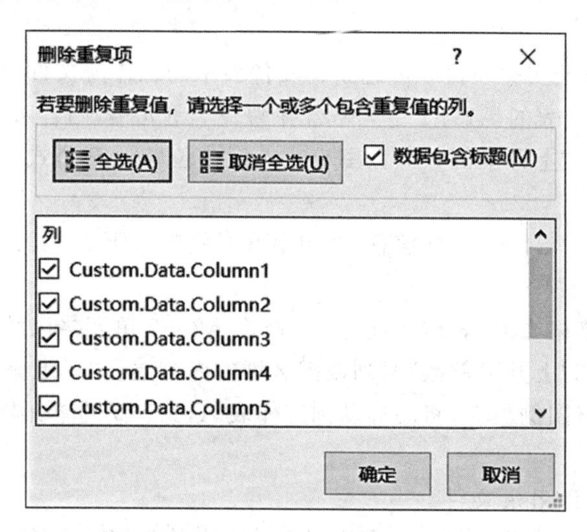


图 3-80　“删除重复项”对话框

| | A | B | C | D | E |
|---|---|---|---|---|---|
| 1 | Custom.Data.Column1 | Custom.Data.Column2 | Custom.Data.Column3 | Custom.Data.Column4 | Custom.Data.Column5 |
| 2 | 序号 | 书　名 | 主　编 | 出版社 | 书　号 |
| 3 | 1 | 大学生创业基础（通用版/双色） | 刘　帆 | 科技文献 | 978-7-5023-7793-9 |
| 4 | 2 | 大学生创业基础(江西版) | 刘　帆 刘本生 | 科技文献 | 978-7-5023-7792-2 |
| 5 | 3 | 大学生创业基础（高职高专版/双色） | 何伏林 | 科技文献 | 978-7-5023-7613-0 |
| 6 | 4 | 创业基础(2016版) | 刘志超 | 科技文献 | 978-7-5189-0326-9 |
| 7 | 5 | 创业基础(2016版) | 李亚兵 | 上海交大 | 978-7-313-13714-2 |
| 8 | 6 | 大学生-创业基础(2018新版-双色) | 张洪潮 武佐君 | 上海交大 | 978-7-313-18089-6 |
| 9 | 7 | 创业基础(2017修订版) | 杨红卫 杨　军 焦艳军 | 吉林大学 | 978-7-5677-3915-4 |
| 10 | 8 | 大学生创新创业基础(2018新版-双色) | 殷朝华 许永辉 翁景德 | 上海交大 | 978-7-313-15194-0 |
| 11 | 9 | 大学生创新创业基础(2018新版-双色) | 鲁加升 | 上海交大 | 978-7-313-15220-6 |
| 12 | 10 | 大学生职业生涯指导与创业基础(2018修订版-双色) | 刘振平 | 上海交大 | 978-7-313-13557-5 |
| 13 | 11 | 大学生创业基础与实践(2016双色) | 郭　帆 王志红 | 科技文献 | 978-5023-7793-9 |
| 14 | 12 | 大学生职业发展与就业指导 | 赵寿久 王　丽 王　岩 | 吉林大学 | 978-7-5601-8661-0 |
| 15 | 15 | 大学生职业生涯规划与就业创业指导(2018新版) | 付立平 徐　华 | 电子科大 | 978-7-5647-6606-1 |
| 16 | 16 | 大学生职业生涯规划与就业指导(2018新版-双色) | 聂　强 朱毓高 陈兴国 | 上海交大 | 978-7-313-18069-8 |
| 17 | 17 | 大学生职业生涯规划(2018新版-双色) | 张洪潮，等 | 电子科大 | 978-7-5647-6605-4 |
| 18 | 18 | 大学生职业生涯规划与就业指导 | 刘永安 | 上海交大 | 978-7-313-12437-1 |
| 19 | 19 | 大学生就业指导(2018修订版-双色) | 亓　静 单 奕 王 岩 | 吉林大学 | 978-7-5601-6142-6 |
| 20 | 20 | 大学生就业与创业指导(2018新版-双色) | 陈勇平 吴明生 胡斌广 | 电子科大 | 978-7-5647-6604-7 |
| 21 | 21 | 高职院校学生职业生涯与就业指导 | 余启利 | 吉林大学 | 978-7-5601-6974-3 |
| 22 | 22 | 大学生职业生涯规划（师范学校专用版） | 潘国昌 | 吉林大学 | 978-7-5601-8878-2 |

图 3-81　汇总数据工作表效果 2

此操作常用于将一个表格发给许多部门进行填写,最后需要收集汇总的情况。

8. 将文件另存为“Excel 高级应用案例.xlsx”。

步骤:单击“文件”→“另存为”→“浏览”命令,在打开的“另存为”对话框中选择文件保存的路径,在文件名文本框中输入“Excel 高级应用案例.xlsx”,单击“确定”按钮,完成文件的另存为操作。

## 3.4 习题

习题 1:下载并打开实验项目 3 习题素材文件夹中的工作簿文件 EXCEL1. xlsx。

(1)将 Sheet1 工作表的 A1:F1 单元格合并为一个单元格,内容水平居中。

(2)利用公式计算"上升案例数"(保留小数点后 0 位),计算公式为:上升案例数=去年案例数×上升比率。

(3)利用 IF 函数给出"备注"列信息,其中上升案例数大于 50,给出"重点关注";上升案例数小于 50,给出"关注"。

(4)利用套用表格格式的"表样式浅色 15"修饰 A2:F7 单元格区域。

(5)选择"地区"和"上升案例数"两列数据区域的内容建立"三维簇状柱形图",图标题为"上升案例数统计图",图例靠上,将图移动到工作表 A10:F25 的单元格区域,工作表命名为"统计表"。

(6)保存 EXCEL1 .xlsx 文件。

习题 2:下载并打开实验项目 3 习题素材文件夹中的工作簿文件 EXCEL2. xlsx。

对工作表"产品销售情况表"内数据清单的内容建立高级筛选,在数据清单前插入 4 行,条件区域设在 B1:F3 单元格区域,在对应字段列内输入相应的条件(条件是:"西部 2"的"空调"和"南部 1"的"电视",销售额均在 10 万元以上),在原有区域显示筛选结果,工作表名不变,保存 EXCEL2. xlsx 工作簿。

习题 3:下载并打开实验项目 3 习题素材文件夹中的工作簿文件 EXCEL3 .xlsx。

(1)将工作表 Sheet1 的 A1:E1 单元格合并为一个单元格,内容水平居中。

(2)计算"合计"列的内容(合计=基本工资+岗位津贴+书报费),保留小数点后两位。

(3)将工作表命名为"情况表"。

(4)选取"职工号"列(A2:A10)和"岗位津贴"列(C2:C10)数据区域的内容建立"簇状条形图",图标题为"岗位津贴统计图",图例在底部,将图移动到工作表 A11:G27 单元格区域。

(5)保存 EXCEL3 .xlsx 工作簿。

习题 4:下载并打开实验项目 3 习题素材文件夹中的工作簿文件 EXCEL4 .xlsx。

对工作表"计算机动画技术"成绩单内的数据清单的内容进行筛选,条件为"系别为计算机或自动控制",筛选后的工作表还保存在 EXCEL4 .xlsx 工作簿文件中,工作表名不变。

习题 5:下载并打开实验项目 3 习题素材文件夹中的工作簿文件 EXCEL5 .xlsx。

(1)将 Sheet1 工作表的 A1:G1 单元格合并为一个单元格,单元格内文字居中对齐。

(2)计算"上月销售额"和"本月销售额"列的内容(销售额单价×数量,数值型,保留小数点后 0 位)。

(3)计算"销售额同比长"列的内容[同比增长=(本月销售额-上月销售额)/上月销售额,百分比型,保留小数点后 1 位]。

(4)选取"产品型号"列、"上月销售量"列和"本月销售量"列内容,建立"簇状柱形图",图标题为"销售情况统计图",图例在底部,将图移动到工作表的 A14:E27 单元格区域内,将工作表命名为“销售情况统计表”。

(5)保存 EXCEL5 .xlsx 文件。

习题 6:下载并打开实验项目 3 习题素材文件夹中的工作簿文件 EXCEL6. xlsx。

对工作表“产品销售情况表”内数据清单的内容按主要关键字“产品名称”的降序次序和次要关键字“分公司”的降序次序进行排序,以“产品名称”为汇总字段,完成对各产品销售额总和的分类汇总,汇总结果显示在数据下方,工作表名不变,保存 EXCEL6. xlsx 工作簿。

# 实验项目 4　PowerPoint 2016 基本操作与拓展实践

## 4.1　PowerPoint 2016 基础

在商业宣传、会议报告、产品介绍、培训、演讲等活动中常常需要图文并茂地展示成果或者传达信息，要求宣讲者展示具有动态性、交互性和可视性的文本、图片、视频、音频，这些要求借助演示文稿可以方便地实现。

### 知识点 1：相关术语

(1)演示文稿：单击“开始”菜单下的“PowerPoint 2016”命令或双击桌面快捷方式启动 PowerPoint 软件，单击“空白演示文稿”命令，即可创建一个新的演示文稿，默认的文件扩展名为.pptx。

(2)幻灯片：是指演示文稿中的每一张演示单页。

(3)模板：是一种可以快速制作幻灯片的文件，文件的扩展名为“.potx”。它包含演示文稿的版式、主题、背景样式以及一些特定用途的内容，利用模板可以快速创建统一风格的演示文稿。软件提供了一些模板供用户使用，用户也可以应用自定义的模板。

(4)主题：是事先设计好的一组演示文稿的样式框架，规定了演示文稿的外观样式，包括母版、配色、文字格式等设置，用户可以通过设置演示文稿的主题，使得演示文稿中的幻灯片外观一致。

(5)母版：是指包含可以出现在每一张幻灯片上的显示元素，包括图片、动作按钮、文本占位符等，使用幻灯片母版可以统一幻灯片的呈现风格，通常包括幻灯片母版、备注母版和讲义母版等类型。

(6)占位符：是指利用版式创建新幻灯片时出现在幻灯片上的虚线框。

(7)版式：是指幻灯片内容在幻灯片上的排列方式，版式由占位符组成。

### 知识点 2：演示文稿的创建与保存

(1)演示文稿的创建

①新建空白演示文稿

启动 PowerPoint 2016 软件，单击“空白演示文稿”命令，即可创建一个新的演示文稿。

在已打开的演示文稿中，单击“文件”→“新建”→“空白演示文稿”命令，也可创建一个新的演示文稿。

②利用模板新建演示文稿

单击“文件”→“新建”命令，右侧的模板列表有“特色”和“个人”两个选项组(“特色”选项组中是软件自带的模板，“个人”选项组中是用户自定义的模板)，单击需要的模板选项，在弹出的对话框中单击“创建”命令，即可创建一个新的演示文稿，该文稿已包含模板里的主题和格式设置，可以节省演示文稿外观设计的时间。

(2)保存演示文稿

①直接保存

已有文件名的演示文稿可以采用以下方法直接保存，新建的演示文稿将弹出“另存为”对话框。

法一：单击“文件”→“保存”命令。

法二：单击功能区的“保存”图标按钮。

法三：快捷键 Ctrl+S。

②另存为

法一：单击“文件”→“另存为”命令，弹出“另存为”对话框，对演示文稿命名后可保存文件。

法二：新建的演示文稿单击“文件”→“保存”命令，将弹出“另存为”对话框，对演示文稿命名后可保存文件。

③保存为模板文件

单击“文件”→“另存为”→“浏览”命令，弹出“另存为”对话框，选择保存类型为“PowerPoint模板( *.potx)”，单击“保存”按钮，需要制作同类演示文稿时可以应用。

## 知识点 3：PowerPoint 2016 窗口组成

PowerPoint 2016 窗口与其他 Office 组件窗口类似，主要包括快捷访问工具栏、标题栏、功能选项卡、幻灯片窗格、幻灯片编辑区、备注窗格、状态栏和滚动条等。

启动 PowerPoint 2016 软件，新建空白演示文稿，打开 PowerPoint 2016，窗口，如图 4-1 所示。

幻灯片窗格位于演示文稿窗口的左侧，显示的是当前演示文稿中所有幻灯片的缩略图，单击幻灯片窗格中的某张缩略图，在右侧的幻灯片编辑区即显示该幻灯片的内容，并可对该幻灯片进行编辑。

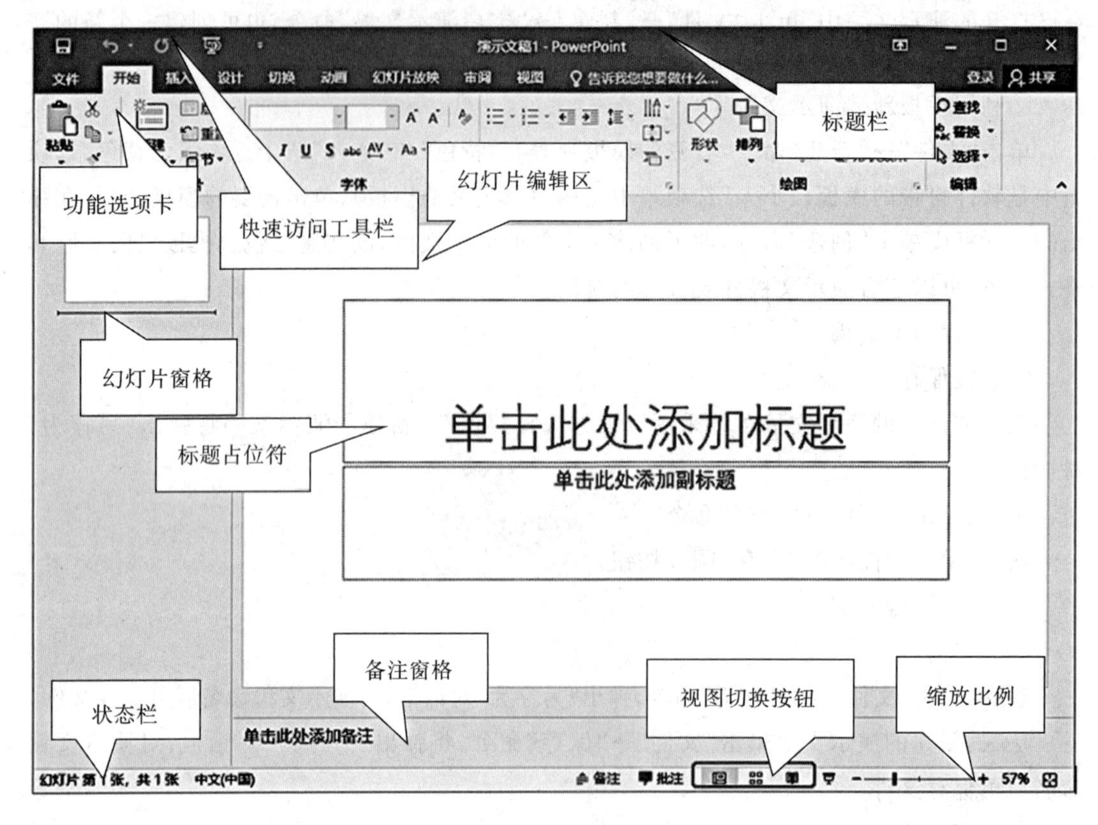


图 4-1 PowerPoint 2016 窗口

## 知识点 4:PowerPoint 2016 视图

PowerPoint 2016 提供了 5 种视图,分别为普通视图、大纲视图、幻灯片浏览视图、备注页视图和阅读视图,如图 4-2 所示,在该组命令中单击相应的视图命令可以切换视图,单击状态栏中的视图图标也可以进行视图的切换。

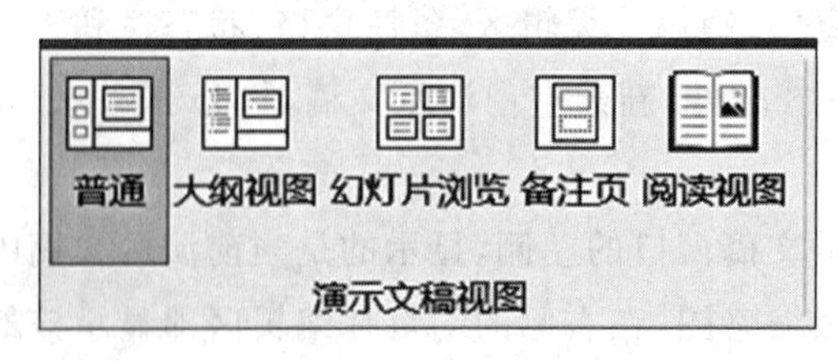


图 4-2 演示文稿的五种视图模式

(1)普通视图

普通视图是 PowerPoint 2016 默认的视图模式,在该视图模式下用户可以方便地编辑和查看幻灯片的内容,添加备注内容等。

(2)大纲视图

以大纲形式显示幻灯片中的标题文本,主要用于查看与编辑幻灯片中的文字内容。

(3)幻灯片浏览视图

以全局的方式浏览演示文稿中的幻灯片,可以方便地进行多张幻灯片顺序的编排,方便进行新建、复制、移动、插入和删除幻灯片等操作,可以设置幻灯片的切换效果并预览,但是不能编辑幻灯片中的内容。

(4)备注页视图

将"备注"窗格以整页格式进行查看和使用,用户可以输入或编辑备注内容,备注页上方显示的是当前幻灯片的内容缩览图,用户无法对幻灯片的内容进行编辑。

(5)阅读视图

将演示文稿作为适应当前计算机窗口大小的幻灯片放映查看,用于演示文稿制作完成后的简单放映浏览,查看内容、设置的动画和放映的效果,单击"上一张"按钮和"下一张"按钮可切换幻灯片,阅读过程中可随时按 ESC 键退出。

## 知识点 5:幻灯片的基本操作

(1)选择幻灯片

在普通视图左侧的"幻灯片窗格"中或幻灯片浏览视图中单击某张幻灯片的缩略图,即可选择该幻灯片。如果需要选择多张不连续的幻灯片、多张连续的幻灯片或选择所有的幻灯片可参照 Windows 7 中关于文件的选择方法。

(2)新建幻灯片

法一:在普通视图或幻灯片浏览视图中,单击"开始"→"幻灯片"组→"新建幻灯片"下拉按钮,在下拉列表中选择一个版式,即可建立一张该版式的幻灯片。

法二:在普通视图或幻灯片浏览视图中,选择某张幻灯片,使用 Ctrl+M 快捷键,可在选择的幻灯片后面插入一张与选定幻灯片版式相同的幻灯片。

法三:在普通视图或幻灯片浏览视图中,右击某张幻灯片,在弹出的快捷菜单中选择"新建幻灯片"命令,可在选择的幻灯片后面插入一张与选定幻灯片版式相同的幻灯片。

(3)删除幻灯片

在普通视图或幻灯片浏览视图中,选择某张幻灯片,按键盘上的 Delete 键,或右击该幻灯片,在弹出的快捷菜单中选择"删除幻灯片"命令。

(4)移动和复制幻灯片

法一:通过鼠标拖动进行移动和复制。选择幻灯片,按住鼠标左键不放,拖动到适当位置后释放鼠标,完成移动操作。选择幻灯片,按住 Ctrl 键的同时将幻灯片拖动到适当位置后释放鼠标与 Ctrl 键,完成复制操作。

法二:通过菜单命令移动和复制。利用"开始"→"剪贴板"组中的"剪切""复制""粘贴"命令完成幻灯片的移动或复制。

(5)隐藏幻灯片

在普通视图或幻灯片浏览视图中,右击某张幻灯片,在弹出的快捷菜单中选择"隐藏幻灯片"命令,该张幻灯片缩略图变灰并且标号出现一条红色反斜杠,如 3,当幻灯片播放时会跳过该张幻灯片。

## 知识点 6:演示文稿的编辑

在幻灯片上可以添加文本框、图片、图形、SmartArt 图形、表格、公式、音频、视频、超链接等不同对象。

(1)插入文本

①通过幻灯片中的占位符插入文本

幻灯片中的占位符主要有文本占位符和项目占位符。单击幻灯片上的文本占位符,即可输入文本。项目占位符常包括插入表格、图表、SmartArt 图形、图片、视频文件等项目,单击相应图标,可插入相应的对象。两类占位符如图 4-3 所示。

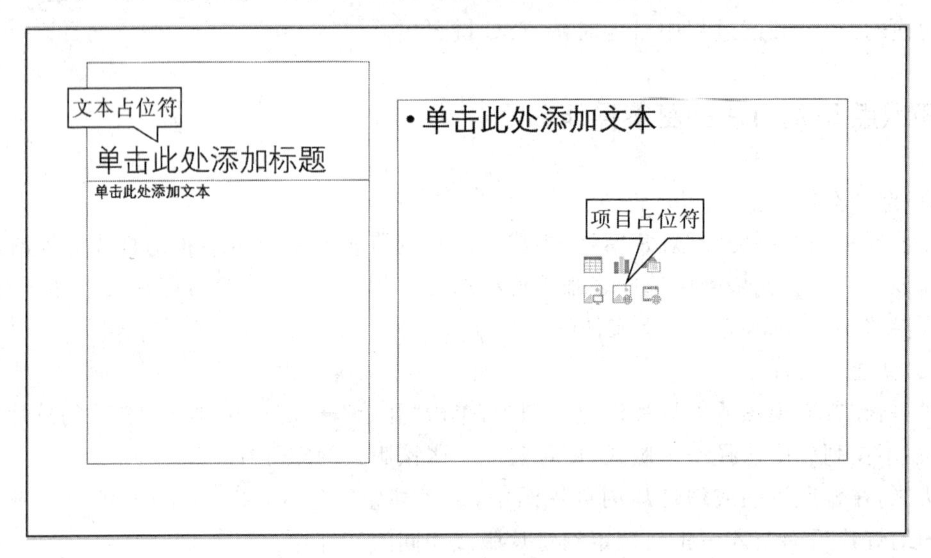


图 4-3　占位符

②通过插入文本框实现插入文本

单击“插入”→“文本”组→“文本框”下拉按钮,在打开的下拉列表中选择“横排文本框”(或“竖排文本框”)命令,如图 4-4 所示,在幻灯片上需要添加文本的位置单击鼠标即可插入文本框,在其中输入文本。

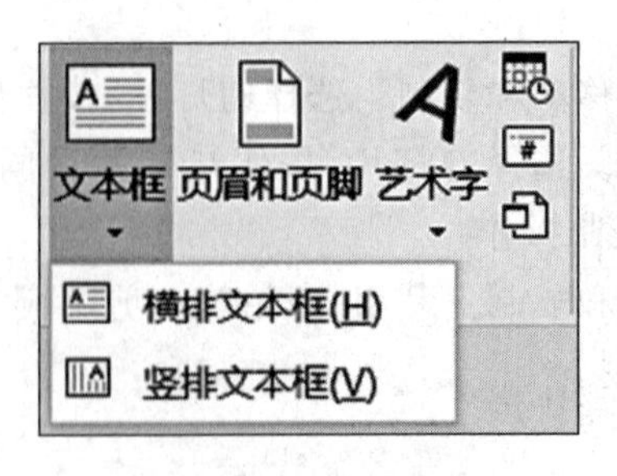


图 4-4　插入文本框

幻灯片中的文本可以通过“开始”→“字体”组和“段落”组中的命令对文字和段落进行格式设置,设置的方法与 Word 2016 类似。

(2)插入图片与图形对象

①插入图片

单击“插入”→“图像”组→“图片”命令，打开“插入图片”对话框，选择图片，单击“插入”按钮，可在当前幻灯片中插入该图片。

②插入图形

单击“插入”→“插图”组→“形状”下拉按钮，在打开的列表中选择需要插入的图形，在当前幻灯片上鼠标呈现实心的“十”字，按住鼠标左键拖动鼠标即可绘制选择的图形。

③插入 SmartArt 图形

SmartArt 图形适用于文字量少、层次较明显的文本，以插图的方式呈现，便于读者理解与记忆。PowerPoint 2016 软件与 Word 2016 一样提供了 8 种类型的 SmartArt 图形，分别是列表、流程、循环、层次结构、关系、矩阵、棱锥图和图片。单击“插入”→“插图”组→“SmartArt”命令，打开“选择 SmartArt 图形”对话框，如图 4-5 所示，选择需要的图形，单击“确定”按钮，即可在当前幻灯片中插入选择的 SmartArt 图形，单击 SmartArt 图形上的占位符可以输入文本，插入的 SmartArt 图形可以通过“SmartArt 工具”→“设计”/“格式”组中的命令更改其版式、颜色、形状、样式等，如图 4-6 所示。

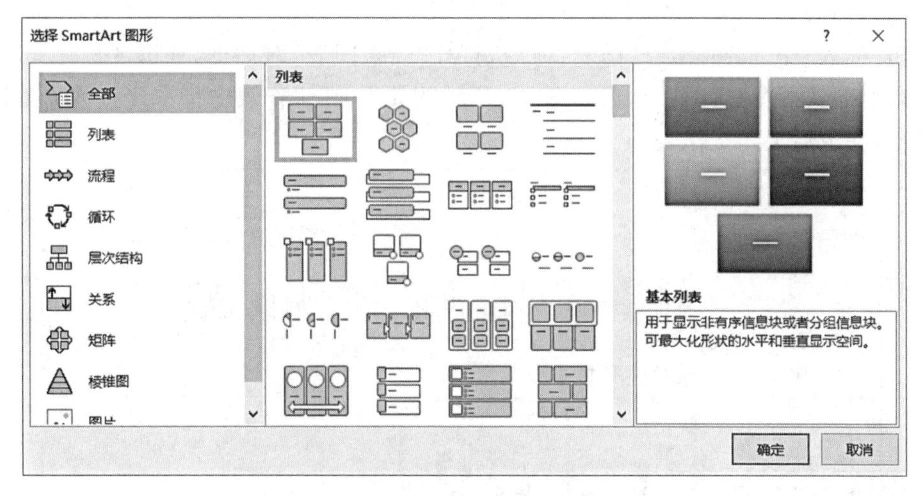


图 4-5　“选择 SmartArt 图形”对话框

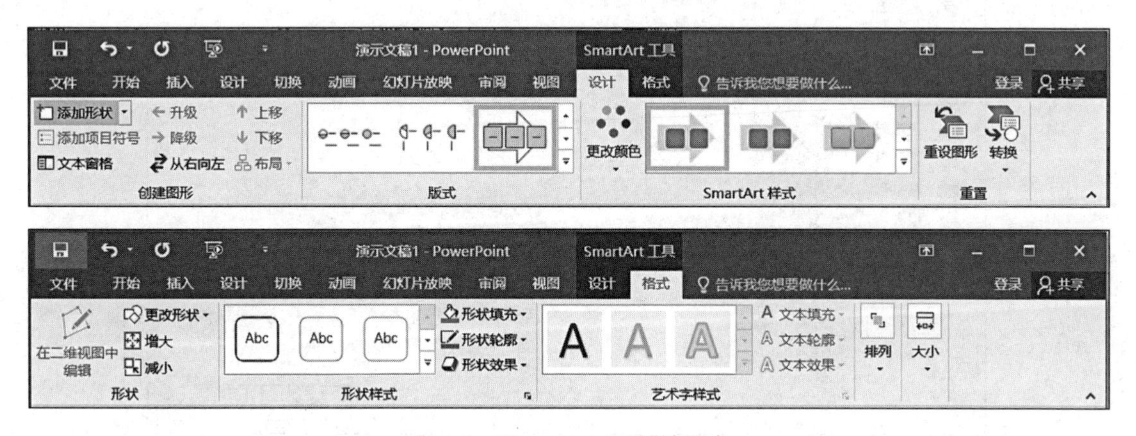


图 4-6　“SmartArt 工具”选项卡

(3)插入艺术字

与 Word 2016 类似,单击"插入"→"文本"组→"艺术字"下拉按钮,选择一种样式,即可插入艺术字,选择艺术字,"绘图工具"→"格式"组中的命令可以对艺术字的形状样式、艺术字样式、排列、大小等进行设置,如图 4-7 所示。

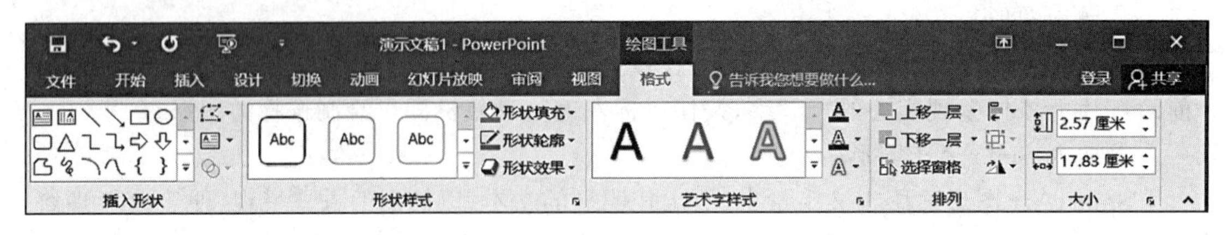


图 4-7 "绘图工具"选项卡

(4)插入表格与图表

①插入表格

与 Word 2016 类似,单击"插入"→"表格"组→"表格"下拉按钮中的选项,可以插入表格、绘制表格,插入 Excel 电子表格等。

②插入图表

单击"插入"→"插图"组→"图表"命令,打开"插入图表"对话框,如图 4-8 所示,选择图表类型,例如,选择"柱形图",出现如图 4-9 所示的效果,在工作表中将占位符数据替换成相应的数据,完成后关闭工作表。

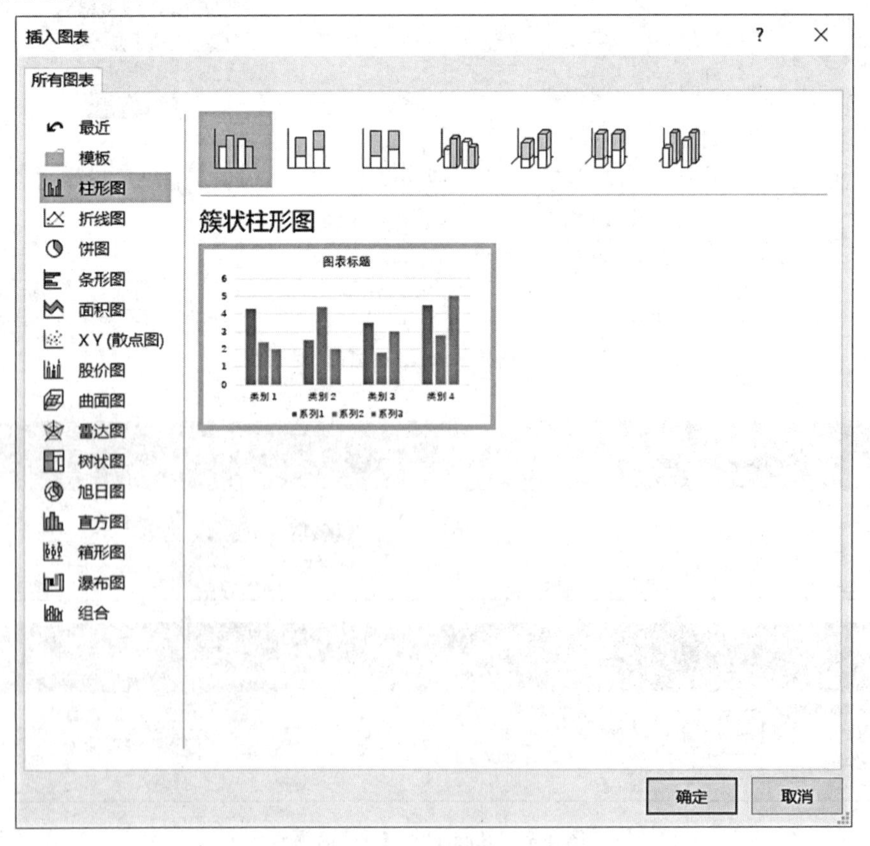


图 4-8 "插入图表"对话框

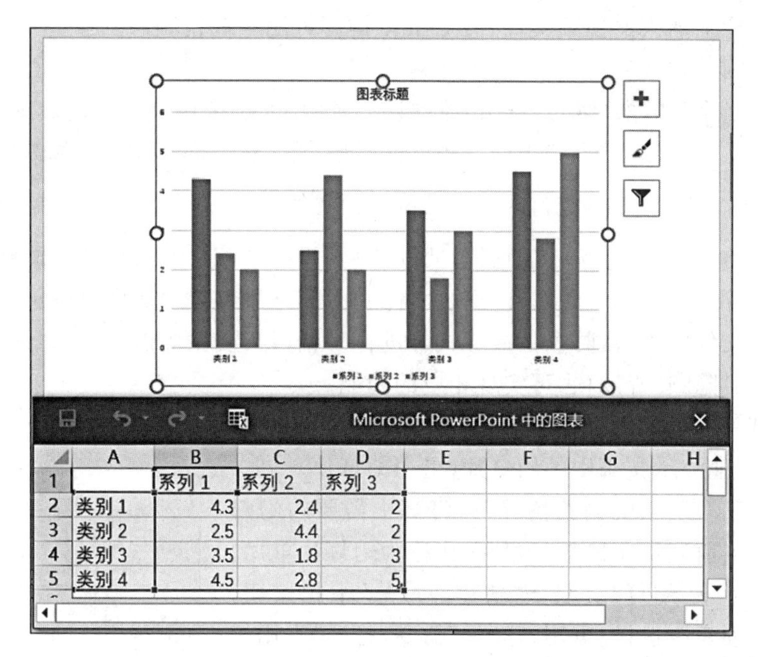


**图 4-9　编辑图表**

提示：当插入图表时，其右上角的"图表元素"按钮可添加、删除或更改图表元素（如标题、图例、网格线和数据标签）。"图表样式"按钮可设置图表的样式和配色方案。"图表筛选器"按钮可编辑在图表上显示哪些数据。

(5)插入视频

在当前幻灯片上单击"插入"→"媒体"组→"视频"下拉按钮，可以选择"联机视频"或"PC 上的视频"选项。如果要插入本地视频，选择"PC 上的视频"，打开"插入视频文件"对话框，选择需要的视频文件，单击"插入"按钮，即可将该视频文件插入到当前幻灯片中。如果要插入网络视频，选择"联机视频"。

选择幻灯片上插入的视频文件，通过"视频工具"→"格式"/"播放"选项卡中的命令可以对插入的视频文件的外观样式、播放方式等进行设置，如图 4-10 所示。

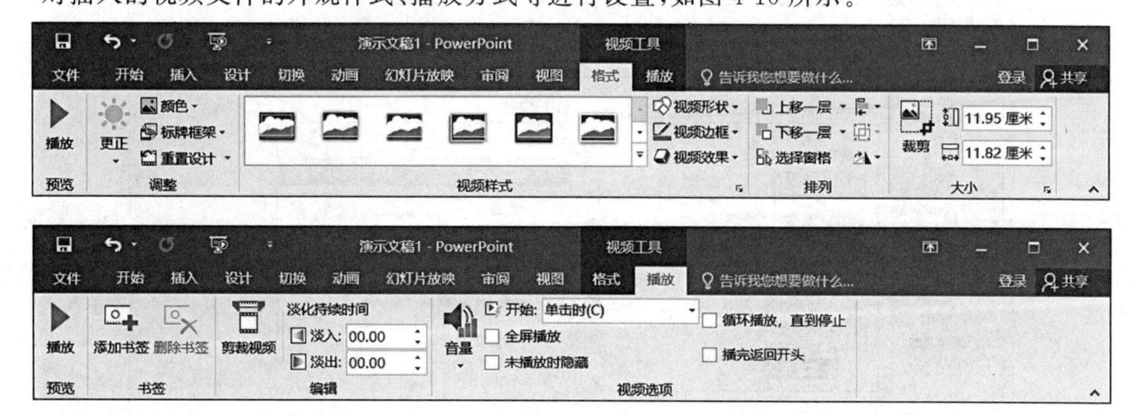


**图 4-10　"视频工具"选项卡**

选择幻灯片上插入的视频文件，按 Delete 键即可删除该视频。

(6)插入音频

在当前幻灯片上单击“插入”→“媒体”组→“音频”下拉按钮，可以选择“PC 上的音频”或“录制音频”选项。如果选择“PC 上的音频”，将打开“插入音频”对话框，选择需要的音频文件，单击“插入”按钮，即可在当前幻灯片中插入该音频文件，在幻灯片上显示为 图标。如果选择“录制音频”，将打开“录制声音”对话框，录制完成后，将在当前幻灯片中插入录制的音频文件。

选择幻灯片上插入的音频文件，通过“音频工具”→“格式”/“播放”选项卡中的命令可以对插入的音频文件的外观样式、播放方式等进行设置，勾选“循环播放，直到停止”“播放返回开头”“未播放时隐藏”等选项，可实现相应的功能。

选择幻灯片上插入的音频图标，按 Delete 键即可删除该音频。

(7)插入其他演示文稿中的幻灯片(重用幻灯片)

在不打开某个演示文稿的情况下，将其中需要的幻灯片复制粘贴到当前演示文稿中，这种操作称为幻灯片重用。

单击“开始”→“幻灯片”组→“新建幻灯片”下拉按钮，在打开的下拉列表中选择“重用幻灯片”命令，打开“重用幻灯片”任务窗格，如图 4-11 所示，单击“浏览”右侧的下拉按钮，在打开的下拉列表中选择“浏览文件”命令，打开“浏览”对话框，选择需重用的演示文稿的路径及文件名，在“重用幻灯片”窗格中出现该演示文稿每张幻灯片的缩略图，单击需重用的幻灯片缩略图即可将选中的幻灯片插入当前演示文稿中，如果要保留源格式，可以勾选“保留源格式”。

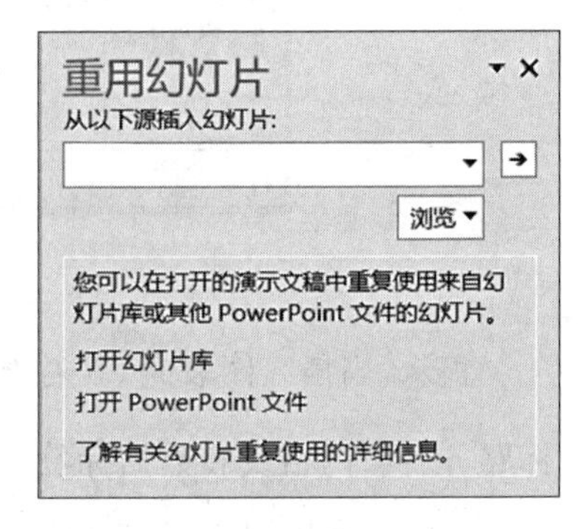


图 4-11 “重用幻灯片”窗格

(8)插入超链接

①使用“超链接”命令创建超链接

选择要进行链接的对象，单击“插入”→“链接”组→“超链接”命令，打开“插入超链接”对话框，如图 4-12 所示，可建立与本演示文稿中不同的幻灯片、其他文件或网页的链接。

创建了超链接的对象在幻灯片播放时，鼠标移动到该对象上呈现为手形，单击对象即可链接到设定的目标。

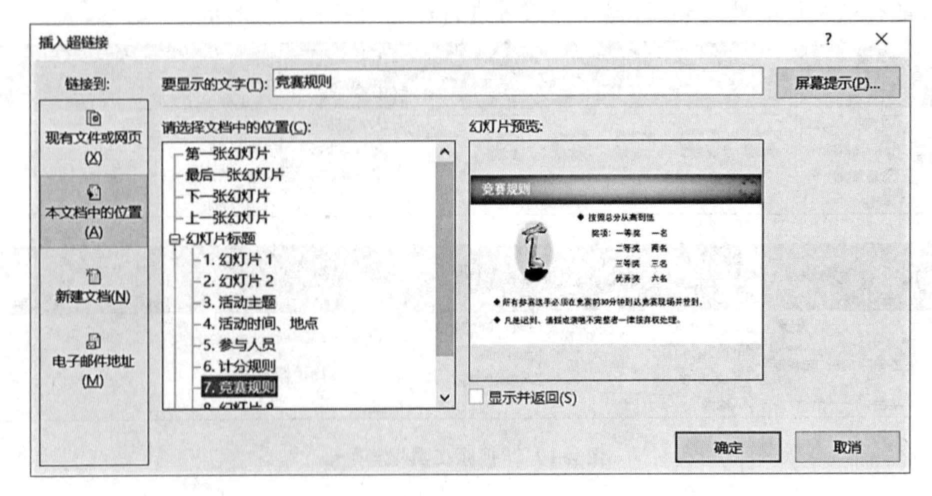


图 4-12 “插入超链接”对话框

②设置动作按钮

单击“插入”→“插图”组→“形状”下拉按钮，在打开的下拉列表中选择需要插入的动作按钮，如图 4-13 所示，在当前幻灯片上鼠标呈现为实心的“十”字，按住鼠标左键拖动鼠标即可绘制选择的动作按钮，插入动作按钮后将自动打开“操作设置”对话框，如图 4-14 所示，在对话框中可设置动作按钮的超链接。

图 4-13　动作按钮区

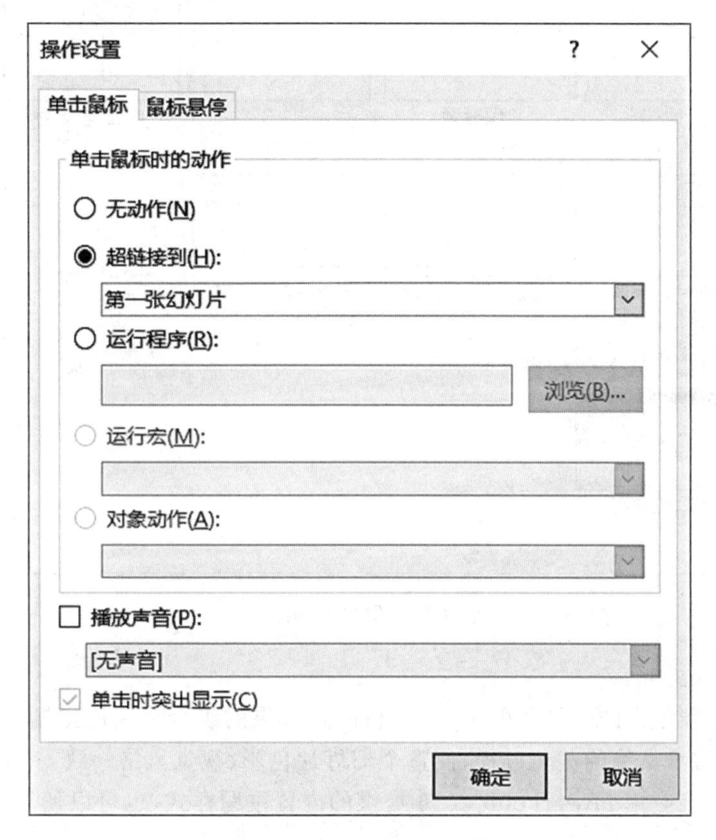


图 4-14　“操作设置”对话框

## 知识点 7：幻灯片的外观设计

(1)幻灯片的版式

幻灯片的版式是指幻灯片的内容在幻灯片上的排列方式，版式由占位符组成。

选择需要更改版式的幻灯片，单击“开始”→“幻灯片”组→“版式”下拉按钮，用户可根据需要选择不同的版式，如图 4-15 所示，单击相应的版式即可将该版式应用于当前幻灯片。

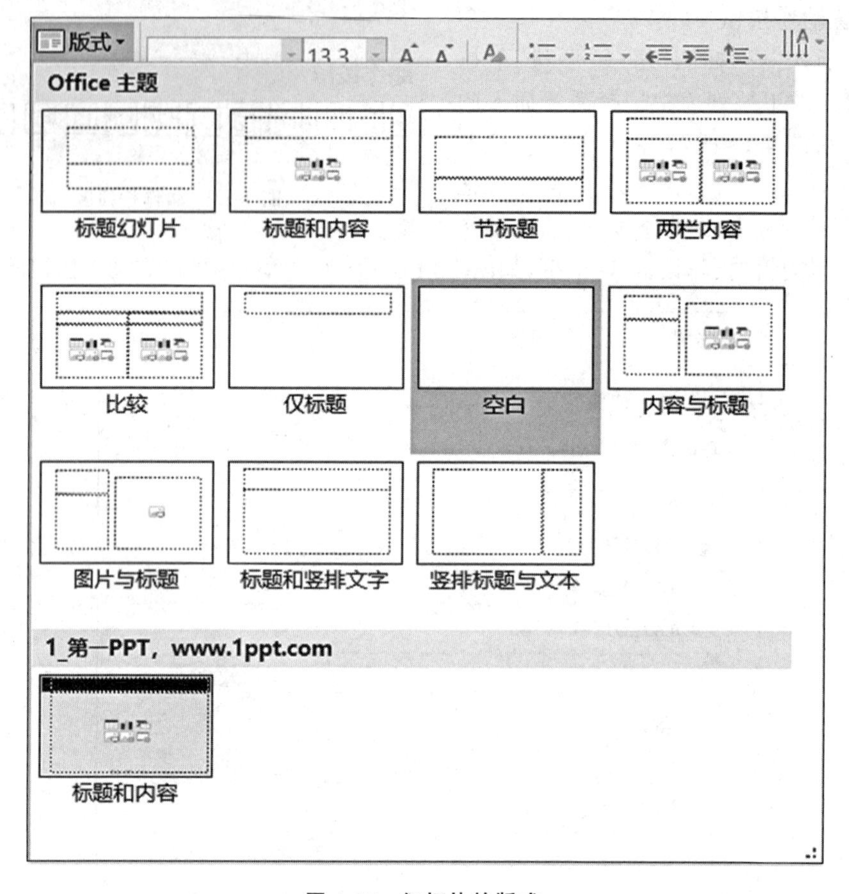


图 4-15　幻灯片的版式

(2)幻灯片的主题

主题是一组预定义的幻灯片颜色、字体和视觉效果的组合。利用主题可以实现统一专业的风格，简化演示文稿的美化过程，使整个幻灯片色彩、视觉风格一致，易于阅读。

用户可以直接应用 PowerPoint 2016 提供的内置主题样式，也可以使用外部主题，还可以修改主题。

①应用内置主题

单击“设计”→“主题”组右侧的下拉按钮，选择一种内置主题，即可应用该主题。

②应用外部主题

单击“设计”→“主题”组右侧的下拉按钮，单击“浏览主题”，如图 4-16 所示，打开“选择主题或主题文档”对话框，选择需要应用的外部主题文件，单击“打开”按钮即可应用该主题。

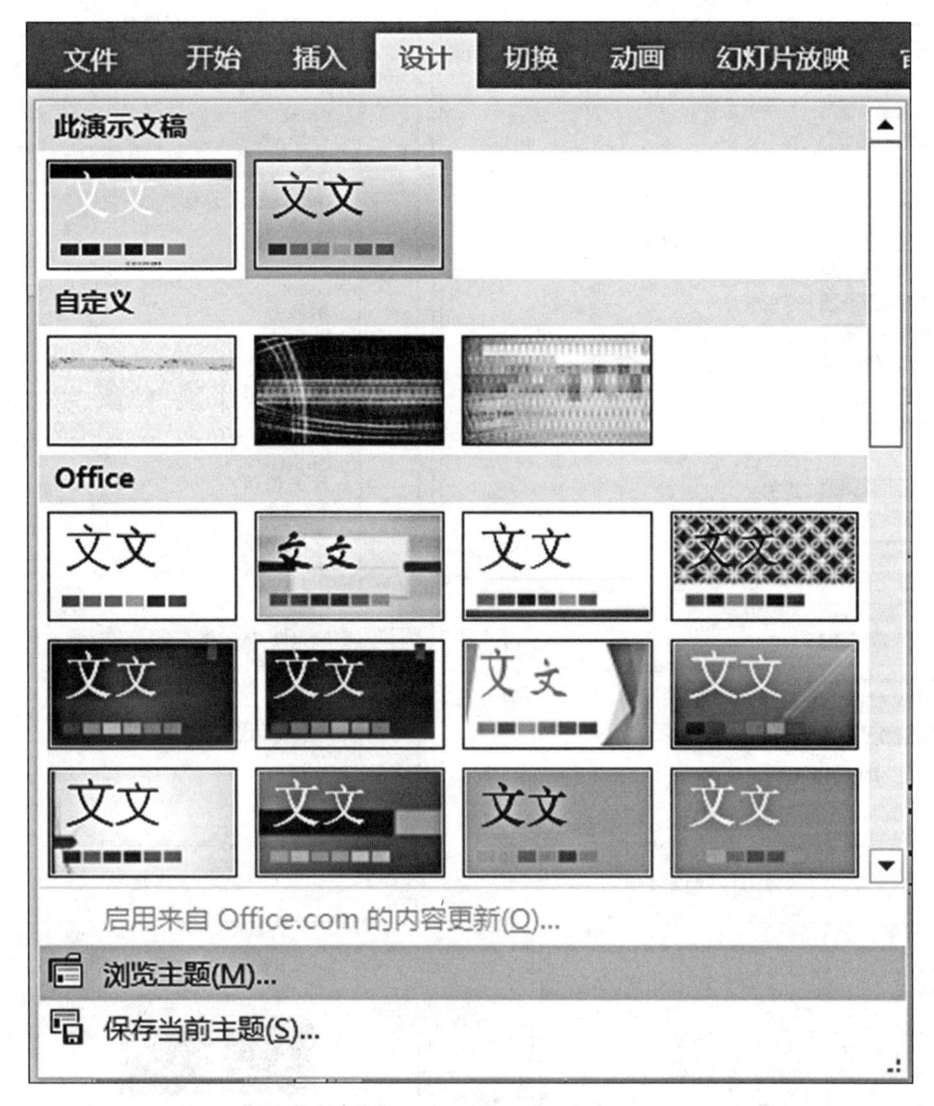


图 4-16　主题样式列表

③保存主题

如果某个幻灯片作品的主题希望长期使用，可以通过“保存当前主题”选项保存为自定义主题。

④修改主题

单击“设计”→“变体”组右侧的下拉按钮，可对主题的“颜色”“字体”“效果”“背景样式”等选项进行调整，改变演示文稿的设计效果，如图 4-17 所示。

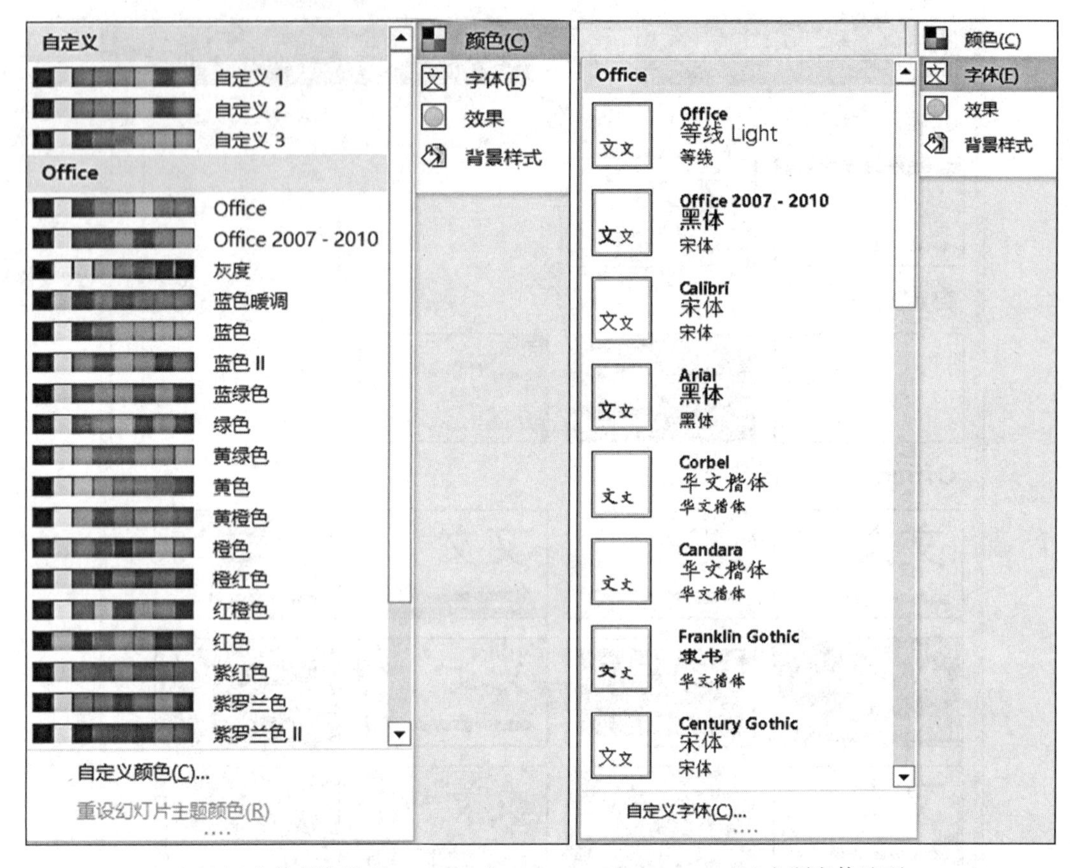


(a)主体颜色选项　　　　(b)主题字体选项

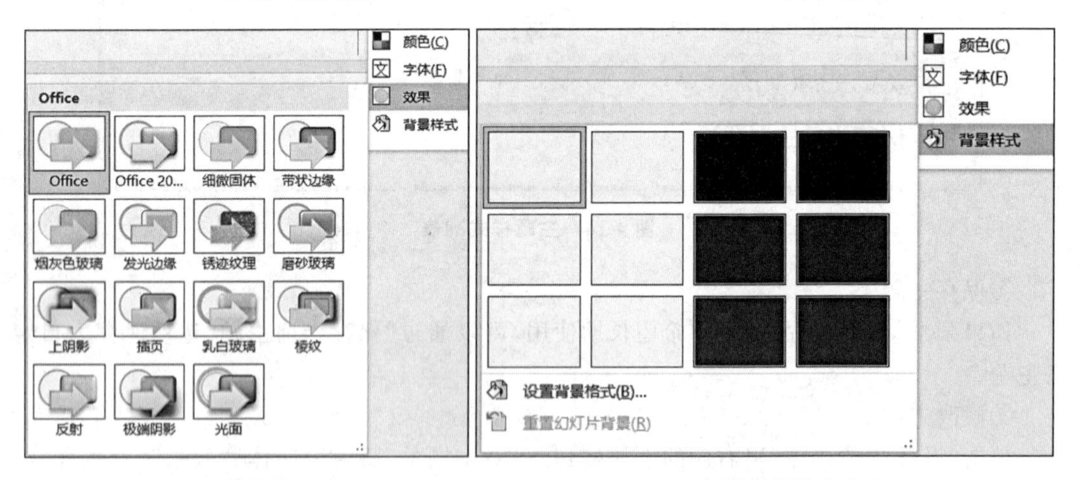


(c)主体效果选项　　　　(d)主题背景样式选项

**图 4-17　主题修改选项**

(3)幻灯片的背景

设置幻灯片的背景主要是为了美化幻灯片。单击“设计”→“自定义”组→“设置背景格式”命令,打开“设置背景格式”窗格,如图 4-18 所示,用户可以将幻灯片的背景设置不同的填充方式(包括纯色、渐变、图片或纹理、图案等填充方式),并设定背景格式是否应用于整个演示文稿。

图 4-18　“设置背景格式”任务窗格

(4)幻灯片的母版

若要使所有的幻灯片包含相同的字体和图像(如徽标、Logo),可以使用母版。幻灯片母版设置了占位符,在占位符中可以放置标题文本、图表、表格和图片等,用户可以在母版中对这些对象的大小和位置、背景、配色方案等进行相应的设置,母版中的设置将应用到所有幻灯片中。PowerPoint 2016 母版分为幻灯片母版、讲义母版和备注母版三种类型。

①幻灯片母版

幻灯片母版是母版中最常用的。单击“视图”→“母版视图”组→“幻灯片母版”命令,打开“幻灯片母版”视图进行相应设置,如图 4-19 所示。编辑完成后单击“关闭母版视图”按钮,退出幻灯片母版编辑状态。

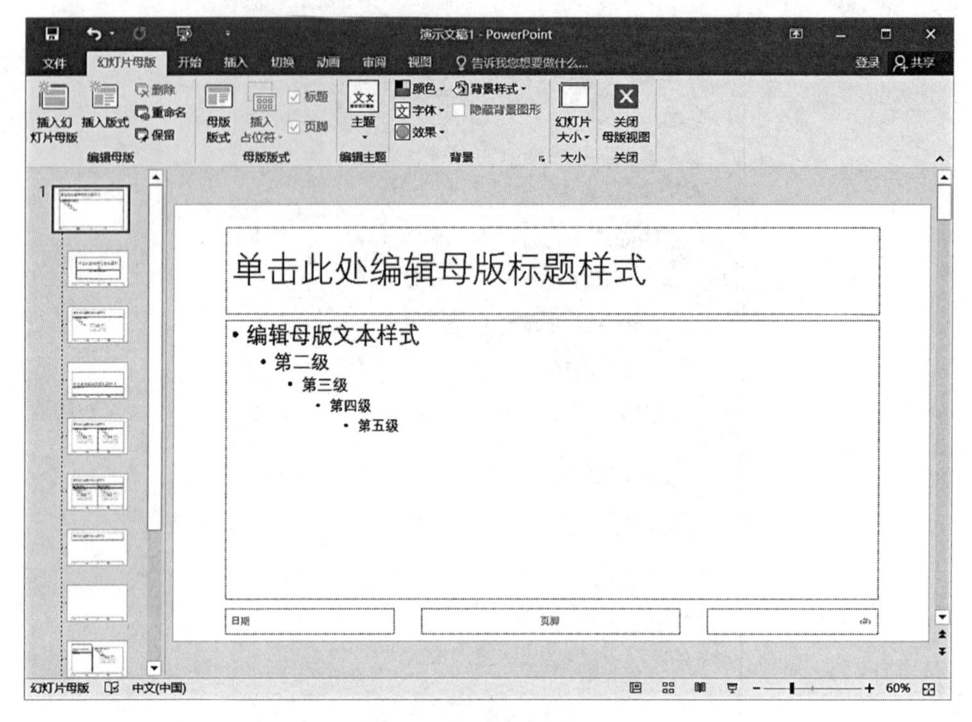


**图 4-19　幻灯片母版**

②讲义母版

单击“视图”→“母版视图”组→“讲义母版”命令，打开“讲义母版”视图，在此视图下可以进行页面、占位符、编辑主题、背景等设置，如图 4-20 所示，编辑完成后单击“关闭母版视图”按钮，退出讲义母版编辑状态。

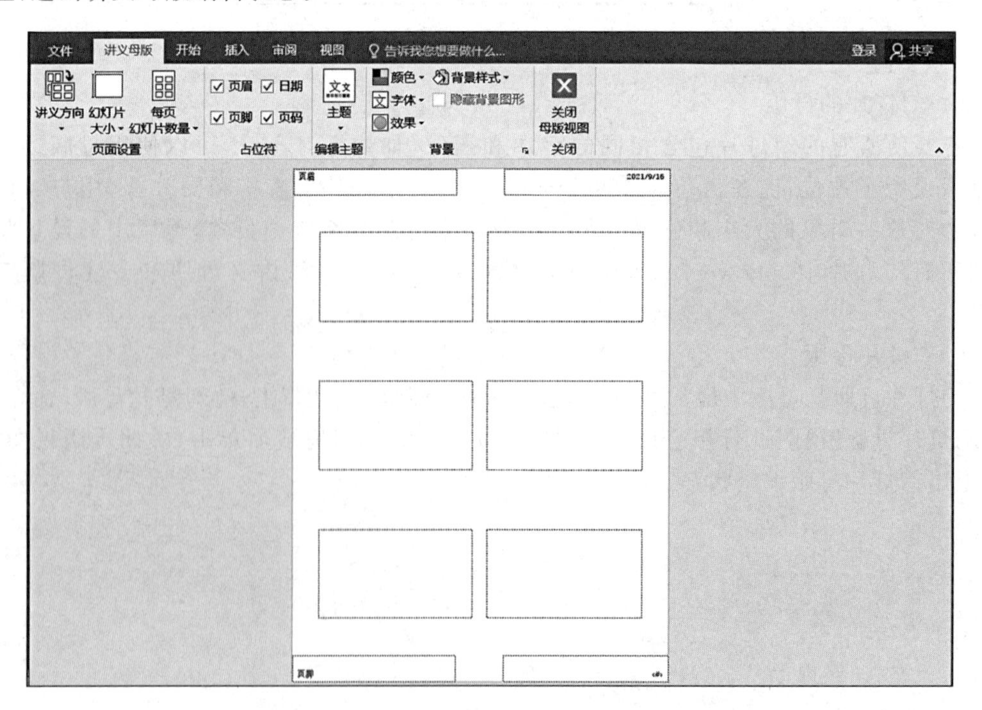


**图 4-20　讲义母版**

③备注母版

单击“视图”→“母版视图”组→“备注母版”命令，打开“备注母版”视图进行页面、占位符、编辑主题、背景等设置，编辑完成后单击“关闭母版视图”按钮，退出备注母版编辑状态。

## 知识点 8：演示文稿的动画效果

(1)添加动画

对幻灯片中的文本、图片、形状、表格、SmartArt 图形等对象设置演示文稿播放时的动画效果，增强演示文稿的动感与美感。

选择幻灯片中的对象，单击“动画”→“动画”组右侧的下拉按钮，可以为选择的对象设置进入、强调、退出或动作路径动画，动画类型如图 4-21 所示，单击底部的“更多进入效果”、“更多强调效果”、“更多退出效果”和“其他动作路径”命令，可以打开对应的对话框，如图 4-22 所示。

图 4-21　“添加动画”下拉列表

(a)"更改进入效果"对话框　　(b)"添加强调效果"对话框

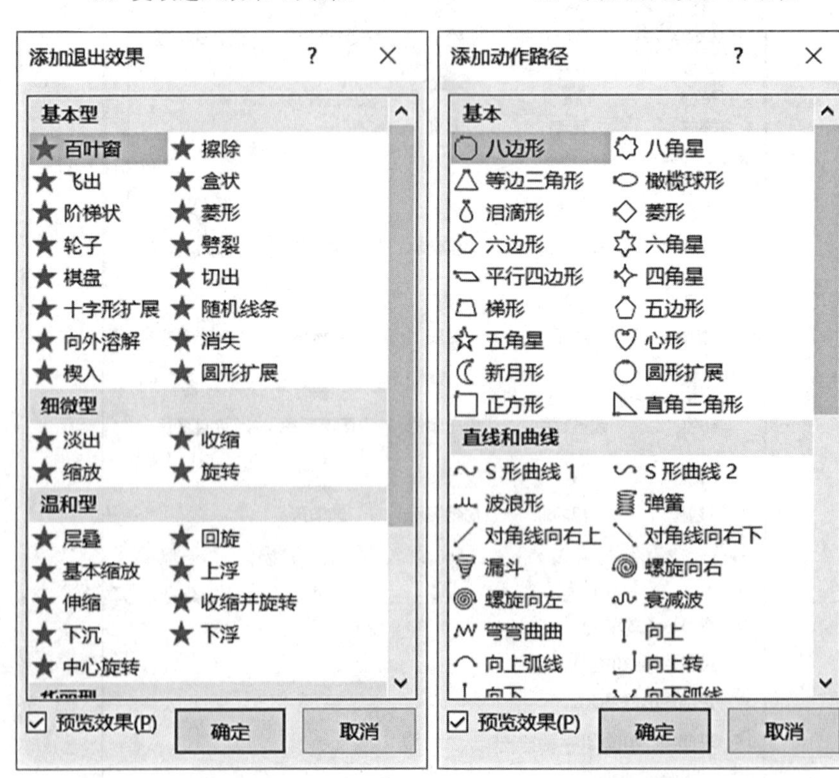


(c)"添加退出效果"对话框　　(d)"添加动作路径"对话框

图 4-22　为选择的对象设置进入、强调、退出或动作路径动画

选择添加了动画的对象，单击“动画”→“动画”组→“效果选项”下拉按钮，选择下拉列表中的命令可对该动画设置效果选项；在“动画”→“计时”组中可设置动画开始的方式、持续时间、延迟等；单击“动画”→“预览”组→“预览”命令，可以对幻灯片进行预览放映，查看动画播放的效果；设置了动画效果的对象旁会出现数字标识，数字顺序代表播放动画的顺序。

当添加了多个动画时还可以在“动画窗格”中调整每个动画出现的顺序、动画开始的方式、持续时间及延迟等，如图 4-23 所示。

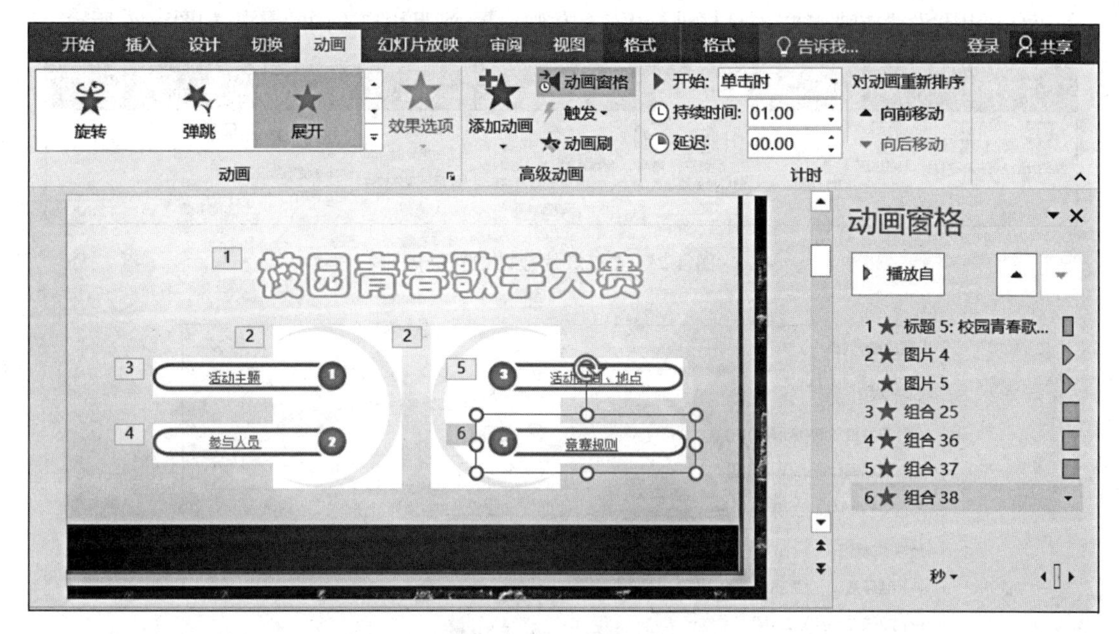


图 4-23　动画窗格

(2)幻灯片切换动画

幻灯片的切换效果指演示文稿放映时幻灯片进入和离开播放画面时的整体效果，使用幻灯片的切换动画可以使幻灯片播放时幻灯片之间的过渡衔接更加自然流畅。图 4-24 是幻灯片“切换”选项卡，在“切换”选项卡中可以设置幻灯片的切换属性。

图 4-24　幻灯片“切换”选项卡

提示：设置动画及幻灯片的切换效果要根据演示文稿整体的风格和内容进行锦上添花的设计，切忌添加过多的动画和令人眼花缭乱的切换方式喧宾夺主，分散观众的注意力。

## 知识点 9:演示文稿的放映、输出与打印

一个演示文稿创建编辑完成后,可以根据演讲的用途、播放的环境及观众的需求,选择不同的放映和输出方式。

(1)幻灯片放映方式设置

放映方式可以选择从头开始、从当前幻灯片开始、联机演示、自定义放映等方式,如图 4-25 所示。可以利用“设置放映方式”对话框进行相应的放映设置,满足用户不同的需求,如图 4-26 所示。

图 4-25 “幻灯片放映”选项卡

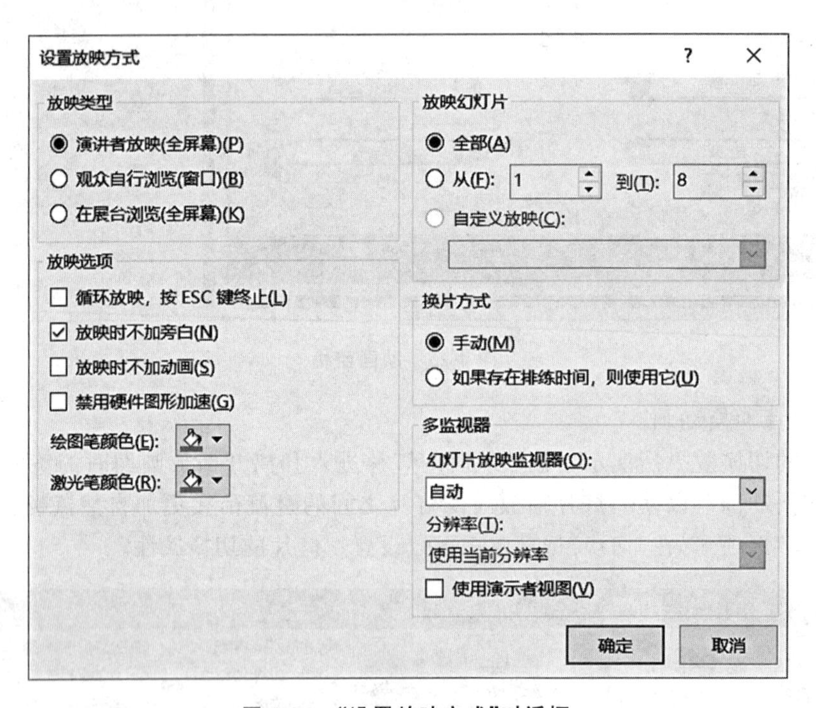


图 4-26 “设置放映方式”对话框

(2)排练计时

用户可在演示文稿正式演示前先进行一次模拟讲演,一边播放幻灯片一边根据实际需要进行讲解,让软件将每张幻灯片上所用的时间都记录下来,放映到最后一张时,屏幕上会出现确认消息框,如图 4-27 所示,询问是否

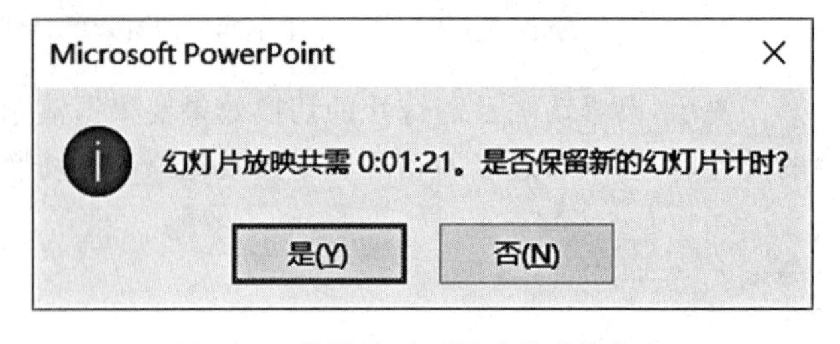


图 4-27 排练计时时间确认消息框

接受排练时间，选择“是”，幻灯片的排练计时就完成了。在“设置放映方式”对话框中，选择“如果存在排练时间，则使用它”命令，在演示文稿播放时将按照排练的时间自动放映。

(3)演示文稿的输出

演示文稿制作完成后，单击“文件”→“另存为”→“浏览”命令，打开“另存为”对话框，指定文件保存的路径，输入文件名，可以保存文件；或者单击“文件”→“导出”命令，文件导出的类型可以是 PPTX 文件、PDF/XPS 文档、视频、打包成 CD、讲义等多种形式，如图 4-28 所示。

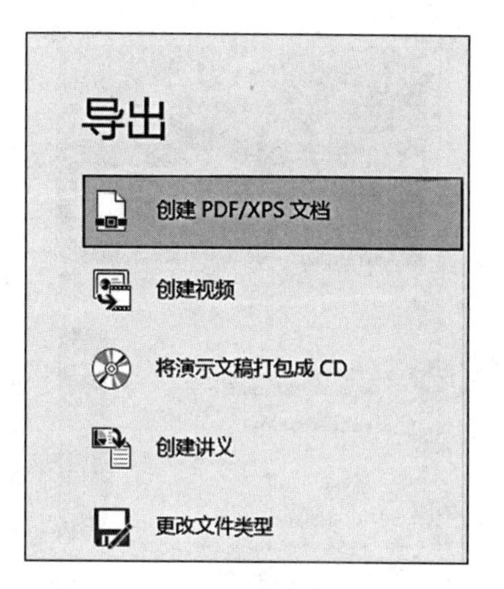


图 4-28　“导出”选项卡

(4)演示文稿的打印

演示文稿可以打印输出，单击“文件”→“打印”命令，在中部打印窗格中对打印参数进行设置，在右侧窗格中可以预览打印效果，单击“打印”按钮，完成打印操作。

## 4.2　PowerPoint 2016 基本操作

### 实验 4-1　演示文稿的创建与编辑

实验目的

1. 掌握演示文稿的建立和保存；
2. 掌握演示文稿的编辑及对象(图片、SmartArt 图形、艺术字、音频)的插入；
3. 掌握演示文稿母版的应用；
4. 掌握演示文稿的外观设计。

实验内容

某高校将要举行校园青春歌手大赛，组织者需要制作一份演示文稿展示大赛的相关信息与竞赛规则。完成的演示文稿效果如图 4-29 所示。

1. 下载实验项目 4 实验 4-1 的素材，新建演示文稿，进行以下操作，完成第 1 张幻灯片的制作。

①创建新的演示文稿。

②为第 1 张标题幻灯片设置背景，图片为“首页背景 1.jpg”。

③在标题占位符中输入文字“校园青春歌手大赛”，文字设置为黑体、加粗、66 磅、橙色。

④插入艺术字“青春”，设置为 Logo。

⑤插入橙色填充的圆角矩形，在其中输入文字“××大学”，文字设置为微软雅黑、20 磅、加粗、黑色(RGB(0,0,0))。

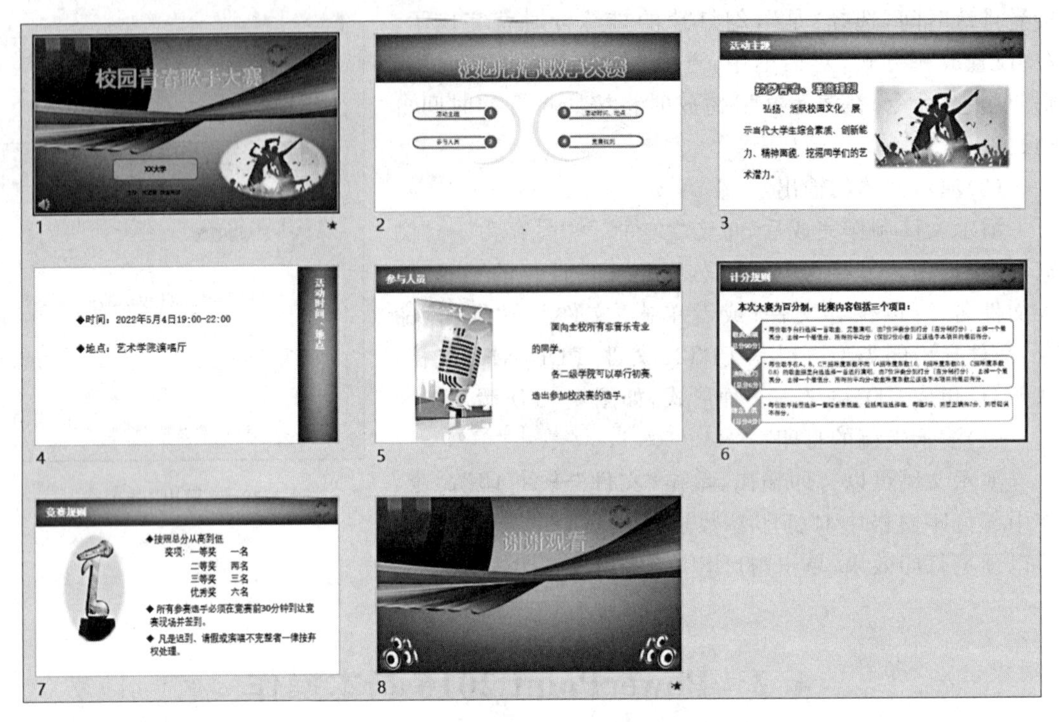


图 4-29 “校园青春歌手大赛 1”演示文稿样张

⑥插入文本框，输入文字“主办：校团委校宣传部”，文字设置为微软雅黑、16 磅、黑色(RGB(0,0,0))。

⑦插入图片“唱歌.bmp”，缩小为原尺寸的 77%，图片样式设置为“柔化边缘椭圆”。

⑧插入音频“背景音乐.wma”，自动播放，设置为循环播放，直到停止及放映时隐藏。

2. 进行以下操作，完成第 2 张幻灯片的制作。

①新建空白幻灯片。

②在该幻灯片的上部插入图片“蓝色背景 2.jpg”，宽度不变，高度缩小为原尺寸的 27%。

③复制第 1 张幻灯片中的标题，文字设置为华文彩云、加粗、66 磅、橙色。

④插入图片“素材 2-1.jpg”和“素材 2-2.jpg”；在图片区添加标号“1”“2”“3”“4”，设置为等线、加粗、18 磅、白色；插入文字“活动主题”“活动时间、地点”“参与人员”“竞赛规则”，设置为宋体、18 磅。

3. 进行以下操作，完成第 3 张幻灯片的制作。

①修改幻灯片母版中的“两栏内容”版式幻灯片。

◇在幻灯片母版的“两栏内容”版式中插入图片“蓝色背景 2.jpg”，宽度不变，高度缩小为原尺寸的 15%，置于幻灯片的上部。

◇设置标题占位符里的文字格式：黑体、加粗、32 磅、白色。

◇复制首页幻灯片中的“青春”Logo 放置于幻灯片的右上角。

②新建版式为“两栏内容”的幻灯片，并完成以下操作。

◇在标题位置输入文字“活动主题”。

◇在幻灯片的左侧插入以下文字：

筑梦青春、洋溢理想(设置为华文彩云、加粗、36 磅、红色)

弘扬、活跃校园文化,展示当代大学生综合素质、创新能力、精神面貌,挖掘同学们的艺术潜力。[设置为等线、28 磅、黑色(RGB(0,0,0)),段落间距为 2 倍行距。]

◇在幻灯片的右侧插入图片“唱歌.jpg”,图片样式设置为“柔化边缘矩形”。

4. 进行以下操作,完成第 4 张幻灯片的制作。

①修改幻灯片母版中的“竖排标题与文本”版式幻灯片。

◇插入图片“蓝色背景 2.jpg”,图片旋转 90°,缩放高度 24%,缩放宽度 56%,图片放置于幻灯片的右部。

◇设置标题占位符里的文字格式:黑体、加粗、32 磅、白色。

②新建版式为“竖排标题与文本”的幻灯片,并完成以下操作。

◇在标题占位符插入文字“活动时间、地点”。

◇在左侧的文本框输入以下文字:

时间:2022 年 5 月 4 日 19:00—22:00

地点:艺术学院演唱厅

文字设置为宋体、32 磅、2 倍行距,将竖排文本设置为横排文字,更改项目符号为“◆”。

5. 进行以下操作,完成第 5 张幻灯片的制作。

①新建版式为“两栏内容”的幻灯片。

②标题为“参与人员”。

③左侧栏插入图片“话筒 1.jpg”,图片样式设置为“映像右透视”。

④右侧栏输入以下文本:

面向全校所有非音乐专业的同学。

各二级学院可以举行初赛,选出参加校决赛的选手。

去除文字的项目符号,将文字格式设置为等线、28 磅、2 倍行距。

6. 进行以下操作,完成第 6 张幻灯片的制作。

①新建版式为“两栏内容”的幻灯片。

②标题为“计分规则”。

③插入横排文本框,输入文字“本次大赛为百分制,比赛内容包括三个项目:”,字号 28 磅,加粗。

④插入 SmartArt 图形,选择“垂直 V 形列表”,格式为“彩色-个性色 1”,插入素材中“SmartArt 图形中的文本.docx”文件中的文字到 SmartArt 图形中。

7. 进行以下操作,完成第 7 张幻灯片的制作。

①复制第 5 张幻灯片成为第 7 张幻灯片,修改该幻灯片标题文字为“竞赛规则”。

②删除修改幻灯片左侧话筒图片,插入图片“话筒 2.jpg”,将图片水平翻转。

③将右侧的文字修改为:

按照总分从高到低

奖项:一等奖　一名

　　　二等奖　两名

　　　三等奖　三名

　　　优秀奖　六名

所有参赛选手必须在竞赛前 30 分钟到达竞赛现场并签到。

凡是迟到、请假或演唱不完整者一律按弃权处理。

对文字添加项目符号“◆”,字号设置为 28 磅,1.2 倍行距。

8. 进行以下操作,完成第 8 张幻灯片的制作。

①复制第 1 张幻灯片成为第 8 张幻灯片。

②修改标题文字为“谢谢观看”。

③删除幻灯片上的其他文字以及右下部图片。

④插入图片“喇叭.jpg”,放置于幻灯片左下角,复制该图片,水平翻转,放置于幻灯片右下角。

9. 将文件另存为“校园青春歌手大赛 1. pptx”文件。

实验步骤

1. 下载实验项目 4 实验 4-1 的素材,新建演示文稿,进行以下操作,完成第 1 张幻灯片的制作。

①创建新的演示文稿。

②为第 1 张的标题幻灯片设置背景,图片为“首页背景 1. jpg”。

③在标题占位符中输入文字“校园青春歌手大赛”,文字设置为黑体、加粗、66 磅、橙色。

④插入艺术字“青春”,设置为 Logo。

⑤插入橙色填充的圆角矩形,在其中输入文字“××大学”,文字设置为微软雅黑、20 磅、加粗、黑色(RGB(0,0,0))。

⑥插入文本框,输入文字“主办:校团委校宣传部”,文字设置为微软雅黑、16 磅、黑色(RGB(0,0,0))。

⑦插入图片“唱歌.bmp”,缩小为原尺寸的 77%,图片样式设置为“柔化边缘椭圆”。

⑧插入音频“背景音乐.wma”,自动播放,设置为循环播放,直到停止及放映时隐藏。

完成的效果如图 4-30 所示。

图 4-30　第 1 张幻灯片样张

步骤(1)：下载实验项目 4 实验 4-1 素材文件，启动 PowerPoint 2016，单击“空白演示文稿”按钮，创建新的演示文稿。

步骤(2)：单击“设计”→“自定义”组→“设置背景格式”命令，打开“设置背景格式”窗格，在“填充”中选择“图片或纹理填充”命令，单击“插入图片来自”下的“文件”按钮，打开“插入图片”对话框，找到下载图片的路径，选择“首页背景 1.jpg”文件，单击“插入”按钮，完成首页背景的设置。

步骤(3)：在标题占位符输入文字“校园青春歌手大赛”，选择文字，在“开始”→“字体”组中，将文字设置为黑体、加粗、66 磅、橙色。

步骤(4)：单击“插入”→“文本”组→“艺术字”→选择“填充金色、主题 4、软棱台”(第 1 行第 5 列)的艺术字样式，输入文字“青春”，选择插入的艺术字，单击“绘图工具”→“格式”→“艺术字样式”组→“文本效果”→“转换”→“不规则圆”命令；选择艺术字文字，单击“艺术字样式”组→“文本填充”→“其他颜色填充”命令，设置颜色为 RGB(186，16，58)，如图 4-31 所示，或者采用“取色器”吸管工具在页面吸取合适的颜色进行字体颜色的填充。

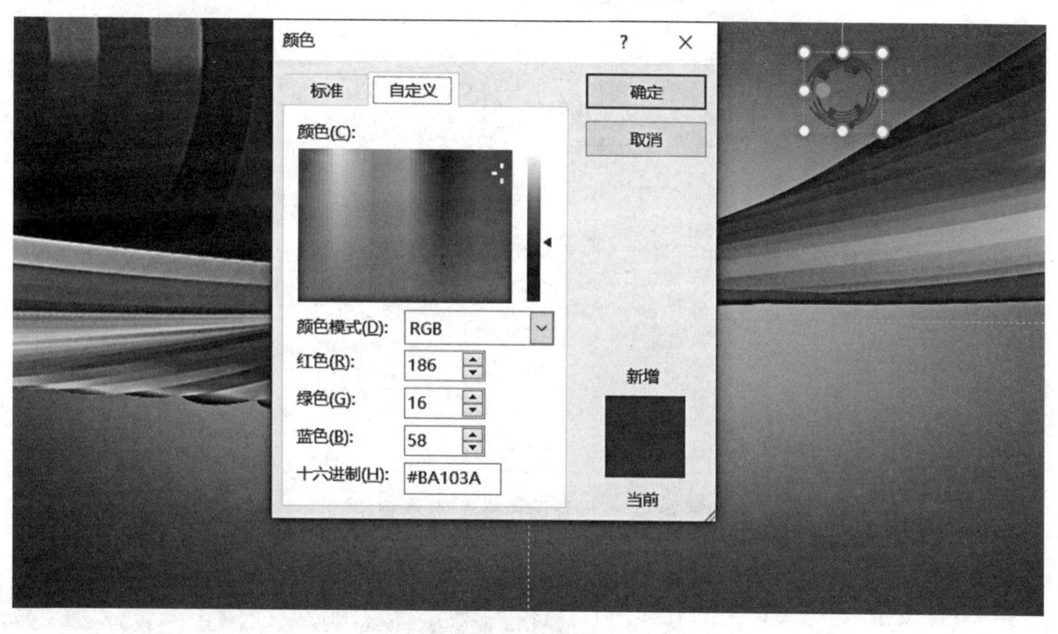


图 4-31　插入艺术字制作 Logo

步骤(5)：单击“插入”→“插图”组→“形状”→“矩形：圆角”命令，鼠标呈现实心“十”字，按住鼠标左键拖拽鼠标在幻灯片上绘制一个圆角矩形，选择圆角矩形，单击“绘图工具”→“格式”→“形状样式”组→“形状填充”，选择橙色进行填充或采用“取色器”吸管工具吸取标题“校园青春歌手大赛”文字的颜色进行填充，右击圆角矩形，单击快捷菜单中的“编辑文字”命令，输入“××大学”，选择文字，在“开始”→“字体”组中，将字体设置为微软雅黑、加粗、20 磅、黑色(RGB(0，0，0))。

步骤(6)：单击“插入”→“文本”组→“文本框”下拉按钮，选择“横排文本框”命令，用鼠标在幻灯片上绘制一个文本框，输入文字“主办：校团委校宣传部”，选择文字，在“开始”→“字体”组中，将文字设置为微软雅黑、16 磅、黑色(RGB(0，0，0))。

步骤(7):单击“插入”→“图像”组→“图片”→“此设备”命令,打开“插入图片”对话框,找到下载素材的路径,选择“唱歌.bmp”文件,单击“插入”按钮插入图片;选择图片,单击“图片工具”→“格式”→“大小”组右下角对话框启动器按钮,打开“设置图片格式”任务窗格,勾选“锁定纵横比”及“相对于图片原始尺寸”,缩小为原尺寸的77%,如图4-32所示,在“图片样式”组中单击“柔化边缘椭圆”命令,完成的效果如图4-30所示。

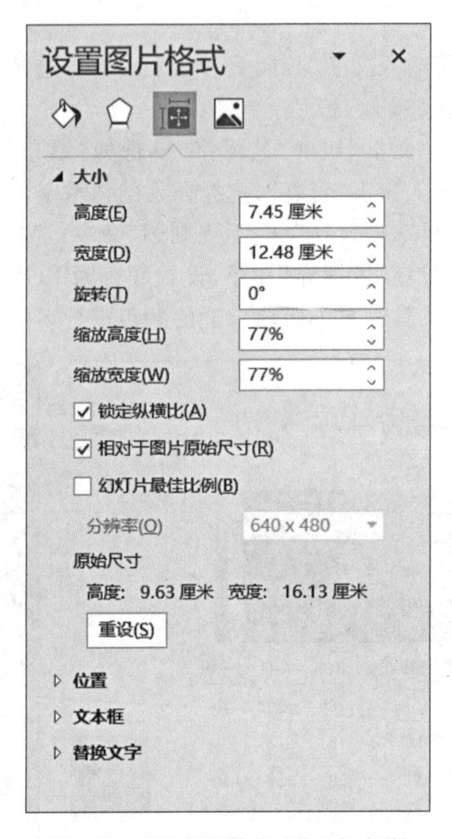


图 4-32 “设置图片格式”任务窗格

步骤(8):单击“插入”→“媒体”组→“音频”下拉按钮,选择“PC上的音频”命令,在打开的“插入音频”对话框中,找到下载素材的路径,选择“背景音乐.wma”文件,单击“确定”按钮,此时幻灯片中出现灰色小喇叭图标和声音工具栏,将小喇叭图标拖至左下角;选择小喇叭图标,在“音频工具”→“播放”→“音频选项”组中勾选“循环播放,直到停止”和“放映时隐藏”,“开始”选择“自动”,如图4-33所示。

图 4-33 音频播放选项卡

2. 进行以下操作,完成第2张幻灯片的制作。

①新建空白幻灯片。

②在该幻灯片的上部插入图片“蓝色背景 2. jpg”，宽度不变，高度缩小为原尺寸的 27%。

③复制第 1 张幻灯片中的标题，文字设置为华文彩云、加粗、66 磅、橙色。

④插入图片“素材 2-1. jpg”和“素材 2-2. jpg”；在图片区添加标号“1”“2”“3”“4”，设置为等线、加粗、18 磅、白色；插入文字“活动主题”“活动时间、地点”“参与人员”“竞赛规则”，设置为宋体、18 磅。

完成的幻灯片效果如图 4-34 所示。

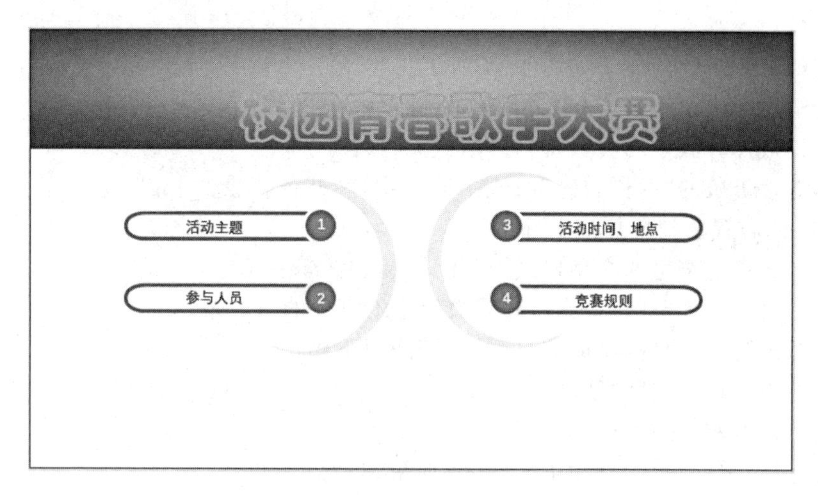


图 4-34　第 2 张幻灯片样张

步骤(1)：单击“开始”→“幻灯片”组→“新建幻灯片”下拉按钮，选择“空白”命令，新建一张新的空白幻灯片。

步骤(2)：单击“插入”→“图像”组→“图片”→“此设备”命令，打开“插入图片”对话框，找到下载图片的路径，选择“蓝色背景 2. jpg”文件，单击“插入”按钮插入图片；选择图片，单击“图片工具”→“大小”组→“大小和位置”命令，不锁定图片纵横比，宽度不变，高度缩小为原尺寸的 27%，按住鼠标左键拖动图片到幻灯片的上部。

步骤(3)：复制第 1 张幻灯片中的标题“校园青春歌手大赛”，右击第 2 张幻灯片空白处，单击“粘贴”→“使用目标主题”命令，选择文字，在“开始”→“字体”组中，设置为华文彩云、加粗、66 磅、橙色，拖动文字到幻灯片上适合的位置。

步骤(4)：

①单击“插入”→“图像”组→“图片”→“此设备”命令，打开“插入图片”对话框，找到下载素材的路径，选择“素材 2-1. jpg”文件，单击“插入”按钮插入图片，选择图片，按住鼠标左键将图片移动到适合位置；右击图片，在弹出的快捷菜单中单击“复制”命令，在幻灯片空白处右击，在弹出的快捷菜单中单击“粘贴”命令复制一张图片，右击复制的图片，单击“图片工具”→“格式”→“排列”组→“旋转”下拉按钮，选择“水平翻转”命令，将翻转后的图片拖动到合适的位置。

②单击“插入”→“图像”组→“图片”→“此设备”命令，打开“插入图片”对话框，找到下载素材的路径，选择“素材 2-2. jpg”文件，单击“插入”按钮插入图片，选择图片，按住鼠标左键将图片移动到适合位置；单击“插入”→“文本”组→“文本框”下拉按钮，选择“横排文本框”命令，用鼠标在幻灯片上绘制一个文本框，输入文字“1”，选择文字，在“开始”→“字体”组中，设置为等线、加粗、18 磅、白色。

③再次插入文本框,输入文字“活动主题”,在“开始”→“字体”组中将文字设置为宋体、18 磅。

④单击文本框“1”,按住键盘上的 Shift 键,再单击文本框“活动主题”及“素材 2-2. jpg”图片,联合选取三个对象,右击联合选取的对象,在弹出的快捷菜单中单击“组合”命令。

⑤利用快捷键 Ctrl+C 复制组合对象,利用快捷键 Ctrl+V 粘贴,修改文字,移动到适合的位置,完成“参与人员”的设计。

⑥再次粘贴,对粘贴的对象进行水平翻转,移动到适合的位置,完成“活动时间、地点”与“竞赛规则”的设计。

第 2 张幻灯片完成的效果如图 4-34 所示。

3. 进行以下操作,完成第 3 张幻灯片的制作。

①修改幻灯片母版中的“两栏内容”版式幻灯片。

◇在幻灯片母版的“两栏内容”版式中插入图片“蓝色背景 2. jpg”,宽度不变,高度缩小为原尺寸的 15%,置于幻灯片的上部。

◇设置标题占位符里的文字格式:黑体、加粗、32 磅、白色。

◇复制首页幻灯片中的“青春”Logo 放置于幻灯片的右上角。

②新建版式为“两栏内容”的幻灯片,并完成以下操作。

◇在标题位置输入文字“活动主题”。

◇在幻灯片的左侧插入以下文字:

筑梦青春、洋溢理想(设置为华文彩云、加粗、36 磅、红色)

弘扬、活跃校园文化,展示当代大学生综合素质、创新能力、精神面貌,挖掘同学们的艺术潜力。[设置为等线、28 磅、黑色(RGB(0,0,0)),段落间距为 2 倍行距。]

◇在幻灯片的右侧插入图片“唱歌.jpg”,图片样式设置为“柔化边缘矩形”。

完成的幻灯片效果如图 4-35 所示。

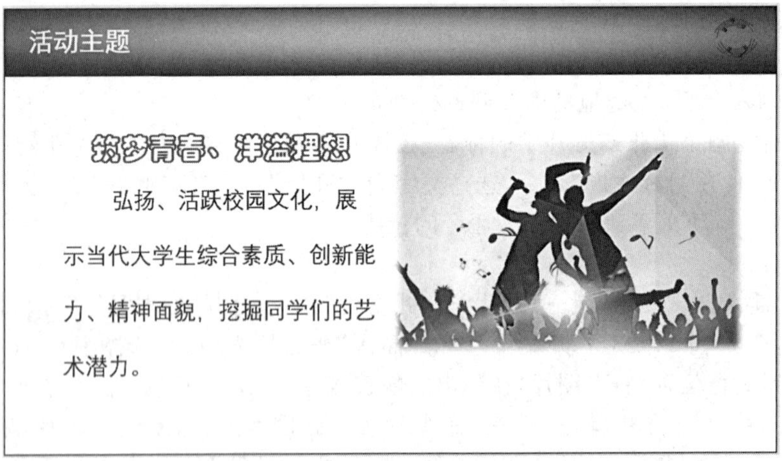

**图 4-35　第 3 张幻灯片样张**

步骤(1):修改幻灯片母版中的“两栏内容”版式幻灯片。

①单击“视图”→“母版视图”组→“幻灯片母版”命令,在左侧列表中单击“两栏内容”,在右侧幻灯片中插入图片“蓝色背景 2. jpg”文件,选择图片,单击“图片工具”→“大小”组→“大小和位置”命令,不锁定图片纵横比,宽度不变,高度缩小为原尺寸的 15%,拖动图片到幻灯片的上部。

②单击标题占位符，在“开始”→“字体”组中设置标题占位符中文字的格式：黑体、加粗、32 磅、白色，拖动标题栏到蓝色图片之上。

③单击“视图”→“演示文稿视图”组→“普通”命令，在左侧列表单击第一张幻灯片，选择艺术字“青春”，右击选择“复制”快捷菜单；单击“视图”→“母版视图”组→“幻灯片母版”命令，在左侧列表中单击“两栏内容”，在右侧幻灯片空白处右击鼠标，在弹出的快捷菜单中单击“粘贴选项”组→“使用目标主题”命令，拖动 Logo 图片到幻灯片的右上角。

④单击“幻灯片母版”→“关闭”组→“关闭母版视图”命令，如图 4-36 所示。

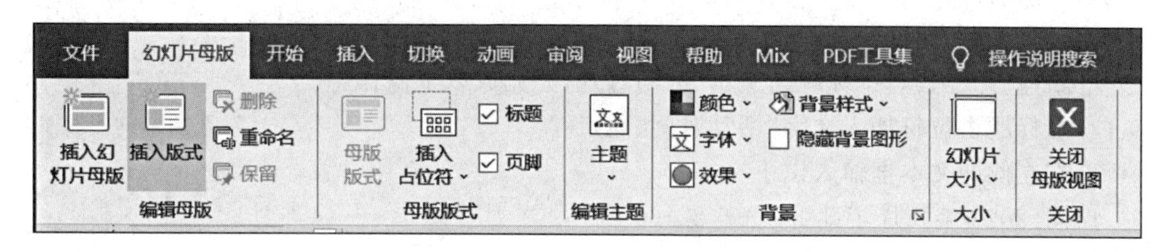


图 4-36　幻灯片母版选项卡

步骤(2)：新建版式为“两栏内容”的幻灯片，并完成以下操作：

①单击“开始”→“幻灯片”组→“新建幻灯片”→“两栏内容”命令，创建一张版式为“两栏内容”的新幻灯片。

②单击幻灯片顶部标题文本框占位符，输入文字“活动主题”，设置采用默认；在左侧文本区输入文字：

筑梦青春、洋溢理想(在“开始”→“字体”组中设置文字格式为：华文彩云、加粗、36 磅、红色)

弘扬、活跃校园文化，展示当代大学生综合素质、创新能力、精神面貌，挖掘同学们的艺术潜力。[在“开始”→“字体”组中设置文字格式为等线、28 磅、黑色(RGB(0,0,0))，单击“开始”→“段落”组→“段落”命令，打开“段落”对话框，选择“2 倍行距”，如图 4-37 所示。]

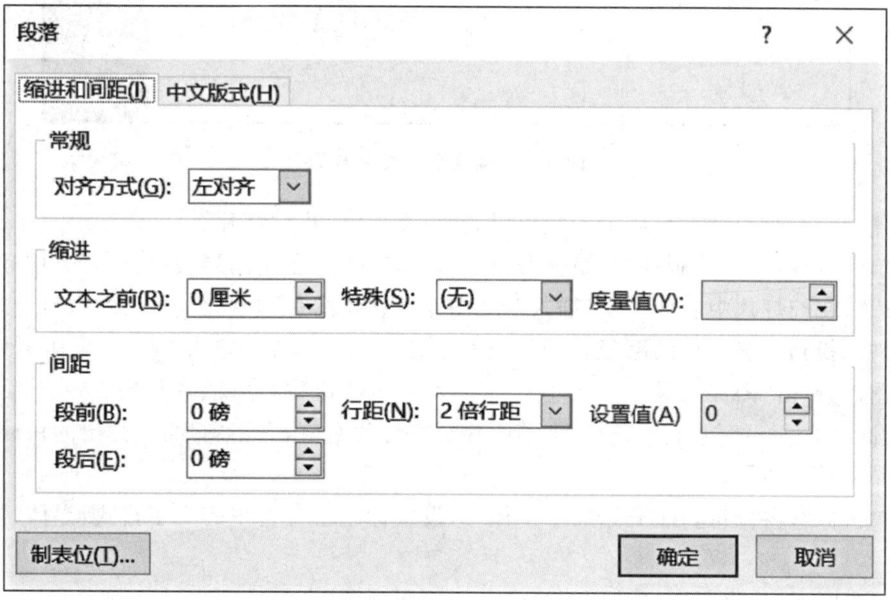

图 4-37　“段落”对话框

③在幻灯片右侧区域项目占位符中单击"图片"链接，打开"插入图片"对话框，找到下载图片的路径，选择"唱歌.jpg"文件，单击"插入"按钮插入图片；选择图片，单击"图片工具"→"图片样式"组下拉按钮，选择"柔化边缘矩形"命令，完成的效果如图 4-35 所示。

4. 进行以下操作，完成第 4 张幻灯片的制作。

①修改幻灯片母版中的"竖排标题与文本"版式幻灯片。

◇插入图片"蓝色背景 2.jpg"，图片旋转 90°，缩放高度 24%，缩放宽度 56%，图片放置于幻灯片的右部。

◇设置标题占位符里的文字格式：黑体、加粗、32 磅、白色。

②新建版式为"竖排标题与文本"的幻灯片，并完成以下操作：

◇在标题占位符插入文字"活动时间、地点"。

◇在左侧的文本框输入以下文字：

时间：2022 年 5 月 4 日 19:00—22:00

地点：艺术学院演唱厅

文字设置为宋体、32 磅、2 倍行距，将竖排文本设置为横排文字，更改项目符号为"◆"。

完成的幻灯片效果如图 4-38 所示。

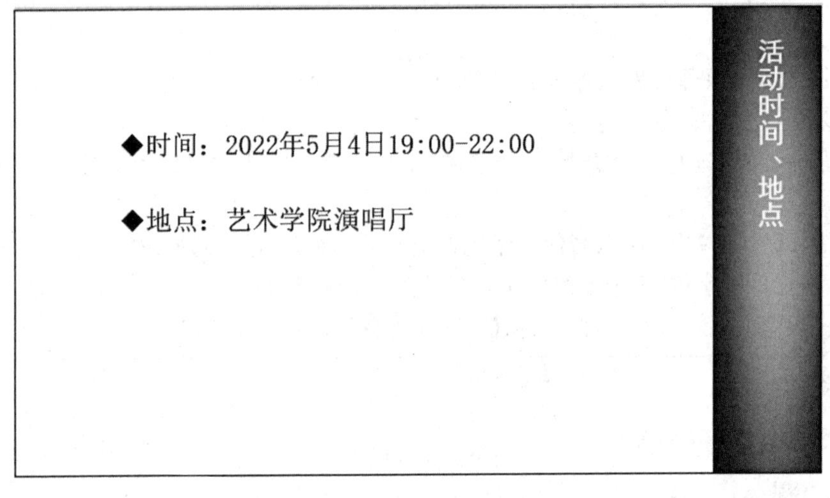


**图 4-38　第 4 张幻灯片样张**

步骤(1)：修改幻灯片母版中的"竖排标题与文本"版式幻灯片。

①单击"视图"→"母版视图"组→"幻灯片母版"命令，在左侧列表中单击"竖排标题与文本"幻灯片，在幻灯片中右侧单击"插入"→"图像"组→"图片"→"此设备"命令，打开"插入图片"对话框，找到下载素材的路径，选择"蓝色背景 2.jpg"文件，单击"插入"按钮插入图片；选择该图片，单击"图片工具"→"大小"组→"大小和位置"命令，图片旋转 90°，不锁定纵横比，缩放高度 24%，缩放宽度 56%；拖动图片至幻灯片右侧，右击图片，在弹出的快捷菜单中单击"置于底层"命令。

②单击标题占位符，在"开始"→"字体"组设置标题占位符中的文字格式：黑体、加粗、32 磅、白色。

③单击"幻灯片母版"→"关闭"组→"关闭母版视图"命令。

步骤(2):新建版式为“竖排标题与文本”的幻灯片,并完成以下操作:

①单击“开始”→“幻灯片”组→“新建幻灯片”下拉按钮,选择“竖排标题与文本”命令,创建一张新的幻灯片。

②在幻灯片右侧的标题占位符中输入文字“活动时间、地点”,设置采用默认。

③在左侧文本框中输入以下文字:

时间:2022 年 5 月 4 日 19:00—22:00

地点:艺术学院演唱厅

选择输入的文字,在“开始”→“字体”组设置文字格式为宋体、32 磅,在“开始”→“段落”组设置段落行距为 2 倍,将文字方向修改为横排,更改项目符号为“◆”,如图 4-39 所示。

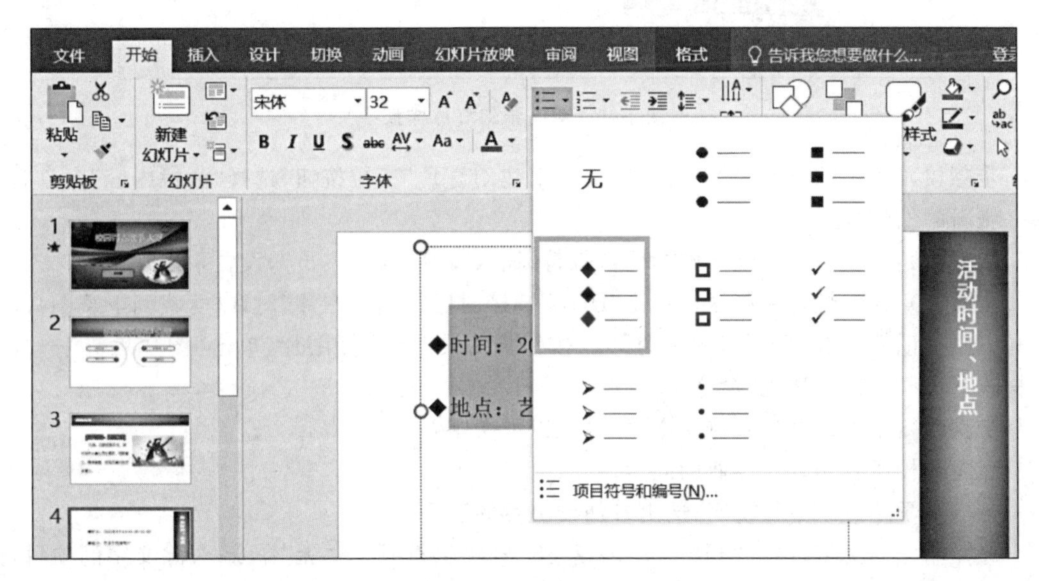


图 4-39　插入“项目符号”

完成的第 4 张幻灯片的效果如图 4-38 所示。

5. 进行以下操作,完成第 5 张幻灯片的制作。

①新建版式为“两栏内容”的幻灯片。

②标题为“参与人员”。

③左侧栏插入图片“话筒 1.jpg”,图片样式设置为“映像右透视”。

④右侧栏输入以下文字:

面向全校所有非音乐专业的同学。

各二级学院可以举行初赛,选出参加校决赛的选手。

去除文字的项目符号,将文字格式设置为等线、28 磅、2 倍行距。

完成的幻灯片效果如图 4-40 所示。

图 4-40　第 5 张幻灯片样张

步骤(1):单击"开始"→"幻灯片"组→"新建幻灯片"下拉按钮,选择"两栏内容"命令,创建一张新的幻灯片。

步骤(2):单击幻灯片顶部的标题占位符,输入文字"参与人员",设置采用默认。

步骤(3):在幻灯片左侧区域单击"图片"链接,打开"插入图片"对话框,找到下载图片的路径,选择"话筒 1.jpg"文件,单击"插入"按钮插入图片;选择图片,单击"图片工具"→"图片样式"组→"映像右透视"命令。

步骤(4):单击幻灯片右侧文本框,输入以下文字:

面向全校所有非音乐专业的同学。

各二级学院可以举行初赛,选出参加校决赛的选手。

选择输入的文字,单击"开始"→"段落"组→"项目符号"→"无"命令,去除文字的项目符号;在"开始"→"字体"组中设置文字格式为等线、28 磅,在"开始"→"段落"组中设置段落间距为 2 倍行距,其余采用默认值。完成的效果如图 4-40 所示。

6. 进行以下操作,完成第 6 张幻灯片的制作。

①新建版式为"两栏内容"的幻灯片。

②标题为"计分规则"。

③插入横排文本框,输入文字"本次大赛为百分制,比赛内容包括三个项目:",字号 28 磅,加粗。

④插入 SmartArt 图形,选择"垂直 V 形列表",格式为"彩色-个性色 1",插入素材"SmartArt 图形中的文本.docx"文件中的文字到 SmartArt 图形中。

完成的效果如图 4-41 所示。

计分规则

**本次大赛为百分制，比赛内容包括三个项目：**

• 每位歌手自行选择一首歌曲，完整演唱，由7位评委分别打分（百分制打分），去掉一个最高分，去掉一个最低分，所得的平均分（保留2位小数）是该选手本项目的最后得分。

演唱技巧
(总分6分)

• 每位歌手在A、B、C三组难度系数不同（A组难度系数1.0，B组难度系数0.9，C组难度系数0.8）的歌曲组里自选选择一首进行演唱，由7位评委分别打分（百分制打分），去掉一个最高分，去掉一个最低分，所得的平均分*歌曲难度系数是该选手本项目的最后得分。

综合素质
(总分4分)

• 每位歌手抽签选择一套综合素质题，包括两道选择题，每题2分，回答正确得2分，回答错误不得分。

**图 4-41　第 6 张幻灯片样张**

步骤(1)：单击“开始”→“幻灯片”组→“新建幻灯片”下拉按钮，选择“两栏内容”命令，创建一张新的幻灯片。

步骤(2)：单击幻灯片顶部标题文本框输入文字“计分规则”，设置采用默认。单击幻灯片上其他文本框的框线，选择文本框，单击 Delete 键，删除选定的文本框，重复操作删除幻灯片上除标题之外的其他文本框。

步骤(3)：单击“插入”→“文本”组→“文本框”下拉按钮，选择“横排文本框”命令，用鼠标在标题“计分规则”的下方绘制一个文本框，输入文字“本次大赛为百分制，比赛内容包括三个项目：”，在“开始”→“字体”组中设置文字格式为 28 磅，加粗。

步骤(4)：单击“插入”→“插图”组→“SmartArt”命令，打开“选择 SmartArt 图形”对话框，单击“垂直 V 形列表”命令，在 3 个垂直箭头的文本框分别输入“歌曲演唱(总分 90 分)”“演唱技巧(总分 6 分)”“综合素质(总分 4 分)”，在“开始”→“字体”组中设置文字格式为 20 磅、加粗；在右侧三个文本框分别输入文字(文字可从素材“SmartArt 图形中的文本.docx”文件中复制)：

· 每位歌手自行选择一首歌曲，完整演唱，由 7 位评委分别打分(百分制打分)，去掉一个最高分，去掉一个最低分，所得的平均分(保留 2 位小数)是该选手本项目的最后得分。

· 每位歌手在 A、B、C 三组难度系数不同(A 组难度系数 1.0，B 组难度系数 0.9，C 组难度系数 0.8)的歌曲组里自选选择一首进行演唱，由 7 位评委分别打分(百分制打分)，去掉一个最高分，去掉一个最低分，所得的平均分 * 歌曲难度系数是该选手本项目的最后得分。

· 每位歌手抽签选择一套综合素质题，包括两道选择题，每题 2 分，回答正确得 2 分，回答错误不得分。

单击“SmartArt 工具”→“设计”→“SmartArt 样式”组→“更改颜色”→“彩色-个性色 1”

命令。完成的幻灯片效果如图 4-41 所示。

7. 进行以下操作,完成第 7 张幻灯片的制作。

①复制第 5 张幻灯片成为第 7 张幻灯片,修改该幻灯片标题文字为“竞赛规则”。

②删除修改幻灯片左侧话筒图片,插入图片“话筒 2.jpg”,将图片水平翻转。

③将右侧的文字修改为:

按照总分从高到低

奖项:一等奖　一名

　　　二等奖　两名

　　　三等奖　三名

　　　优秀奖　六名

所有参赛选手必须在竞赛前 30 分钟到达竞赛现场并签到。

凡是迟到、请假或演唱不完整者一律按弃权处理。

对文字添加项目符号“◆”,字号设置为 28 磅,1.2 倍行距。

完成的幻灯片如图 4-42 所示。

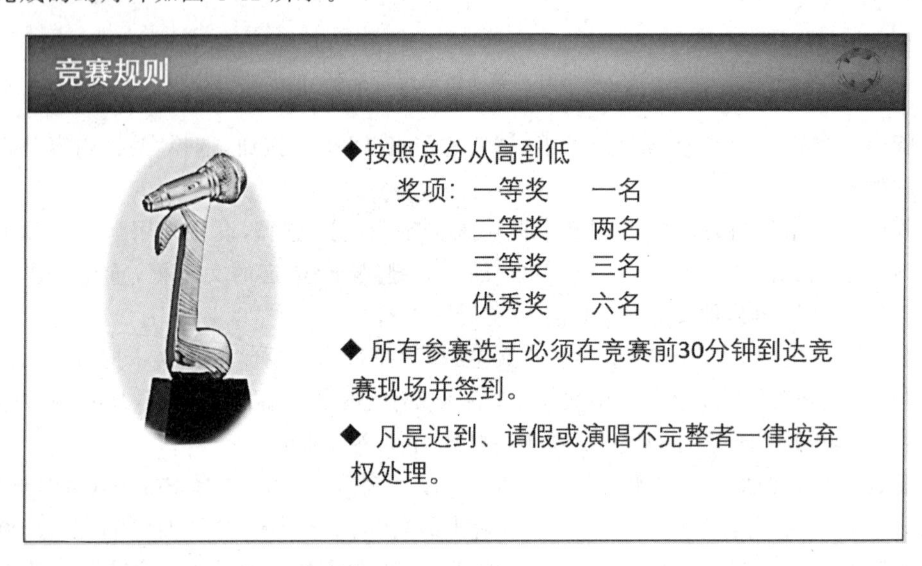


**图 4-42　第 7 张幻灯片样张**

步骤(1):在演示文稿缩览窗口中右击第 5 张幻灯片,在弹出的快捷菜单中单击“复制”命令,右击缩览窗口中第 6 张幻灯片之后的空白处,在弹出的快捷菜单中单击“使用目标主题”进行粘贴,创建第 7 张幻灯片。

步骤(2):修改幻灯片标题文字为“竞赛规则”,设置采用默认。

步骤(3):单击选择幻灯片左侧话筒图片,按 Delete 键删除该图片,单击“插入”→“图像”组→“图片”→“此设备”命令,打开“插入图片”对话框,找到下载素材的路径,选择“话筒 2.jpg”文件,单击“插入”按钮插入图片;选择该图片,单击“图片工具”→“格式”→“排列”组→“旋转”下拉按钮,在打开的下拉列表中选择“水平翻转”命令。

步骤(4):单击右侧文本框,删除原有的文字,在其中输入以下文字:

按照总分从高到低

奖项：一等奖　一名

二等奖　两名

三等奖　三名

优秀奖　六名

所有参赛选手必须在竞赛前 30 分钟到达竞赛现场并签到。

凡是迟到、请假或演唱不完整者一律按弃权处理。

选择输入的文字，在“开始”→“段落”组→“项目符号”下拉列表中，选择“◆”；在“开始”→“段落”组→“行距”下拉列表中，选择“行距选项”命令，弹出“段落”对话框，在对话框中，“行距”选择“多倍行距”，“设置值”输入“1.2”，单击“确定”按钮；在“开始”→“字体”组中设置字号为 28 磅。完成的幻灯片如图 4-42 所示。

8. 进行以下操作，完成第 8 张幻灯片的制作。

①复制第 1 张幻灯片成为第 8 张幻灯片。

②修改标题文字为“谢谢观看”。

③删除幻灯片上的其他文字以及右下部图片。

④插入图片“喇叭.jpg”，放置于幻灯片左下角，复制该图片，水平翻转，放置于幻灯片右下角。

完成的幻灯片效果如图 4-43 所示。

**图 4-43　第 8 张幻灯片样张**

步骤(1)：在演示文稿缩览窗口中右击第 1 张幻灯片，在弹出的快捷菜单中单击“复制”命令，右击缩览窗口中第 7 张幻灯片之后的空白处，在弹出的快捷菜单中单击“使用目标主题”进行粘贴，创建第 8 张幻灯片。

步骤(2)：修改标题文字为“谢谢观看”，选择幻灯片上的其他文字以及右下部图片，按 Delete 键删除。

步骤(3)：单击“插入”→“图像”组→“图片”→“此设备”命令，打开“插入图片”对话框，找到下载素材的路径，选择“喇叭.jpg”文件，单击“插入”按钮插入图片；选择图片，按住鼠标左键，移动到幻灯片的左下角；右击该图片，在弹出的快捷菜单中选择“复制”命令，在幻灯片空白位置右击,在弹出的快捷菜单中选择“粘贴”命令;选择复制的喇叭图片,单击“图片工具”→“格式”→“排列”组→“旋转”下拉按钮,在下拉列表中选择“水平翻转”命令,按住鼠标左键,将水平翻转的喇叭图片移动到幻灯片的右下角。完成的幻灯片效果如图 4-43 所示。

9. 将文件另存为“校园青春歌手大赛 1. pptx”文件。

步骤:单击“文件”→“另存为”→“浏览”命令,打开“另存为”对话框,选择文件准备保存的路径,输入文件名为“校园青春歌手大赛 1. pptx”,单击“保存”按钮,保存文件。

## 实验 4-2 演示文稿的动画效果

### 实验目的

1. 掌握演示文稿主题的应用;
2. 掌握超链接的应用;
3. 掌握动画效果的设置。

### 实验内容

完善实验 4-1 制作的演示文稿,完成后的演示文稿的效果如图 4-44 所示。

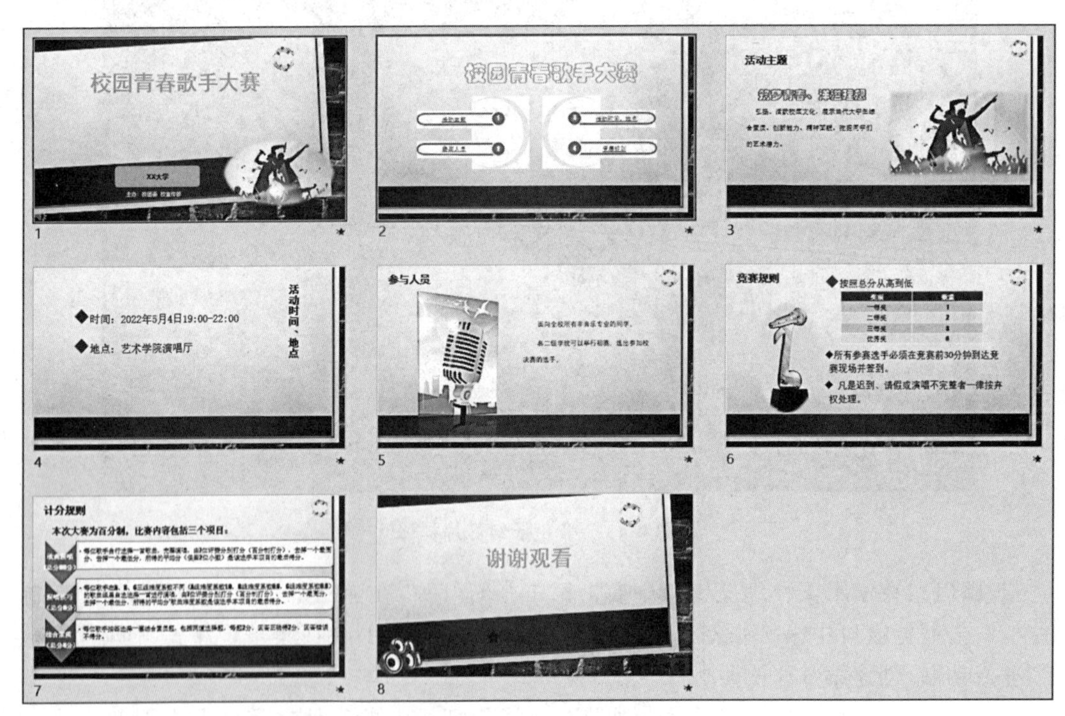


图 4-44 “校园青春歌手大赛 2”演示文稿样张

1. 打开实验 4-1 完成的“校园青春歌手大赛 1. pptx”文件,将演示文稿的主题更改为“主要事件”;在幻灯片母版中删除幻灯片“两栏内容”与“竖排标题与文本”中的蓝色背景图片,标题字体颜色修改为“黑色”(RGB(0,0,0));删除第 1 张和第 8 张幻灯片中的背景图。

2. 为第 2 张幻灯片的文字“活动主题”创建超链接，链接到第 3 张幻灯片，“活动时间、地点”链接到第 4 张幻灯片，“参与人员”链接到第 5 张幻灯片，“竞赛规则”链接到第 6 张幻灯片。

3. 将第 8 张幻灯片右侧的喇叭图片删除，在该位置插入“动作按钮：第一张”，设置该动作按钮链接到第 1 张幻灯片。

4. 将第 6 张和第 7 张幻灯片的位置进行调换。

5. 将第 6 张幻灯片的奖项以表格方式呈现，表格样式为“中度样式 2-强调 1”，表格中文字的字号为 20 磅，居中显示。

6. 为第 2 张幻灯片制作动画。标题动画设置为“劈裂”，效果为“中央向左右展开”；两张“素材 2-1”图片动画设置为“出现”，右侧图片动画的开始设置为“与上一动画同时”；为“活动主题”等 4 个组合对象逐一设置动画“展开”，其余选择默认值。

7. 将所有幻灯片的切换方式设置为“帘式”，持续时间为 3 秒。

8. 将文件另存为“校园青春歌手大赛 2. pptx”文件。

实验步骤

1. 打开实验 4-1 完成的“校园青春歌手大赛 1. pptx”文件，将演示文稿的主题更改为“主要事件”；在幻灯片母版中删除幻灯片“两栏内容”与“竖排标题与文本”中的蓝色背景图片，标题字体颜色修改为“黑色”(RGB(0,0,0))；删除第 1 张和第 8 张幻灯片中的背景图。

步骤(1)：打开实验 4-1 完成的“校园青春歌手大赛 1. pptx”文件，单击“设计”→“主题”组→“其他”下拉按钮，如图 4-45 所示，单击“主要事件”命令，完成主题的应用。

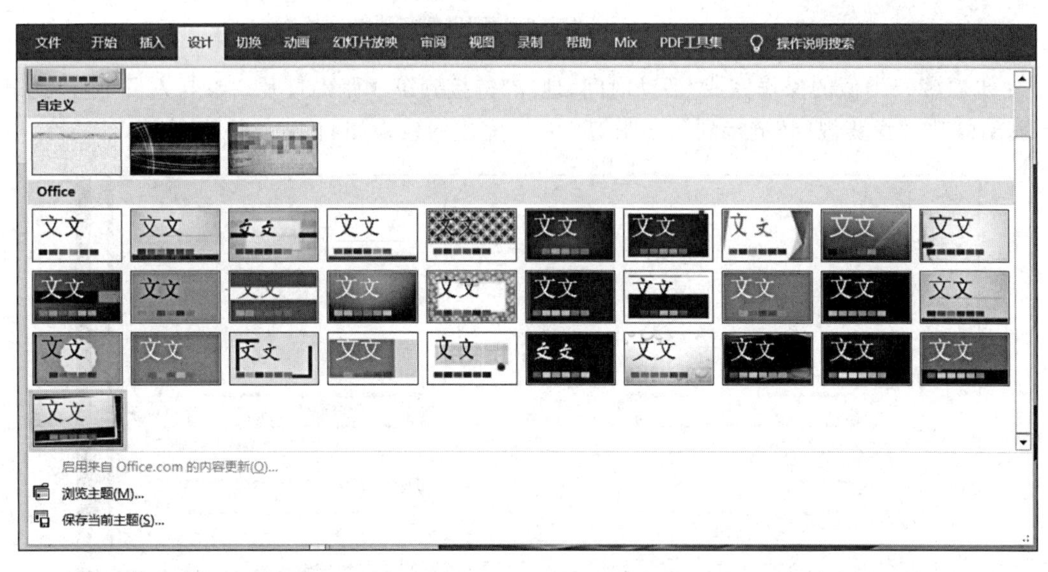


图 4-45 幻灯片主题

步骤(2)：单击“视图”→“母版视图”组→“幻灯片母版”命令，选择“两栏内容”版式幻灯片中的蓝色背景图片，按 Delete 键删除，选择标题文字，在“开始”→“字体”组中设置字体颜色为黑色(RGB(0,0,0))；“竖排标题与文本”幻灯片采用相似操作；单击“幻灯片母版”→“关闭”组→“关闭母版视图”命令。

步骤(3):单击选择第 1 张幻灯片中的背景图,按 Delete 键删除;第 8 张幻灯片的背景图采用相似操作。

2. 为第 2 张幻灯片的文字“活动主题”创建超链接,链接到第 3 张幻灯片,“活动时间、地点”链接到第 4 张幻灯片,“参与人员”链接到第 5 张幻灯片,“竞赛规则”链接到第 6 张幻灯片。

步骤(1):在幻灯片左侧浏览窗口中单击第 2 张幻灯片,在右侧编辑区的幻灯片中选择文字“活动主题”,单击“插入”→“链接”组→“链接”命令,打开“插入超链接”对话框,选择“本文档中的位置”,在右侧“请选择文档中的位置”列表中选择“3. 活动主题”,如图 4-46 所示。单击“确定”按钮,在“活动主题”文字下方出现一条下划线,完成文字“活动主题”的超链接设置。

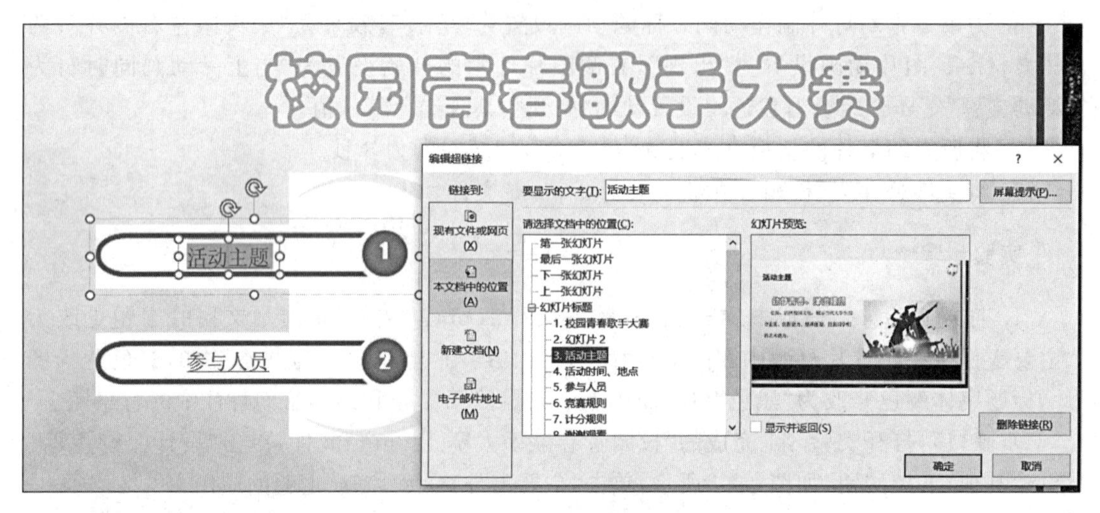


图 4-46 为“活动主题”设置超链接

步骤(2):类似的操作完成“活动时间、地点”链接到第 4 张幻灯片,“参与人员”链接到第 5 张幻灯片,“竞赛规则”链接到第 6 张幻灯片。完成的效果如图 4-47 所示。

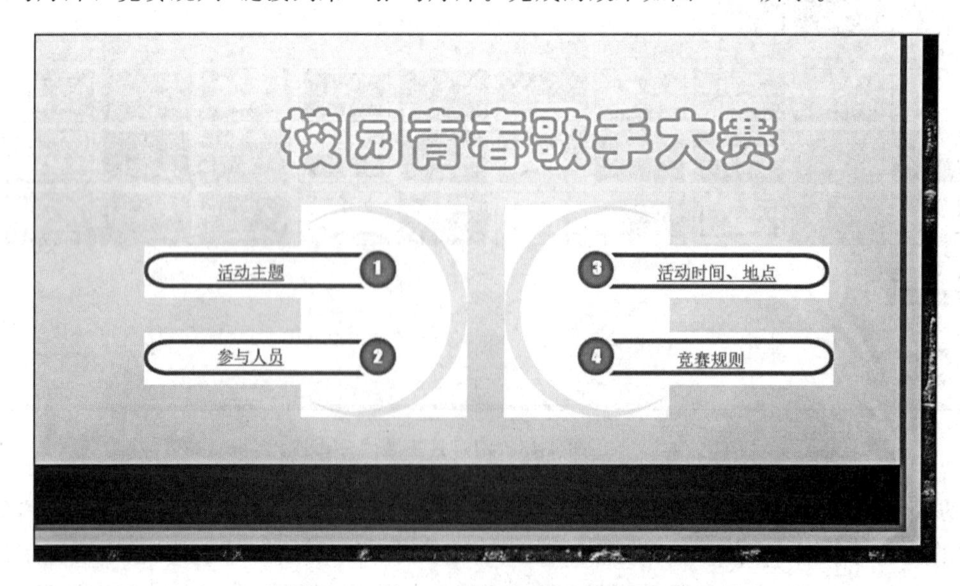


图 4-47 第 2 张幻灯片插入超链接效果

3. 将第 8 张幻灯片右侧的喇叭图片删除，在该位置插入“动作按钮：第一张”，设置该动作按钮链接到第 1 张幻灯片。

步骤(1)：在幻灯片左侧浏览窗口中单击第 8 张幻灯片，在右侧编辑区的幻灯片中选择右侧喇叭图片，按 Delete 键删除图片。

步骤(2)：单击“插入”→“插图”组→“形状”下拉按钮，选择“动作按钮”→“动作按钮：第一张”命令，如图 4-48 所示，鼠标呈现黑色实心“十”字，按住鼠标左键在幻灯片右下角拖动鼠标绘制“第一张”动作按钮，松开鼠标，弹出“操作设置”对话框，如图 4-49 所示，单击“确定”按钮。

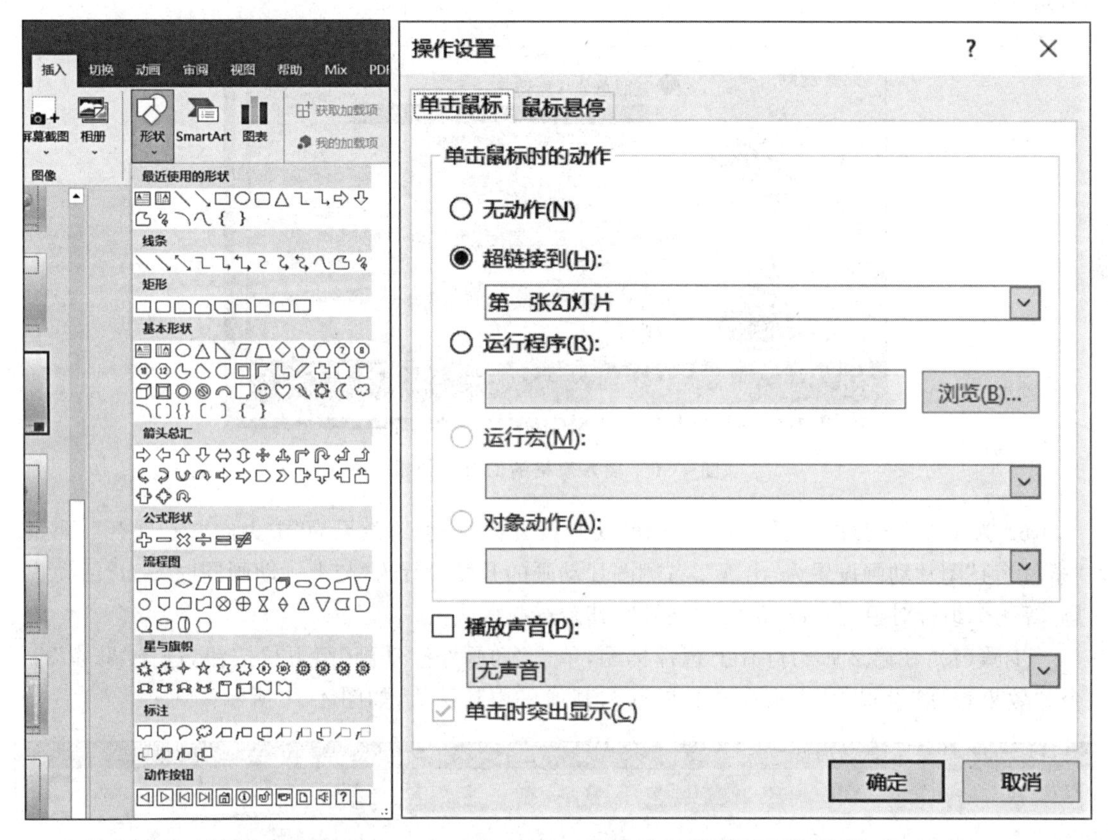


**图 4-48　插入动作按钮**　　　　**图 4-49　“操作设置”对话框**

4. 将第 6 张和第 7 张幻灯片的位置进行调换。

步骤：在幻灯片左侧浏览窗口中单击第 7 张幻灯片，按住鼠标左键拖动到第 6 张幻灯片之前。或者右击第 7 张幻灯片，在弹出的快捷菜单中单击“剪切”命令，鼠标定位在第 6 张幻灯片之前，右击空白处，在弹出的快捷菜单中单击“粘贴”命令。

5. 将第 6 张幻灯片的奖项以表格方式呈现，表格样式为“中度样式 2-强调 1”，表格中文字的字号为 20 磅，居中显示。

步骤(1)：选择第 6 张幻灯片的右侧文本框中的第 2～5 行文字，按下 Delete 键删除。

步骤(2)：光标定位在右侧文本框中的第 2 行，单击“插入”→“表格”组→“表格”命令，在模拟表格中选择 5 行 2 列，单击鼠标左键确定。

步骤(3):鼠标停在表格四周的控点上时,鼠标呈现双向箭头形状⟷,此时拖动鼠标调整表格的大小,在光标停在表格上时,出现双向箭头十字图标✥,此时按下鼠标左键移动表格到适合的位置。

步骤(4):选择表格,单击“表格工具”→“设计”组→“表格样式”组下拉按钮,选择“中度样式 2-强调 1”。

步骤(5):在表格中输入奖项、数量等相关文字,选择表格中的所有文字,在“开始”→“字体”组中设置字体为 20 磅,在“开始”→“段落”组中单击“居中”命令,完成的效果如图 4-50 所示。

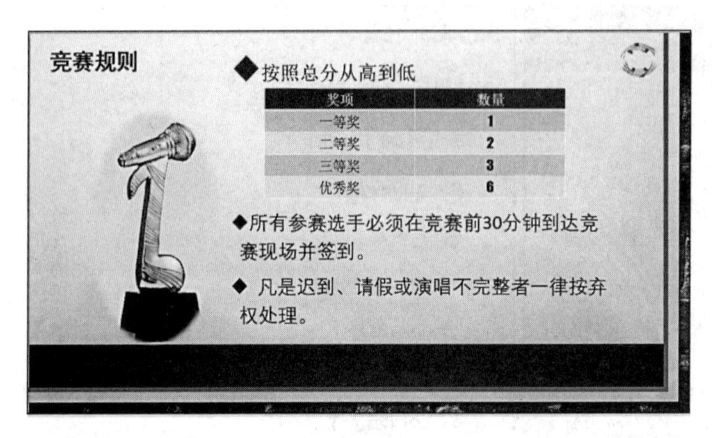


**图 4-50　插入表格的幻灯片效果**

6. 为第 2 张幻灯片制作动画。标题动画设置为“劈裂”,效果为“中央向左右展开”;两张“素材 2-1”图片动画设置为“出现”,右侧图片动画的开始设置为“与上一动画同时”;为“活动主题”等 4 个组合对象逐一设置动画“展开”,其余选择默认值。

步骤(1):在第 2 张幻灯片上选择标题,单击“动画”→“动画”组下拉按钮,选择“劈裂”命令,“效果选项”设置为“中央向左右展开”,其他采用默认值,如图 4-51 所示。

**图 4-51　动画选项卡**

步骤(2):选择左侧“素材 2-1.jpg”图片,设置动画为“出现”,其余采用默认值;右侧图片同样设置,但在“计时”组中的“开始”右侧的下拉列表中选择“与上一动画同时”。

步骤(3):选择“活动主题”组合对象,单击“动画”→“动画”组下拉按钮,选择“更多进入效果”命令,打开“更改进入效果”对话框,如图 4-52 所示,选择“展开”,其他采用默认值;用同样的方法为“参与人员”“活动时间、地点”“竞赛规则”设置“展开”动画,完成的效果如图 4-53 所示。

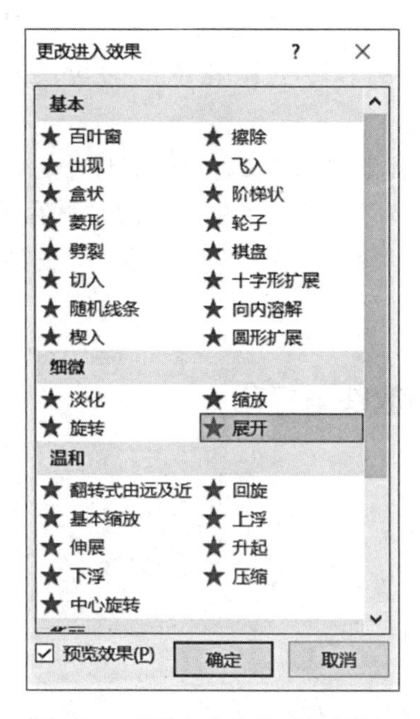


图 4-52　“更改进入效果”对话框

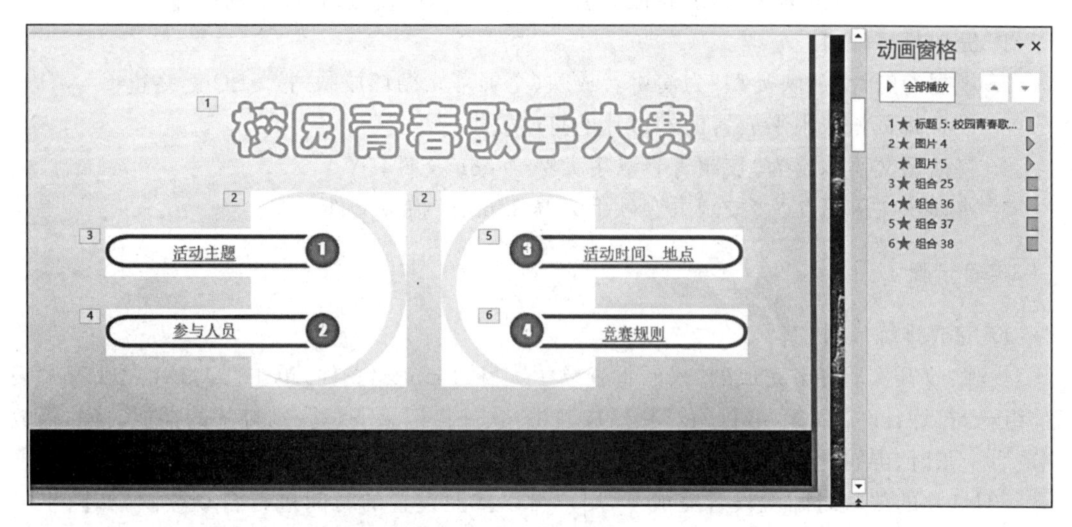


图 4-53　第 2 张幻灯片插入动画的编辑界面

7. 将所有幻灯片的切换方式设置为“帘式”,持续时间为 3 秒。

步骤:单击“切换”→“切换到此幻灯片”组→“帘式”命令,“计时”组中“持续时间”修改为 03.00,单击“应用到全部”命令(如果未使用该命令,则切换方式仅应用于当前幻灯片),如图 4-54 所示。

图 4-54　幻灯片切换选项卡

注意：设置动画及幻灯片的切换效果要根据演示文稿整体的风格和内容进行锦上添花的设计，切忌添加过多的动画和令人眼花缭乱的切换方式喧宾夺主，分散观众的注意力。

8. 将文件另存为“校园青春歌手大赛 2. pptx”文件。

步骤：单击“文件”→“另存为”→“浏览”命令，打开“另存为”对话框，选择文件保存的路径，输入文件名“校园青春歌手大赛 2. pptx”，单击“保存”按钮，保存文件。

## 实验 4-3　演示文稿的放映与打印

### 实验目的

1. 掌握演示文稿的播放设置；
2. 掌握演示文稿的输出与打印。

### 实验内容

对实验 4-2 制作的演示文稿“校园青春歌手大赛 2. pptx”进行以下的操作：

1. 完成排练计时；
2. 设置幻灯片“放映类型”为演讲者放映(全屏幕)、循环放映，按 ESC 键终止；
3. 设置每页 4 张水平放置的幻灯片的打印效果；
4. 将演示文稿输出为“校园青春歌手大赛 3. pdf”文件；
5. 将演示文稿另存为“校园青春歌手大赛 3. potx”模板文件。

### 实验步骤

1. 完成排练计时。

步骤：打开实验 4-2 完成的“校园青春歌手大赛 2. pptx”文件，单击“幻灯片放映”→“设置”组→“排练计时”命令，进行幻灯片播放演讲，软件将记录下每张幻灯片的播放时间，播放到最后一张时，屏幕上会出现确认消息框，如图 4-55 所示，询问是否接受排练时间，选择“是”，幻灯片的放映时间就设置完成了，用户可以按照设置的时间进行自动放映，如图 4-56 所示。

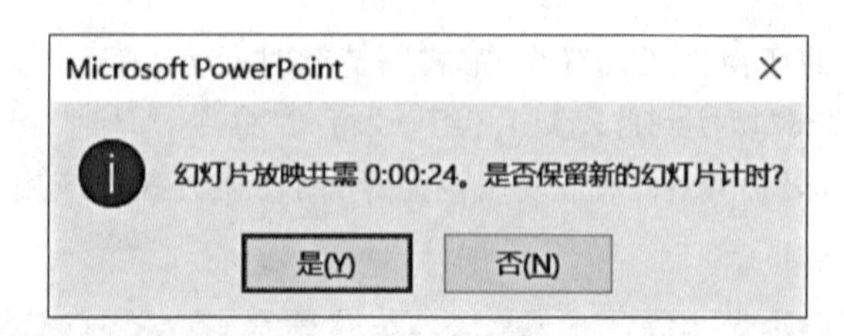


图 4-55　排练计时的时间确认消息框

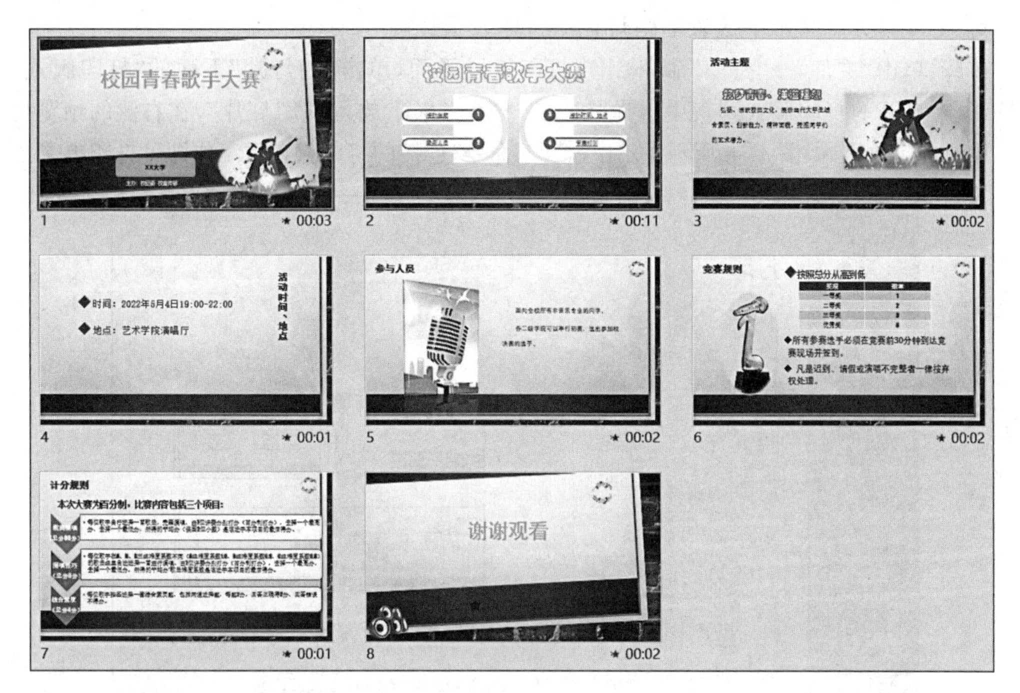


图 4-56　设置了排练计时的演示文稿浏览视图样张

2. 设置幻灯片“放映类型”为演讲者放映(全屏幕)、循环放映，按 ESC 键终止。

步骤：单击“幻灯片放映”→“设置”组→“设置幻灯片放映”命令，打开“设置放映方式”对话框，如图 4-57 所示，“放映类型”选择“演讲者放映(全屏幕)”，“放映选项”勾选“循环放映，按 ESC 键终止”，其他选择默认。

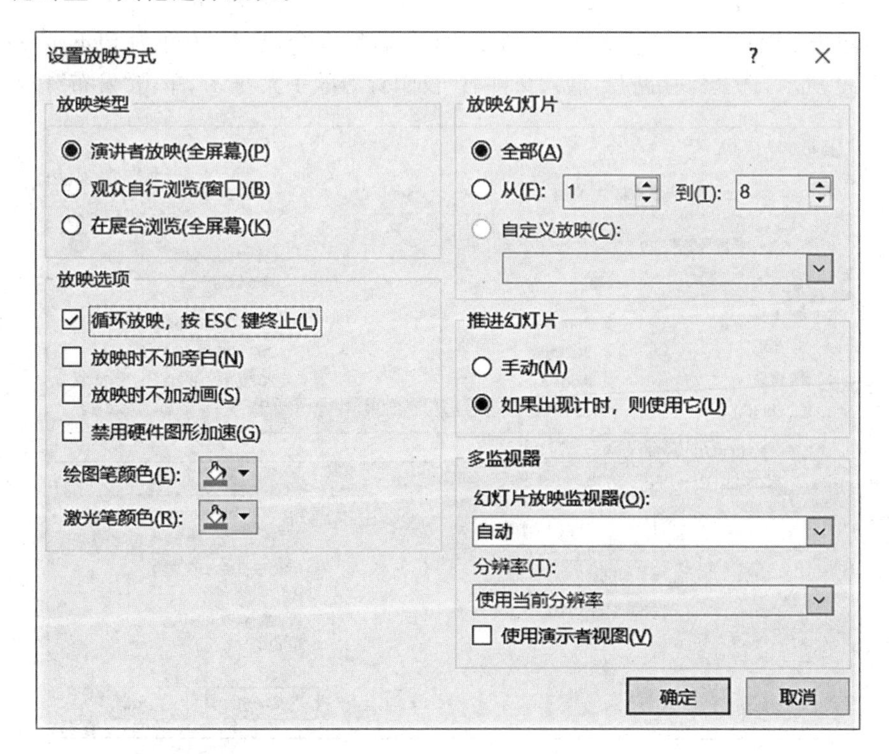


图 4-57　“设置放映方式”对话框

3. 设置每页 4 张水平放置的幻灯片的打印效果。

步骤：单击"文件"→"打印"命令，出现打印设置界面，单击"幻灯片"下面的"打印版式"下拉按钮，在打开的打印版式列表中选择"讲义"→"4 张水平放置的幻灯片"，在右侧的预览栏中可以看到打印效果，如图 4-58 所示。单击"打印"命令，连接的打印机正常工作即可打印出文档。

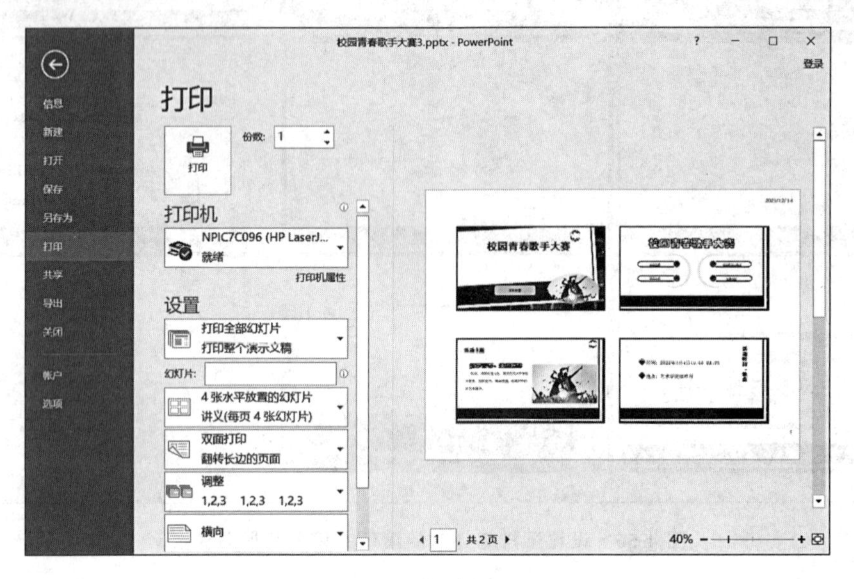


图 4-58 打印界面

4. 将演示文稿输出为"校园青春歌手大赛 3. pdf"文件。

法一：单击"文件"→"另存为"命令，打开"另存为"对话框，选择保存路径，选择保存类型为"PDF( * .pdf)"，输入文件名"校园青春歌手大赛 3"，单击"确定"按钮。

法二：单击"文件"→"导出"→"创建 PDF/XPS 文档"命令，打开"发布为 PDF 或 XPS"对话框，如图 4-59 所示，选择保存路径，输入文件名"校园青春歌手大赛 3"，单击"发布"按钮。

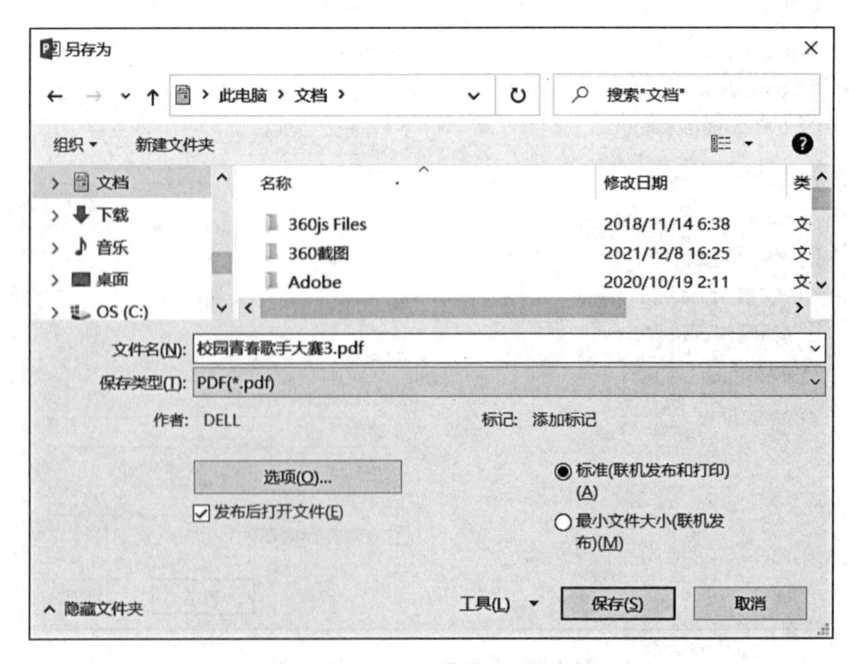


图 4-59 "发布为 PDF 或 XPS"对话框

5. 将演示文稿另存为“校园青春歌手大赛 3. potx”模板文件。

步骤:单击“文件”→“另存为”→“浏览”命令,打开“另存为”对话框,如图 4-60 所示,选择保存的路径,在“保存类型”右侧的下拉列表中选择“PowerPoint 模板( *.potx)”,文件名输入“校园青春歌手大赛 3”,单击“保存”按钮。

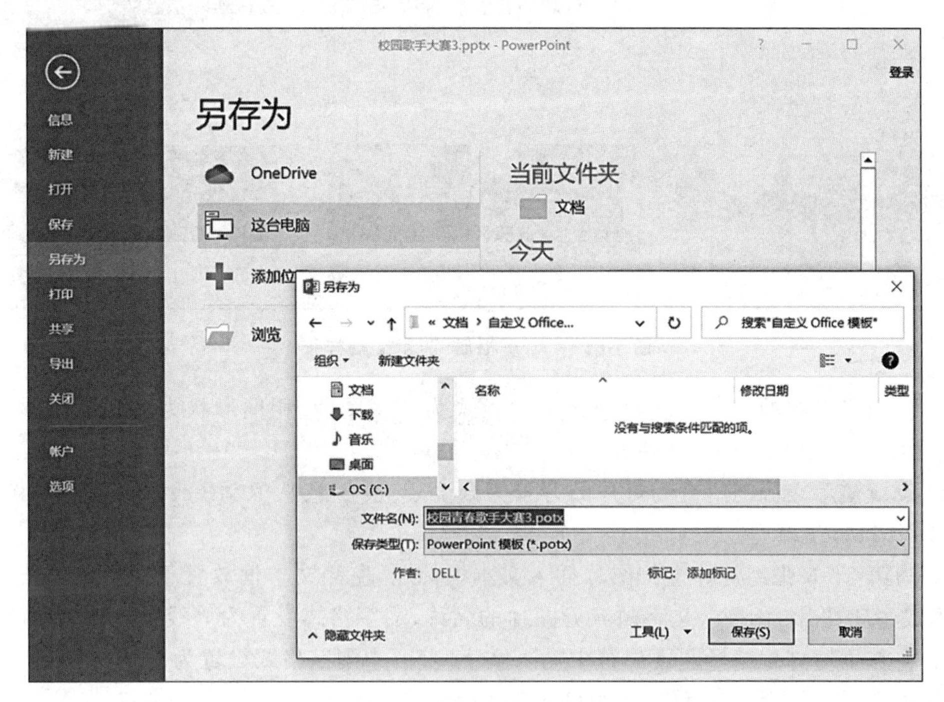


图 4-60　“另存为”对话框

## 4.3　PowerPoint 2016 拓展实践

### 实验 4-4　电子相册的制作

#### 实验目的

1. 掌握演示文稿电子相册的制作;
2. 掌握利用模板创建新的演示文稿。

#### 实验内容

下载实验项目 4 实验 4-4 素材文件,利用提供的素材制作一份演示文稿,宣传我国的旅游景点。完成的效果如图 4-61 所示。

图 4-61 “电子相册”演示文稿样张

1. 使用素材中的 6～15 图片创建图片版式为 2 张图片、相框形状为“简单框架，白色”的电子相册。

2. 设置演示文稿的所有幻灯片的背景为渐变填充[颜色从 RGB(246,248,252)渐变到 RGB(199,213,237)]。

3. 为第 2～6 张幻灯片上的图片插入文本框标题，左侧文本框放置于图片的上方，右侧文本框放置于图片的下方，文字内容为图片的名称，文字格式设置为等线(正文)、28 磅。

4. 在首页幻灯片的标题占位符中输入文字“美丽中国”，格式设置为等线(正文)、80 磅，艺术字效果设置为“填充：金色，主题色 4，软棱台”。

5. 在首页幻灯片中插入素材中的 1～5 图片，调整图片至适当的大小。中间为图 1；左一位置为图 5，图片样式设置为“柔化边缘椭圆”效果；左二位置为图 4，图片样式设置为“旋转，白色”效果；右一位置为图 2，图片样式设置为“柔化边缘椭圆减去对角，白色”效果；右二位置为图 3，图片样式设置为“映象圆角矩形”效果。

6. 首页幻灯片的中部图片设置超链接，链接到第 2 张幻灯片，左一图片链接到第 6 张幻灯片，左二图片链接到第 3 张幻灯片，右一图片链接到第 4 张幻灯片，右二图片链接到第 5 张幻灯片；在幻灯片母版中插入动作按钮“动作按钮：第一张”，链接到演示文稿的首页。

7. 将演示文稿保存为“电子相册.potx”模板文件。

8. 利用“电子相册.potx”模板文件创建一个新演示文稿，保存为“电子相册 2. pptx”文件。

实验步骤

1. 使用素材中的 6～15 图片创建图片版式为 2 张图片、相框形状为“简单框架，白色”的电子相册。

步骤(1)：启动 PowerPoint 软件，单击“新建”→“空白演示文稿”命令，创建一个空白演示文稿。

步骤(2)：单击“插入”→“图像”组→“相册”→“新建相册”命令，打开“相册”对话框，单击对话框上的“文件/磁盘”按钮，打开“插入图片”对话框，打开下载的素材图片保存的路径，单击“6 八达岭长城.jpg”图片，按住键盘上的 Shift 键，再单击“15 宁夏银川腾格里沙漠.jpg”图片，即连续选取了标号 6～15 的图片，如图 4-62 所示，单击“插入”按钮，返回“相册”对话框，在相册版式中选择“图片版式”为“2 张图片”，“相框形状”为“简单框架，白色”，如图 4-63 所示，单击“创建”按钮，建立一个背景色为黑色的共有 6 张幻灯片的演示文稿。

图 4-62　“插入图片”对话框

图 4-63　“相册”对话框

2. 设置演示文稿的所有幻灯片的背景为渐变填充[颜色从 RGB(246,248,252)渐变到 RGB(199,213,237)]。

步骤:单击"设计"→"自定义"组→"设置背景格式"命令,打开"设置背景格式"任务窗格,如图 4-64 所示,选择"渐变填充",单击"渐变光圈"左侧第一个▯,单击"颜色"右侧下拉按钮,打开"颜色"对话框,颜色值设置为 RGB(246,248,252);选择"渐变光圈"右侧第一个▯,同样的方法将颜色值设置为 RGB(199,213,237),如图 4-65 所示,单击"应用到全部"按钮,完成所有幻灯片背景的设置。

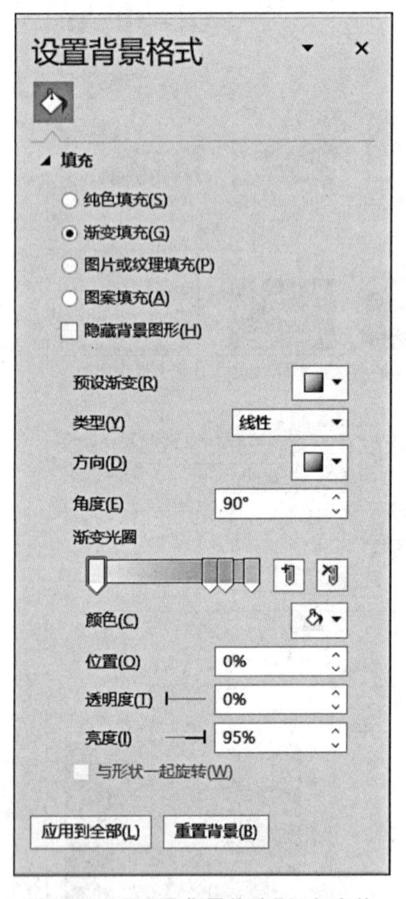


图 4-64 "设置背景格式"任务窗格

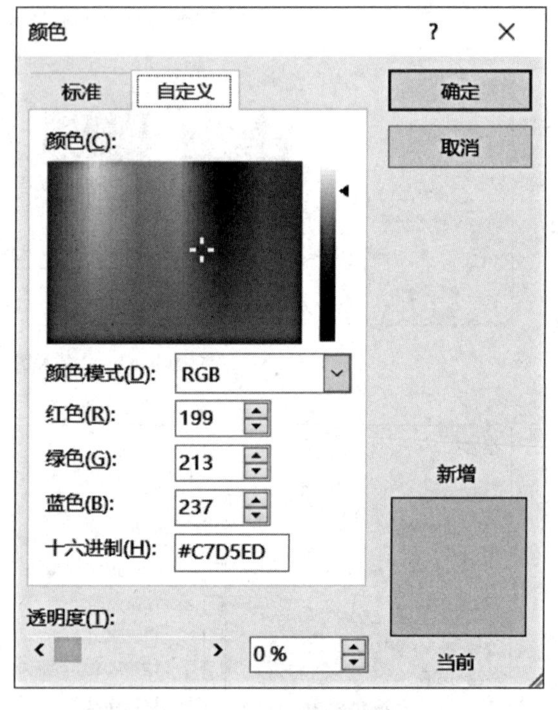


图 4-65 "颜色"对话框

3. 为第 2～6 张幻灯片上的图片插入文本框标题,左侧文本框放置于图片的上方,右侧文本框放置于图片的下方,文字内容为图片的名称,文字的格式设置为等线(正文)、28 磅。

步骤:选择第 2 张幻灯片,在左侧图片上方单击"插入"→"文本"组→"文本框"下拉按钮,选择"绘制横排文本框"命令,在幻灯片左侧图片上方按住鼠标左键后拖动鼠标绘制一个文本框,在该文本框中输入素材中该图片的名称,选择文本,在"开始"→"字体"组中设置文字格式为等线(正文)、28 磅;右侧的文本框类似操作,但是位置在图片的下方;第 3～6 张幻灯片类似操作。

4. 在首页幻灯片的标题占位符中输入文字"美丽中国",格式设置为等线(正文)、80 磅,艺术字效果设置为"填充:金色,主题色 4,软棱台"。

步骤:选择第 1 张幻灯片,单击标题,将文字修改为“美丽中国”,选择文本,在“开始”→“字体”组中将文字格式设置为等线(正文)、80 磅;单击“绘图工具”→“格式”→“艺术字样式”组中选择“填充:金色,主题色 4,软棱台”(第 1 行第 5 列),将标题拖动到幻灯片的上部。

5. 在首页幻灯片中插入素材中的 1～5 图片,调整图片至适当的大小。中间为图 1;左一位置为图 5,图片样式设置为“柔化边缘椭圆”效果;左二位置为图 4,图片样式设置为“旋转,白色”效果;右一位置为图 2,图片样式设置为“柔化边缘椭圆减去对角,白色”效果;右二位置为图 3,图片样式设置为“映象圆角矩形”效果。

步骤(1):单击“插入”→“图像”组→“图片”→“此设备”命令,打开“插入图片”对话框,连续选择素材中 1～5 图片,单击“插入”按钮,插入 5 张图片,按照图 4-66 所示的效果调整插入图片的大小,设置布局。

步骤(2):选择左一图片,单击“图片工具”→“格式”→“图片样式”组→“柔化边缘椭圆”命令;其他 4 张图片类似操作,左二图片设置为“旋转,白色”效果,右一图片设置为“柔化边缘椭圆减去对角,白色”效果,右二图片设置为“映象圆角矩形”效果。

**图 4-66　第 1 张幻灯片样张**

6. 首页幻灯片的中部图片设置超链接,链接到第 2 张幻灯片,左一图片链接到第 6 张幻灯片,左二图片链接到第 3 张幻灯片,右一图片链接到第 4 张幻灯片,右二图片链接到第 5 张幻灯片;在幻灯片母版中插入动作按钮“动作按钮:第一张”,链接到演示文稿的首页。

步骤(1):选择第 1 张幻灯片的中间图片,单击“插入”→“链接”组→“链接”命令,打开“插入超链接”对话框,在“链接到”列表中选择“本文档中的位置”,在“请选择文档中的位置”列表中选择“2. 幻灯片 2”,如图 4-67 所示,单击“确定”按钮。其余 4 张图片类似操作,左一图片链接到第 6 张幻灯片，左二图片链接到第 3 张幻灯片，右一图片链接到第 4 张幻灯片，右二图片链接到第 5 张幻灯片。

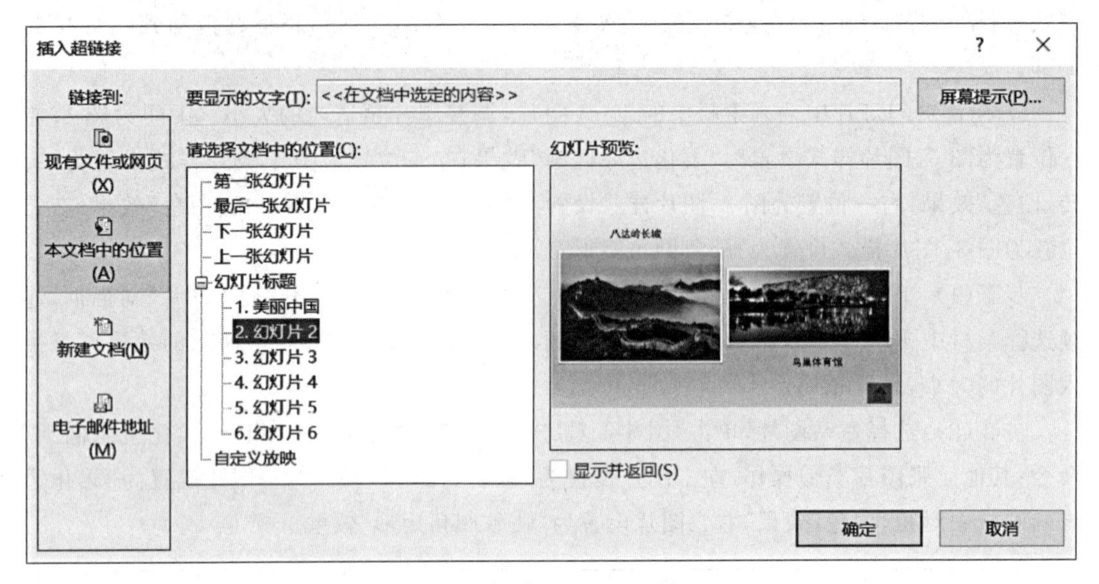


**图 4-67　“插入超链接”对话框**

步骤(2)：单击“视图”→“母版视图”组→“幻灯片母版”命令，打开幻灯片母版视图，选择空白版式(由幻灯片 2～6 使用)，单击“插入”→“插图”组→“形状”下拉按钮，选择“动作按钮”→“动作按钮：第一张”命令，如图 4-48 所示，鼠标呈现黑色实心“十”字，按住鼠标左键在幻灯片右下角拖动鼠标绘制“动作按钮：第一张”图形，松开鼠标，弹出“操作设置”对话框，如图 4-49 所示，单击“确定”按钮。

步骤(3)：单击“幻灯片母版”→“关闭”组→“关闭母版视图”命令，返回普通视图。

7. 将演示文稿保存为“电子相册.potx”模板文件。

步骤：单击“文件”→“另存为”→“浏览”命令，打开“另存为”对话框，选择保存的路径为“C:\Users\admin\Documents\自定义 Office 模板”，在“保存类型”右侧的下拉列表中选择“PowerPoint 模板(*.potx)”，文件名输入“电子相册.potx”，单击“保存”按钮，保存模板文件。

8. 利用“电子相册.potx”模板文件创建一个新演示文稿，保存为“电子相册 2.pptx”文件。

步骤(1)：单击“新建”→“个人”→“电子相册”命令，如图 4-68(a)所示，弹出对话框，如图 4-68(b)所示，单击“创建”按钮，完成新演示文稿的创建。

步骤(2)：单击“文件”→“另存为”→“浏览”命令，打开“另存为”对话框，选择文件保存的路径，输入文件名为“电子相册 2.pptx”，单击“保存”按钮，保存文件。

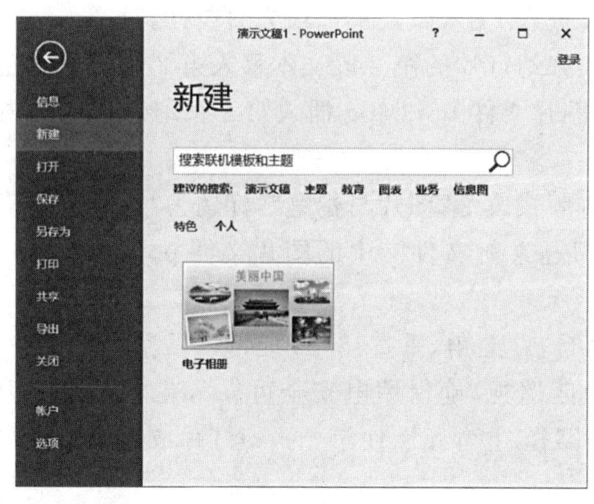


(a)"新建"界面

(b)调用模板界面

**图 4-68　利用模板文件创建演示文稿**

## 4.4　习题

习题 1:下载实验项目 4 习题素材文件夹中的演示文稿 yswg1.pptx,按照下列要求完成对此文稿的修饰并保存。

(1)为整个演示文稿应用"平面"主题,放映方式为"观众自行浏览"。

(2)在第 1 张幻灯片前插入版式为"两栏内容"的新幻灯片,标题为"北京市出租车每月每车支出情况",将实验项目 4 习题素材文件夹中的图片文件 ppt1.jpg 插入到第 1 张幻灯片右侧内容区,将第 2 张幻灯片第 2 段文本移到第 1 张幻灯片左侧内容区,图片动画设置为"进入/十字形扩展",效果选项为"切出",文本动画设置为"进入/浮入",效果选项为"下浮"。

(3)将第 2 张幻灯片的版式改为"竖排标题与文本",标题为"统计样本情况"。

(4)在第 4 张幻灯片前插入版式为"标题幻灯片"的新幻灯片,主标题为"北京市出租车驾驶员单车每月支出情况",副标题为"调查报告"。

(5)将第 5 张幻灯片的版式改为"标题和内容",标题为"每月每车支出情况表",内容区插入 13 行 2 列表格,第 1 行第 1、2 列内容依次为"项目"和"支出",第 13 行第 1 列的内容为"合计",其他单元格内容根据第 3 张幻灯片的内容,按项目顺序依次填入。

(6)删除第 3 张幻灯片,前移第 3 张幻灯片,使之成为第 1 张幻灯片。

习题 2:下载实验项目 4 习题素材文件夹中的演示文稿 yswg2.pptx,按照下列要求完成对此文稿的修饰并保存。

(1)为整个演示文稿应用"丝状"主题,放映方式为"观众自行浏览"。

(2)在第 1 张幻灯片之前插入版式为"两栏内容"的新幻灯片,标题键入"山区巡视,确保用电安全可靠";将第 2 张幻灯片的文本移入第 1 张幻灯片左侧内容区,将实验项目 4 习题素材文件夹中的图片文件 ppt2.jpg 插入第 1 张幻灯片右侧内容区,文本动画设置为"进入/

擦除”，效果选项为“自左侧”，图片动画设置为“进入/飞入”，效果选项为“自右侧”。

(3)将第2张幻灯片版式改为“比较”，第3张幻灯片的第2段文本移入第2张幻灯片左侧内容区，将实验项目4习题素材文件夹中的图片文件ppt3.jpg插入第2张幻灯片右侧内容区。

(4)将第3张幻灯片的文本全部删除，并将版式改为“图片与标题”，标题为“巡线班员工清晨6时带着干粮进山巡视”，将实验项目4习题素材文件夹中的图片文件ppt4.jpg插入第3张幻灯片的内容区。

(5)第4张幻灯片在位置(水平:1.3厘米，自:左上角，垂直:8.24厘米，自:左上角)插入样式为“填充-深红，着色1，阴影”的艺术字“山区巡视，确保用电安全可靠”，艺术字宽度为23厘米，高度为5厘米，文字效果为“转换跟随路径-上弯弧”，使第4张幻灯片成为第1张幻灯片。

(6)移动第4张幻灯片使之成为第3张幻灯片。

习题3:下载实验项目4习题素材文件夹中的演示文稿yswg3.pptx，按照下列要求完成对此文稿的修饰并保存。

(1)在幻灯片的标题区中键入“中国的DXF100地效飞机”，文字设置为黑体、加粗、54磅字，红色(RGB模式:红色255，绿色0，蓝色0)。

(2)插入版式为“标题和内容”的新幻灯片，作为第2张幻灯片。第2张幻灯片的标题内容为“DXF100主要技术参数”，文本内容为“可载乘客15人，装有两台300马力航空发动机。”。

(3)第1张幻灯片中的飞机图片动画设置为“进入/飞入”，效果选项为“自右侧”。

(4)第2张幻灯片前插入1张版式为“空白”的新幻灯片，并在位置(水平:5.3厘米，自:左上角，垂直:8.2厘米，自:左上角)插入样式为“填充-蓝色，着色2，轮廓-着色2”的艺术字“DXF100地效飞机”，文字效果为“转换-弯曲-倒V形”。

(5)第2张幻灯片的“背景格式/填充”为“渐变填充”，类型为“射线”，并将该幻灯片移为第1张幻灯片。

(6)全部幻灯片切换方案设置为“时钟”，效果选项为“逆时针”。放映方式为“观众自行浏览”。

# 实验项目 5　因特网基础及简单应用

## 5.1　因特网基础

### 知识点 1:计算机网络基础

(1)计算机网络的定义

①计算机网络是将地理位置不同、具有独立功能的多台计算机及其外部设备,通过通信线路连接起来,实现数据通信和资源共享的一种计算机系统。

②计算机网络的通信设备主要有交换机、路由器、服务器、网关、防火墙、调制解调器等;常用网络的传输介质有光纤、双绞线、同轴电缆、微波等,如图 5-1 所示。

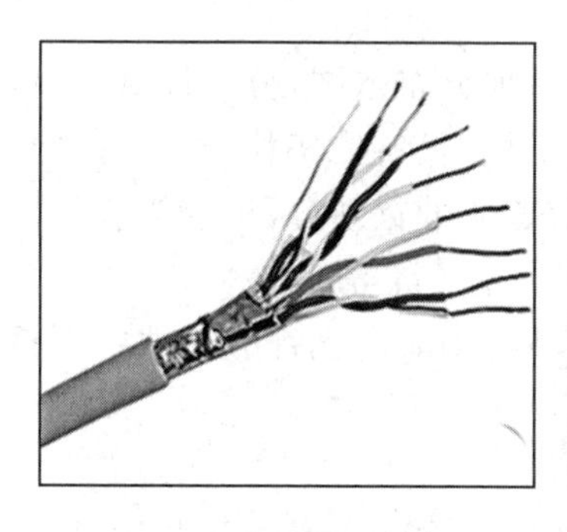

(a)双绞线(网线)

(b)同轴电缆

(c)光纤线

**图 5-1　几种常见的网络传输介质**

(2)计算机网络的组成

一个计算机网络由资源子网和通信子网构成,如图 5-2 所示。其中资源子网由计算机系统及各类终端和外设组成,主要负责信息处理;通信子网由信息处理机、通信线路及其他通信设备组成,主要负责网中的信息传递。

(3)计算机网络的功能

计算机网络的基本目的是实现数据通信和资源共享。计算机网络的主要功能可归纳为资源共享、数据通信、提高可靠性和分布式处理等方面。

①资源共享可实现计算机之间软硬件资源和数据资源的共享,大大提高利用率。

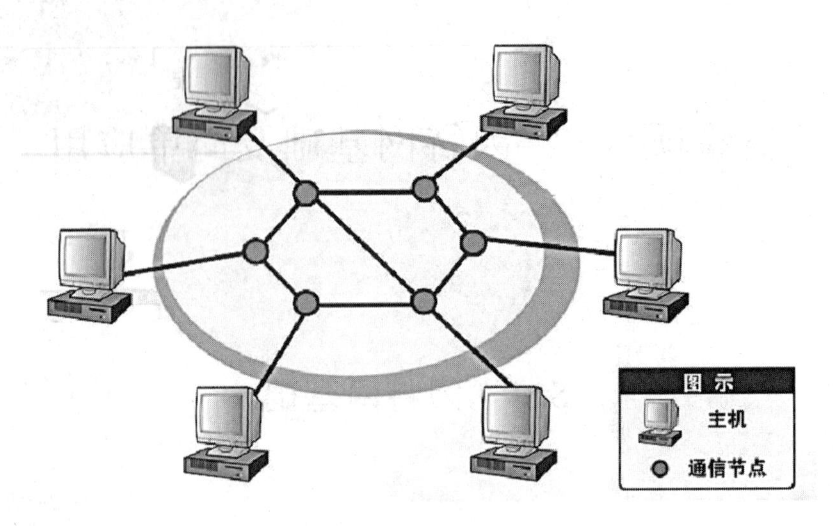


图 5-2　计算机网络的组成

②数据通信可将分散在不同地点的信息得到统一、集中管理。

③提高可靠性主要指每台计算机可通过计算机网络相互成为备用机，当网络中某台计算机负担过重时，可通过网络将新任务交给网络中较空闲的计算机完成，实现负荷均衡，从而提高每台计算机的可靠性和可用性。

④分布式处理是指可利用网络技术，合理选择网络资源，将大型的综合性问题交给网络中的多台计算机同时进行处理，从而快速解决问题，这大大节约了成本。

(4)计算机网络的分类

从不同角度出发，计算机网络可以有多种分类方法。按地理分布范围，分为局域网、城域网和广域网；按网络的交换方式，分为电路交换网络、报文交换网络；按拓扑结构，分为星型网络、总线型网络、环型网络、树型网络和网状型网络；按信道的带宽划分，可分为窄带网和宽带网；按用途的不同划分，可分为科研网、教育网、商业网和企业网等。

常见的局域网类型包括以太网(Ethernet)、令牌环网(TokenRing)、光纤分布式数据接口(FDDI)、异步传输模式(ATM)等。

(5)计算机网络体系结构

①OSI 参考模型：开放系统互联模型(OSI)将整个网络通信的功能划分为 7 个层次，由低到高分别是物理层、数据链路层、网络层、传输层、会话层、表示层、应用层，如图 5-3 所示。

网络互连需要通过网间连接设备来实现，由于 OSI 只有同层之间才可以相互通信，根据连接层的不同，对应的网间连接设备可分为中继器、网桥、路由器、网关。其中，中继器用于物理层的互连，网桥用于数据链路层间的互连，路由器用于网络层间的互连，网关用于传输层及以上层间的互连。

②TCP/IP 参考模型

与 OSI 不同，TCP/IP 是一个网络协议族，其中 Internet 协议 IP 和传输控制协议 TCP 为最核心的两个协议。IP 是 TCP/IP 体系中的网际层协议，负责分组数据的传输；TCP 是 TCP/IP 体系中的传输层协议，负责数据的可靠传输。

常用的几种 TCP/IP 协议族协议有：Telnet 远程登录、HTTP 超文本传输协议、FTP 文件

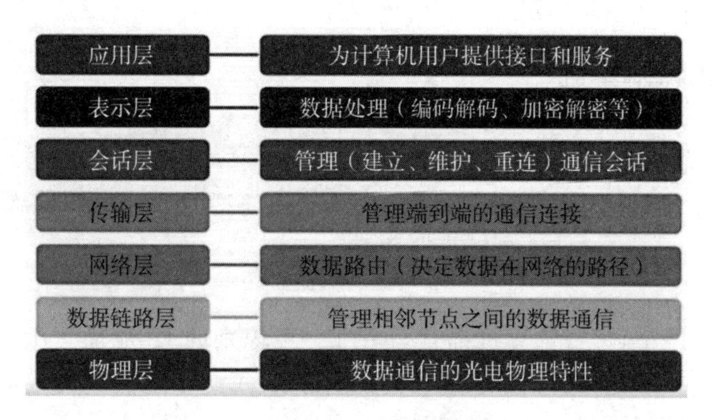


**图 5-3　OSI 七层模型**

传输协议、NNTP 网络新闻传输协议、POP3 第三代邮局协议、SMTP 简单邮件传输协议等。

(6)网络安全防控及网络防火墙

①计算机病毒

计算机病毒是一种人为编制的，以影响计算机使用为目的，具有破坏性并能自我复制的计算机指令或程序代码。

计算机病毒的特点包括传染性、潜伏性、破坏性和隐蔽性。

计算机病毒主要传播途径有光盘、U 盘、计算机网络、陌生人邮件、不合法的网站等。如果用户长期使用较简单的密码，随意浏览非法网站，不及时给系统打补丁，随意打开陌生人文件或邮件等，将有可能使自己的计算机感染上网络木马，导致个人信息泄漏。

②网络防火墙

计算机网络防火墙是指隔离本地网络和外界网络的一道防御系统，它可限制网络互访，同时对内部网络提供一定程度的保护，如图 5-4 所示。

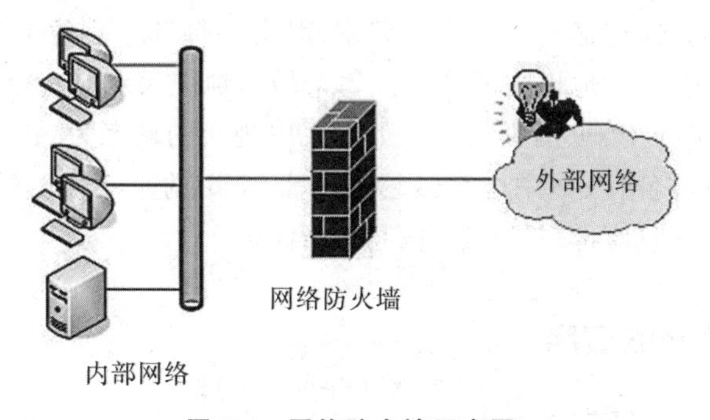


**图 5-4　网络防火墙示意图**

防火墙可扫描并控制外界对内部网络的访问，可及时记录访问的记录。利用防火墙可对内部网络进行子网划分，实现对内部重要网段的保护。但防火墙也具有一定的局限性，如无法防止来自内部的攻击；其对网络性能有一定的影响，会使网络速度有所下降等。

## 知识点2:因特网基础

(1)因特网概念

因特网是国际计算机互连网络,它将全世界不同类型的计算机及网络通过网络互连设备高速互连起来。

(2)IP地址

①在Internet网中,每台计算机都有一个唯一可识别的IP地址。IP地址是由32位二进制数组成。为了方便记忆,一般写成4个十进制数,每个十进制数的取值范围为0~255,每个数之间用"点号"间隔,如10.255.5.100。

②IP地址由网络号和主机号组成,网络号是用于标识该IP地址属于哪个特定网络,主机号是用于标识该网络中的某一台特定计算机。

③按照网络规模的大小划分,常用的IP地址有三类,分别是:

A类地址:以0开头,第1字节表示网络号,第2~4字节表示主机号。地址范围为1.0.0.1~126.255.255.254。

B类地址:以10开头,第1~2字节表示网络号,第3~4字节表示主机号。地址范围为128.0.0.1~191.255.255.254。

C类地址:以110开头,第1~3字节表示网络号,第4字节表示主机号。地址范围为192.0.0.1~223.255.255.254。

④有些特殊用途的IP地址是不能使用的,如网络号不能以127开头,不能全为0,不能全为1;主机号也不能全为0,不能全为1。

(3)DNS域名

①为解决IP地址不方便记忆的情况,ICANN公司提出了域名的概念。域名是专门为各种网站服务器提供方便记忆的一种字符型(一般由字母和数字组成)地址,并通过域名服务器DNS来实现域名和IP地址间的转换。每个域名地址仅对应一个IP地址,一般域名的格式为:企业名.企业性质代码.国家代码。如中央电视台的域名为cctv.com.cn。

②常用的国家级域名有cn(中国)、us(美国)等,常用的企业性质类型域名有com(商业类)、edu(教育类)、gov(政府部门)、info(信息服务)等。

## 知识点3:因特网的应用

(1)WWW

WWW万维网服务是建立在Internet上最典型的网络服务,它使用超文本标记语言(HTML)将图像、图形、动画、视频、声音集成到网页中。

WWW主要由浏览器、Web服务器和超文本传输协议三部分组成。用户通过浏览器向Web服务器发出请求,Web服务器向浏览器返回其所需的文档,然后浏览器解释该文档,并按照一定的格式显示在屏幕上。

(2)IE

①Internet Explorer(IE)是Microsoft公司开发的一种浏览器,向全世界免费提供使

用。IE界面主要由标题栏、菜单栏、地址栏、Web页显示区、状态栏、工具栏等组成，如图5-5所示。常见的浏览器还有谷歌浏览器、360浏览器、火狐浏览器等。

图5-5　IE浏览器界面

②浏览网页：在地址栏中输入特定网站的URL，如输入https://www.baidu.com/，按Enter键后，即可打开百度网站首页。

③收藏页面：单击菜单“收藏夹”→“添加到收藏夹”，在弹出的对话框中选择“创建位置”和“新建文件夹”，填写好网页收藏名并选择存放的收藏夹目录，单击“添加”按钮，即可将该网页进行收藏，如图5-6所示。

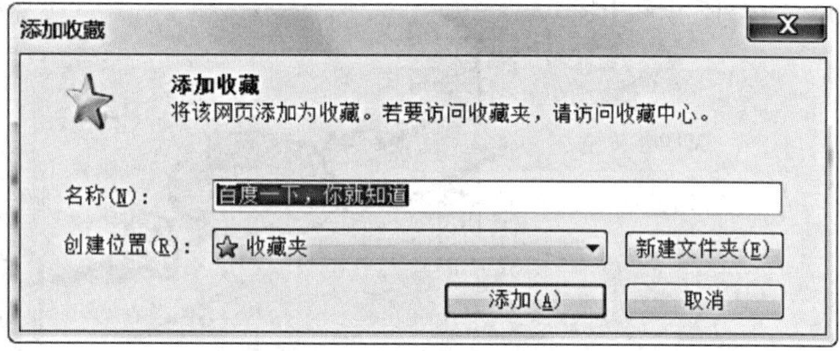


图5-6　收藏夹

④保存页面信息：单击菜单“文件”→“另存为”，在弹出的对话框中选择合适的文件类型和保存位置，即可将整个页面的各类文件保存起来。保存下来的页面信息在不联网的状态下，也可浏览部分图文信息。

保存网页中的文本：在网页中，选中所需的文本，执行复制命令(Ctrl+C)，即可复制该段文本，可到记事本或者Word文档中进行粘贴保存。

保存网页中的图片：鼠标指针指向特定图片，右击选择“图片另存为”，填写文件名，选择保存位置，即可将该图片保存到指定位置。

保存网页中的视频：可使用硕鼠官网，详见操作练习。

(3)FTP

FTP 文件传输是采用客户机/服务器模式,它可将文件通过网络从一台计算机复制到另一台计算机中。FTP 用户类型分为特许用户和匿名用户,特许用户可允许其不受限制地上传或下载文件,匿名用户可下载服务器中公共区域的文件,但不允许上传文件。

## 知识点 4:电子邮件 E-mail

(1)电子邮件 E-mail 概述

电子邮件是一种采用简单邮件传输协议(SMTP),通过网络实现传送和接收信息的现代化通信方式,包括接收、发送、管理电子邮件。电子邮件中除了普通文字外还可包含声音、动画、影像等,并且还可以使用"附件"功能,将文件或图片资料一起发送,使用"抄送"功能可将同一封邮件"暗中"发送给其他人。

(2)电子邮件的工作过程

电子邮件主要是通过发送邮件服务器和接收邮件服务器来完成邮件传送的。其发送的流程主要是先使用 SMTP 协议,将发件人的邮件发送到指定发件服务器上,再根据收件人的邮件地址,将邮件传递到对应的收件服务器上,最后通过 POP3 协议,收件人就能随时随地在收件服务器上取回属于自己的电子邮件,如图 5-7 所示。

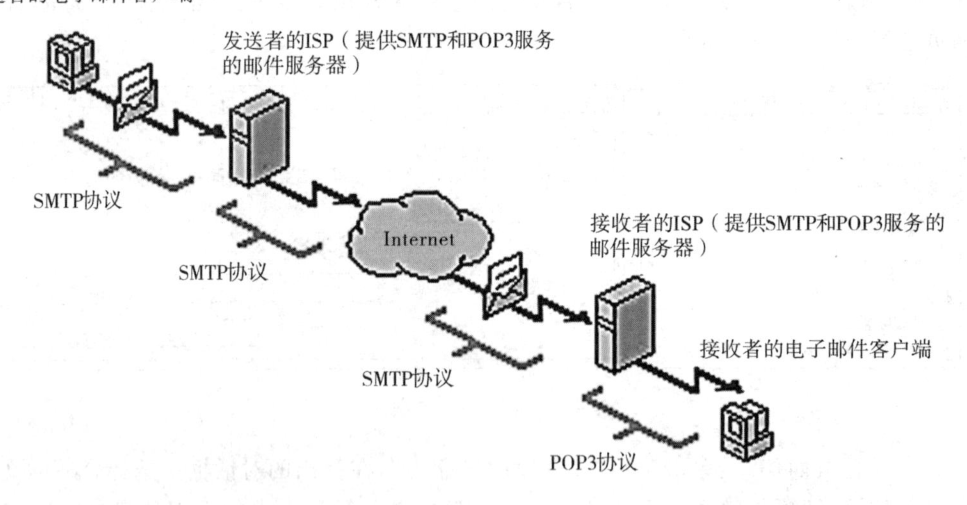


图 5-7 电子邮件收发原理

(3)电子邮件 E-mail 的组成

一个完整的 E-mail 地址主要由两部分组成,格式为:用户账号@邮件服务器域名。如 Hello2022@163. com,其中 Hello2022 是用户名,163. com 是邮件服务器域名。

# 5.2　IP 地址设置以及打印机共享

## 实验 5-1　设置 IP 地址并测试网络连通状态

### 实验目的

1. 掌握 IP 地址的设置方法；
2. 掌握测试网络连通状态的方法。

### 实验内容

根据给定的固定 IP 地址，设置个人电脑的 IP 地址、子网掩码、默认网关和 DNS 服务器地址等，并测试本地网络和外部网络是否连通。

### 实验步骤

1. 设置 IP 地址、子网掩码、默认网关和 DNS 服务器地址等。

打开"控制面板"窗口，修改"查看方式"为"大图标"，选择"网络和共享中心"→"本地连接"，弹出"本地连接 状态"对话框，如图 5-8 所示。

在"本地连接 状态"对话框中，单击"属性"→"Internet 协议版本 4(TCP/IPv4)"→"属性"，弹出 TCP/IPv4 属性窗口。选择"使用下面的 IP 地址"，输入对应的固定 IP 地址、子网掩码、默认网关和 DNS 服务器地址，即可完成 IP 地址等参数的设置，完成后效果如图 5-9 所示。

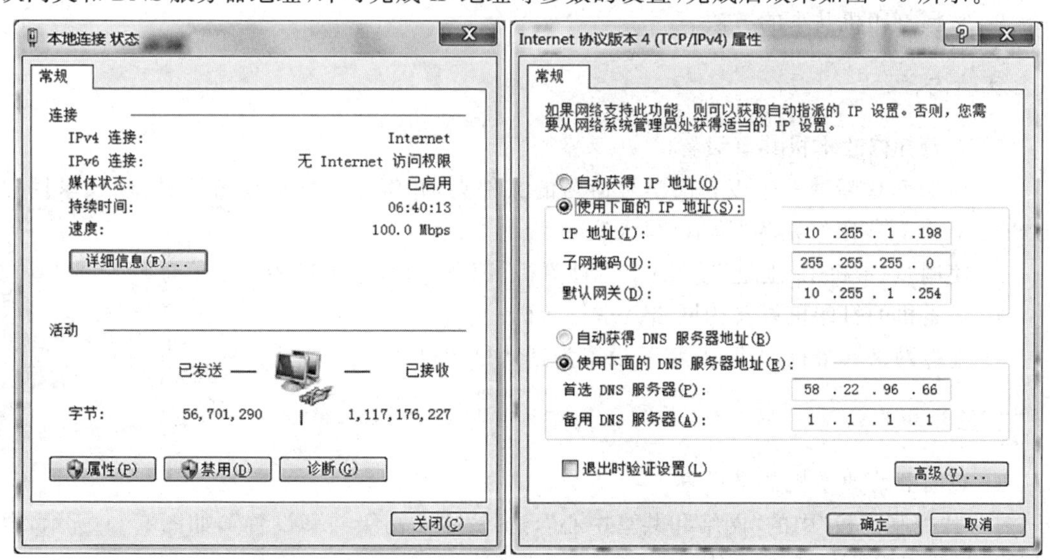


图 5-8　"本地连接"属性窗口　　　　图 5-9　TCP/IPv4 属性窗口

2. 测试网络的连通性。

打开“开始”菜单，执行“所有程序”→“附件”→“命令提示符”（或使用快捷键“Windows键+R”，输入cmd，并按回车）。在打开的命令窗口中，完成如下两个测试指令，测试指令如图5-10所示，并查看测试结果。

（1）输入“ping 默认网关地址”，如输入ping 10.255.1.254，回车后，即可测试个人主机是否可正常连通本地的网关主机，无法连通说明内部网络不通。

（2）输入“ping DNS 地址”，如输入ping 58.22.96.66，回车后，即可测试主机是否可正常连接外网。

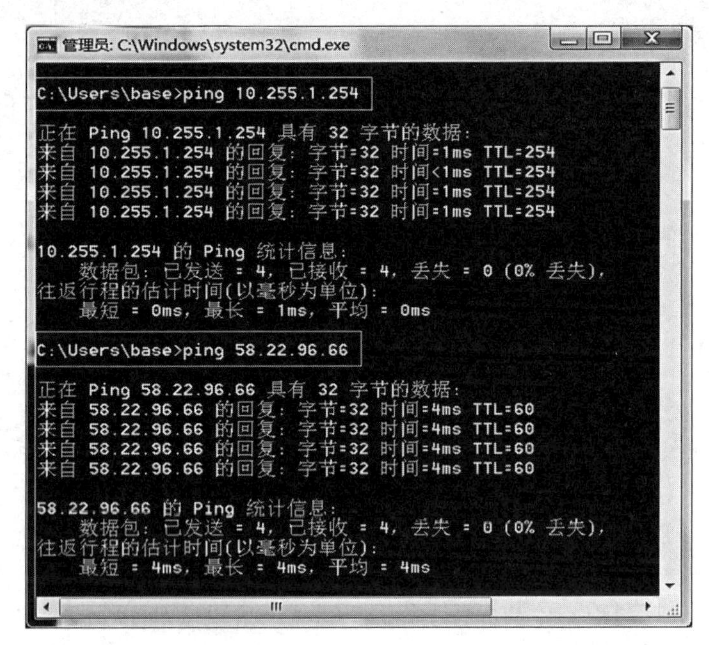


**图5-10　使用ping命令测试网络连通状态**

## 实验5-2　设置文件共享及打印机共享

### 实验目的

1. 掌握文件夹共享的设置；
2. 掌握打印机共享的方法。

### 实验内容

1. 查看并修改本机共享设置。
2. 在D盘中新建一个以自己学号命名的文件夹，并将该文件夹设置为共享，共享用户为“Everyone”，权限级别为“读取/写入”；
3. 使用“\\本机IP地址”或“\\本机计算机名”命令，查看主机的共享信息；
4. 将本机的打印机设置为网络共享打印机；
5. 连接网络共享打印机，并将其设置为默认打印机。

### 实验步骤

1. 查看并修改本机共享设置。

打开“控制面板”中的“网络和共享中心”，选择“更改高级共享设置”，如图5-11所示，根据需要配置相应的共享选项，其中：

步骤(1)：“启用网络发现”后，才可在网络中找到其他计算机或设备，并可使自身被其他计算机发现。

步骤(2):“启用文件和打印机共享”后,本机共享的文件和打印机才可被其他用户访问。

步骤(3):“启用密码保护共享”后,访问本机共享文档和打印机时,需要输入本机的用户名和密码进行身份验证。

图 5-11　“高级共享设置”窗口

2. 在 D 盘中新建一个以自己学号命名的文件夹,并将该文件夹设置为共享,共享用户为“Everyone”,权限级别为“读取/写入”。

步骤(1):在 D 盘中新建一个以自己学号命名的文件夹,右击该文件夹,选择“属性”→切换到“共享”选项卡,打开“共享”属性窗口,如图 5-12 所示。

图 5-12　“共享”选项卡窗口

步骤(2):单击“共享”按钮,在弹出的对话框中,添加“Everyone”用户(选择 Everyone 用户的目的是降低权限,让所有用户都能访问),设置权限级别为“读取/写入”,最后单击“共享”按钮,即可完成文件夹共享,结果如图 5-13 所示。

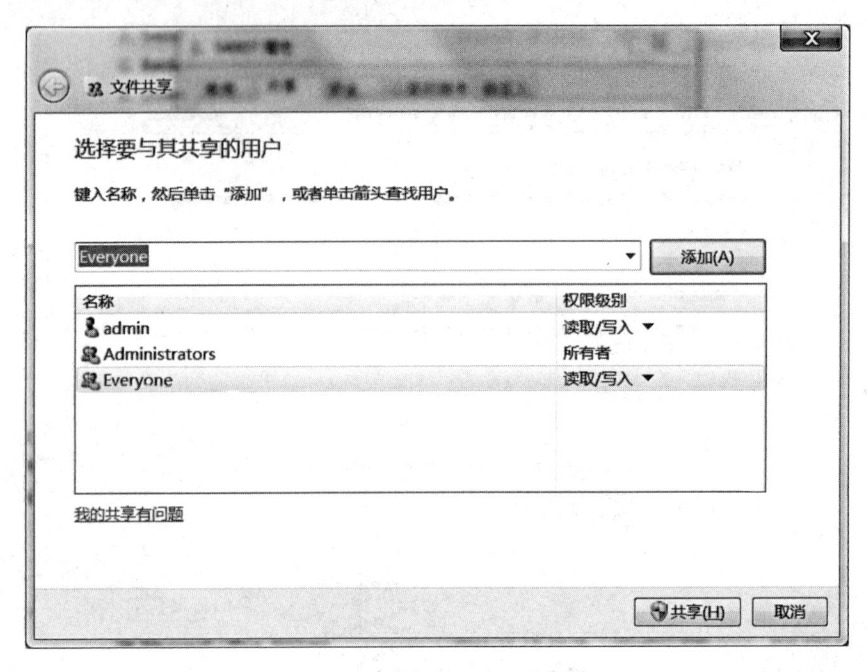


图 5-13 “文件共享”对话框

3. 使用“\\本机 IP 地址”或“\\本机计算机名”命令,查看主机的共享信息。

在任意窗口的地址栏中,输入“\\IP 地址”或“\\计算机名”,如\\10.255.1.198,按下回车,即可查看该计算机的共享资源,达到访问本机或其他计算机共享信息的目的,如图 5-14 所示。

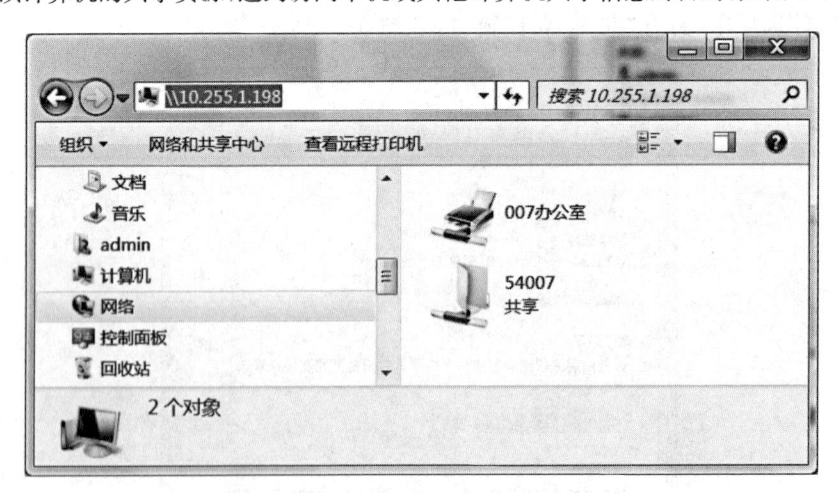


图 5-14 使用 IP 地址访问共享信息

4. 将本机的打印机设置为网络共享打印机。

打开“控制面板”中的“设备和打印机”,如图 5-15 所示。在窗口中右击需要共享的打印机,选择“打印机属性”→切换到“共享”选项卡→勾选“共享这台打印机”→输入共享名,点击

"确定",即可将本机的打印机设置为网络共享打印机,如图 5-16 所示。

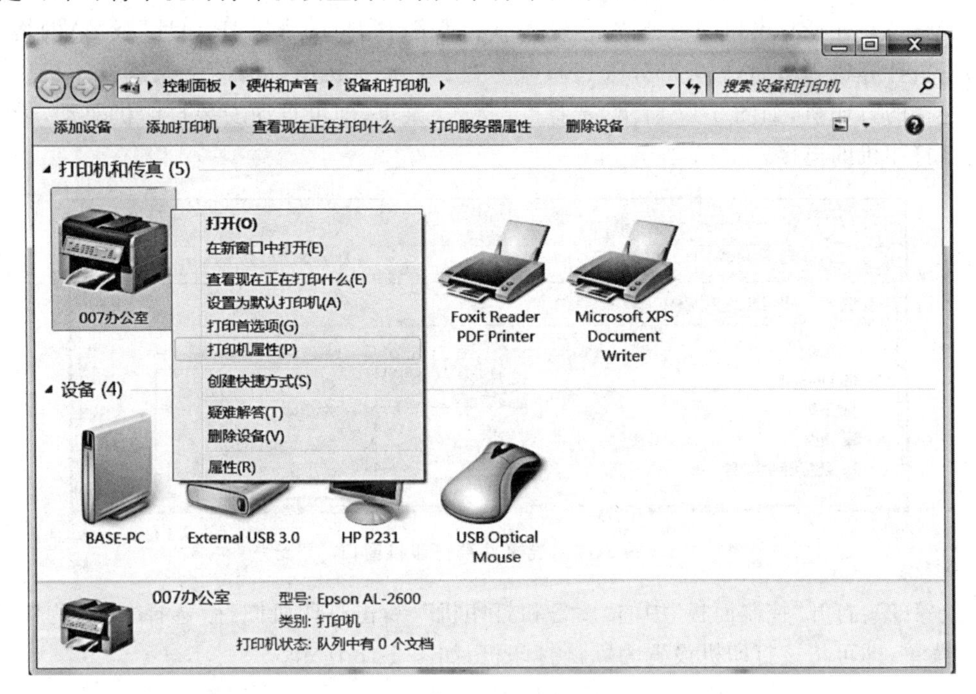


图 5-15 "设备和打印机"窗口

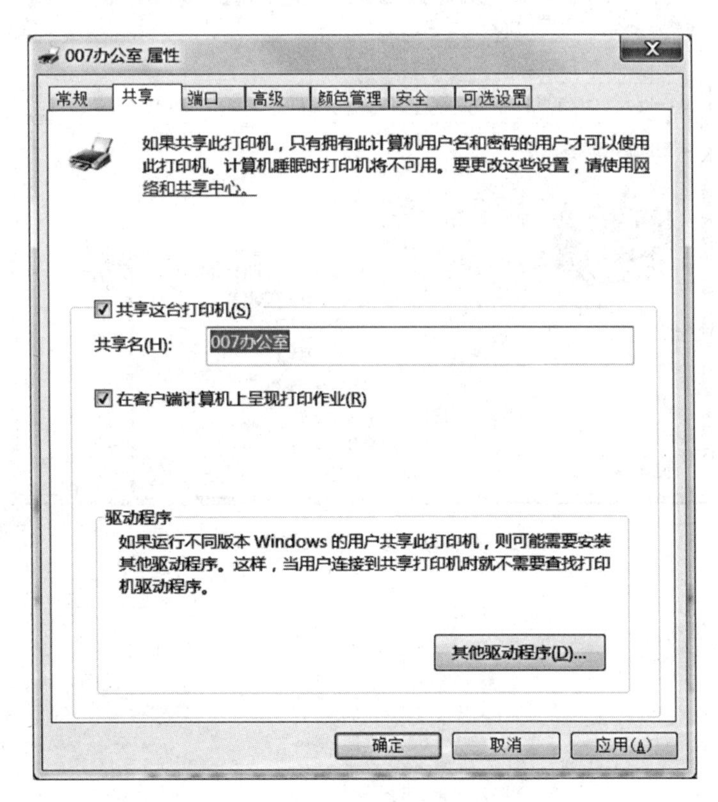


图 5-16 打印机"共享"属性窗口

5. 连接网络共享打印机,并将其设置为默认打印机。

步骤(1):在任意窗口的地址栏中,输入"\\ 网络打印机的主机 IP 地址"或"\\网络打印机的主机计算机名",如\\10.255.5.130,即可查看目标主机所有的网络共享打印机。右击需要连接的打印机,如图 5-17 所示,选择"连接…"菜单,即可自动安装打印机驱动,最终完成网络打印机的连接。

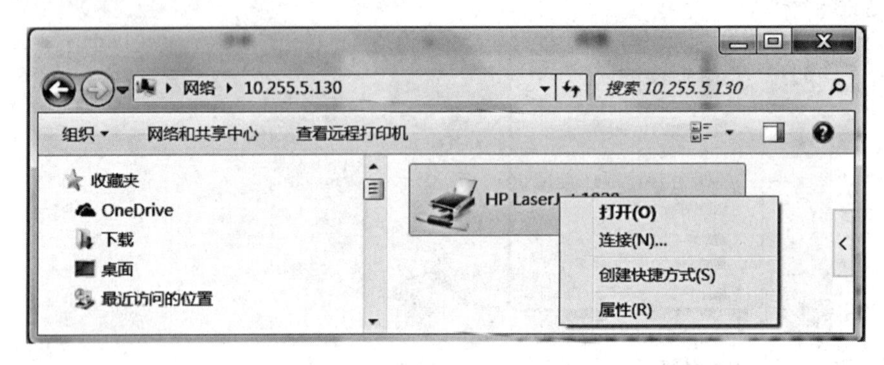


图 5-17　连接共享打印机窗口

步骤(2):打开"控制面板"中的"设备和打印机",右击打印机图标,选择"设置为默认打印机"菜单,即可将该打印机设置为默认打印机,如图 5-18 所示。

图 5-18　设置默认打印机

# 5.3　浏览器及 FTP 的使用

## 实验 5-3　浏览器的使用

### 实验目的

1. 掌握浏览器的使用方法；
2. 掌握下载及保存网页中文字、图片、视频等资源的方法。

### 实验内容

1. 使用任意一种浏览器，访问新浪新闻网：https://news.sina.com.cn/，并选择“科技”板块，收藏该页面，并将该页面设置为浏览器主页。

2. 在科技板块中，选择任意一条新闻，将该新闻中的某张图片保存到“D:\实验 5-3”文件夹，文件名为“keji.jpg”，并将其中一段文字以文本文件的格式保存到“D:\实验 5-3”文件夹，文件名为“keji.txt”。

3. 利用 https://www.flvcd.com/index.htm 硕鼠官网下载新浪视频中的任意一个和计算机相关的视频，保存到“D:\实验 5-3”文件夹中。

### 实验步骤

1. 使用 IE 浏览器，访问新浪新闻网：https://news.sina.com.cn/，并选择“科技”板块，收藏该页面，并将该页面设置为浏览器主页。

步骤(1)：打开 IE 浏览器，在地址栏中输入访问的 URL 地址：https://news.sina.com.cn/，并点击“科技”板块链接，即可进入“科技”板块，如图 5-19 所示。

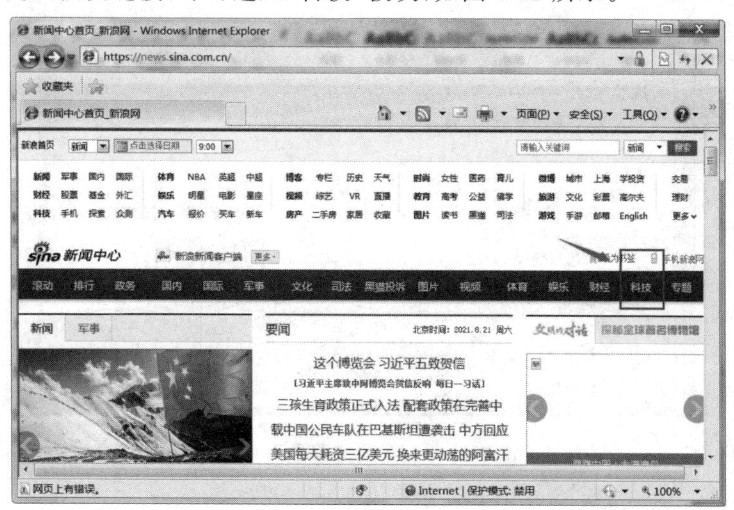


图 5-19　打开网页页面

步骤(2):如果浏览器菜单被隐藏,可按下键盘 Alt 键,显示浏览器菜单,如图 5-20 所示。点击“收藏夹”菜单→选择“添加到收藏夹”选项,在弹出对话框中,设定好“名称”和“创建位置”,点击“添加”,即可完成网址的收藏,如图 5-21 所示。

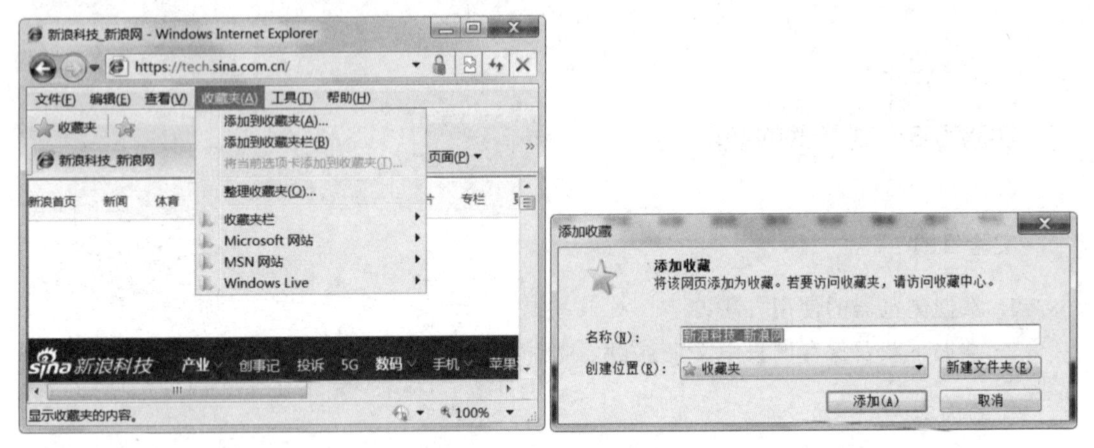


图 5-20　添加收藏夹页面　　　　图 5-21　添加收藏对话框

步骤(3):单击浏览器菜单“工具”→选择“Internet 选项”,在弹出的对话框中,如图 5-22 所示,选择“常规”选项卡→单击“使用当前页”按钮→点击“确定”按钮,即可将本页面设置为浏览器主页。

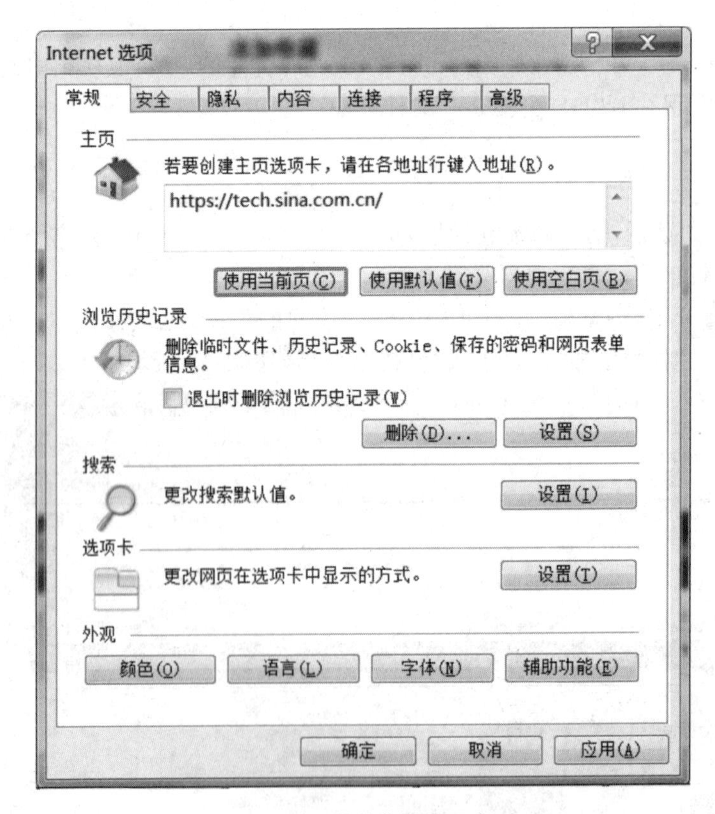


图 5-22　设置浏览器主页窗口

2. 在科技板块中，选择任意一条新闻，将该新闻中的某张图片保存到“D:\实验 5-3”文件夹，文件名为“keji.jpg”，并将其中一段文字以文本文件的格式保存到“D:\实验 5-3”文件夹，文件名为“keji.txt”。

步骤(1)：在“科技”板块页面中，点击任意一条新闻，即可浏览该新闻，如图 5-23 所示。

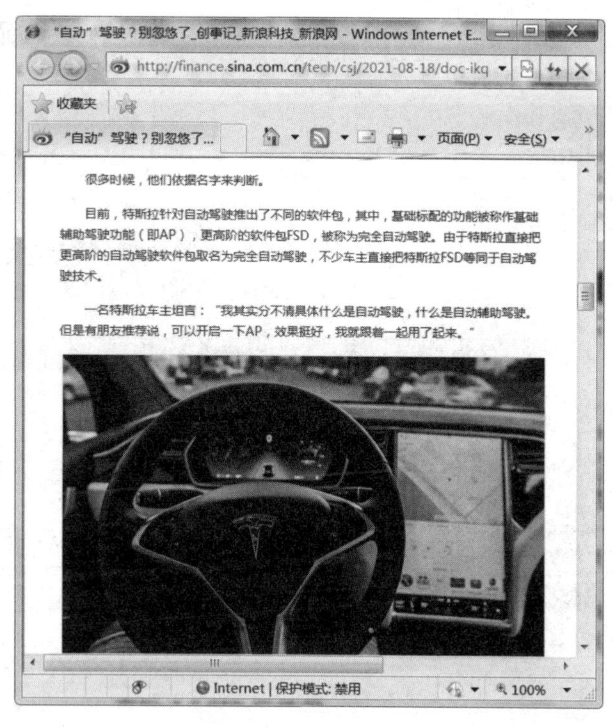


**图 5-23　浏览网页**

步骤(2)：将鼠标定位到需要保存的图片上，右击→选择“图片另存为”→修改保存路径为“D:\实验 5-3”，保存文件名为“keji.jpg”→点击“保存”。

步骤(3)：在网页中，选中需要保存的文字，右击选中区域→选择“保存为文本”→修改保存路径为“D:\实验 5-3”，保存文件名为“keji.txt”→点击“保存”。

如无“保存为文本”选项，可右击鼠标→选择“复制”(Ctrl+C)，然后打开“附件”中的“记事本”→执行记事本中“编辑”菜单中的“粘贴”命令(Ctrl+V)→执行“文件”菜单中的“另存为”→修改保存路径为“D:\实验 5-3”，保存文件名为“keji.txt”→点击“保存”。

3. 利用 https://www.flvcd.com/index.htm 硕鼠官网下载新浪视频中的任意一个和计算机相关的视频，保存到“D:\实验 5-3”文件夹中。

步骤(1)：同上操作，访问新浪“视频”板块，打开一条与计算机相关的视频新闻，在“地址栏”中，选中该新闻的 URL 网址→右击，选择“复制”，即可复制该网页地址，如图 5-24 所示。

**图 5-24　复制网页 URL 地址**

步骤(2)：访问硕鼠官网：https://www.flvcd.com/，在搜索栏中，右击粘贴(Ctrl+V)上一步所复制的视频网址，点击“开始 go”按钮，即可搜索该网页中包含的所有视频资源，如图 5-25 所示。

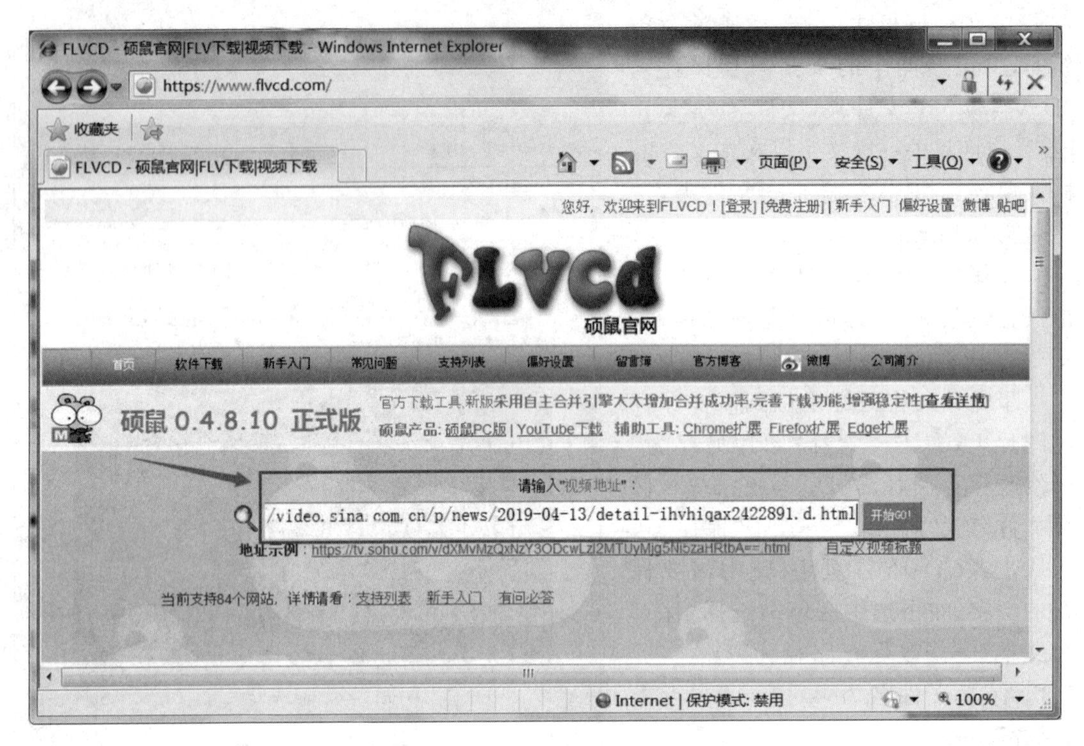


图 5-25　硕鼠官网

步骤(3)：在解析结果页面中，如图 5-26 所示，点击“下载地址”中的链接，可直接下载对应的视频，将该视频保存到“D:\实验 5-3”文件夹中。也可点击“用硕鼠下载该视频”按钮，切换至硕鼠软件中进行下载并将视频保存到“D:\实验 5-3”文件夹中。

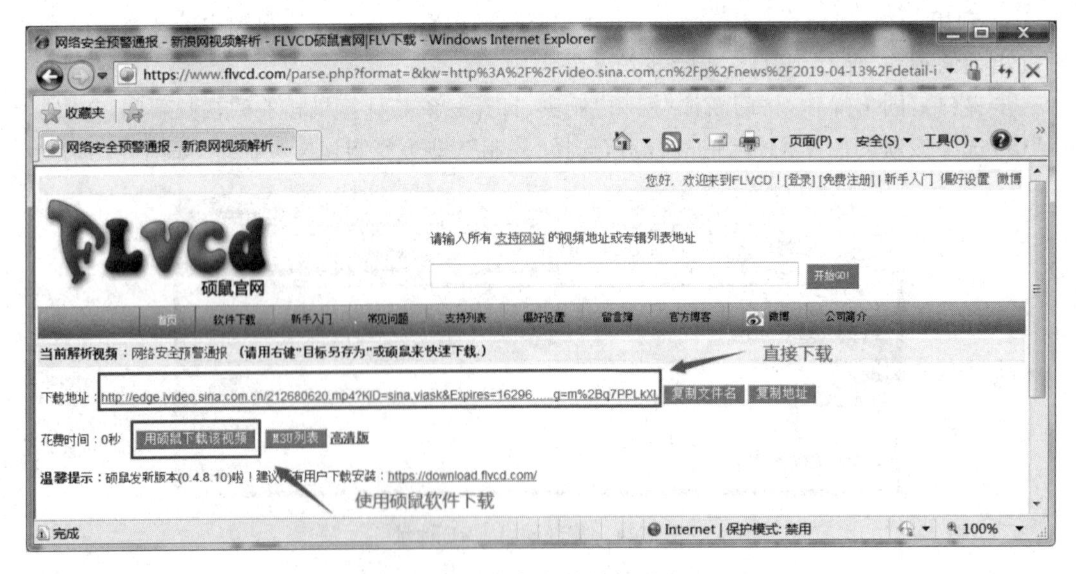


图 5-26　视频解析结果页面

# 5.4　电子邮件的简单应用

## 实验5-4　电子邮件的收发

### 实验目的

1. 掌握电子邮件的收发功能；
2. 掌握在电子邮件中上传和下载附件、添加通讯录、抄送等功能。

### 实验内容

1. 接收邮件：接收并阅读来自朋友小明的邮件(wangming@163.com)，主题为“生日快乐”，并将邮件中的附件“生日贺卡.jpg”保存到“D:\实验5-4”文件夹中。

回复该邮件，回复内容为“贺卡已收到，谢谢你的祝福！”，发件人邮箱地址为：dengkao@163.com。

2. 发送邮件：向王老师(siling@163.com)发送邮件，并抄送给ygxy@163.com，邮件主题为“学院教师任课信息”，邮件内容为“王老师：根据学校要求，请按照附件表格要求填写学院教师任课信息，并于本周四前返回，谢谢！”，将文件“统计.xlsx”作为附件一并发送。

同时新建一个联系人分组，分组名为“学院同事”，并将收件人信息保存至通讯簿中。其中，“姓名”栏填写“王小令”，“电子邮箱”栏填写“siling@163.com”。

### 实验步骤

1. 接收邮件：接收并阅读来自朋友小明的邮件(wangming@163.com)，主题为“生日快乐”，并将邮件中的附件“生日贺卡.jpg”保存到“D:\实验5-4”文件夹中。回复该邮件，回复内容为“贺卡已收到，谢谢你的祝福！”，发件人邮箱地址为：dengkao@163.com。

步骤(1)：打开电子邮件模拟软件，单击“发送/接收”，即可接收所有邮件，如图5-27所示。选择“收件箱”，在右侧双击需要查看的邮件，即可阅读该邮件的内容，如图5-28所示。

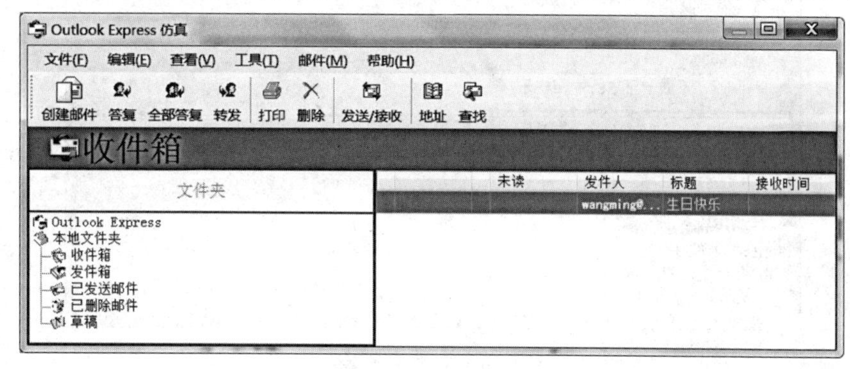


图5-27　收件箱界面

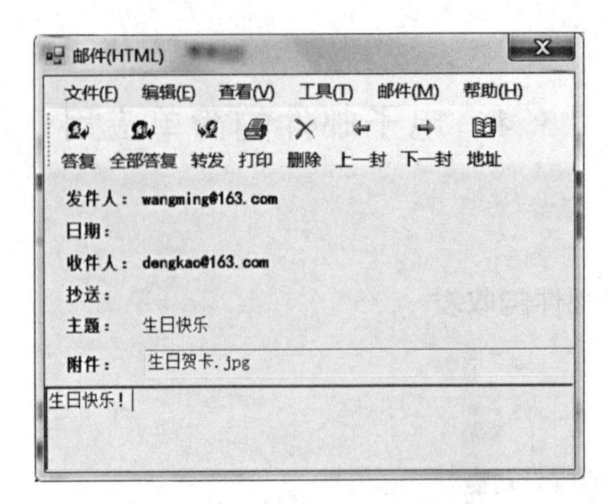


图 5-28 查看电子邮件窗口

步骤(2)：在上述查看的邮件窗口中，单击“文件”→“保存附件”→选择保存路径为“D:\实验 5-4”文件夹→“保存”，如图 5-29 所示，即可下载该邮件中的附件。

步骤(3)：在上述查看的邮件中，单击“答复”按钮，进入回复邮件窗口，填写“发件人”邮箱地址 dengkao@163.com，填写回复内容“贺卡已收到，谢谢你的祝福！”后，点击“发送”，即可完成邮件回复，如图 5-30 所示。

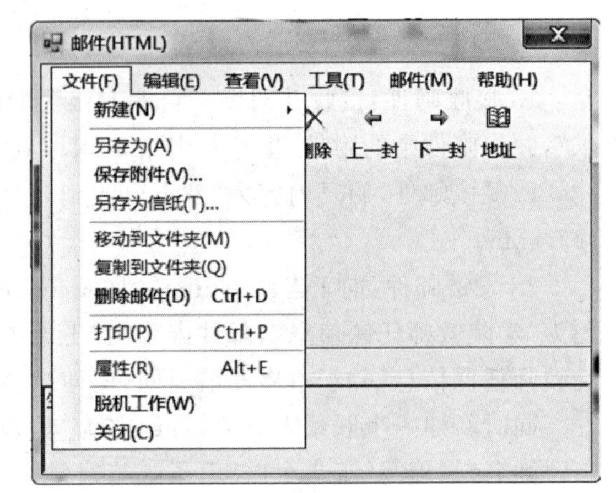


图 5-29 下载附件窗口

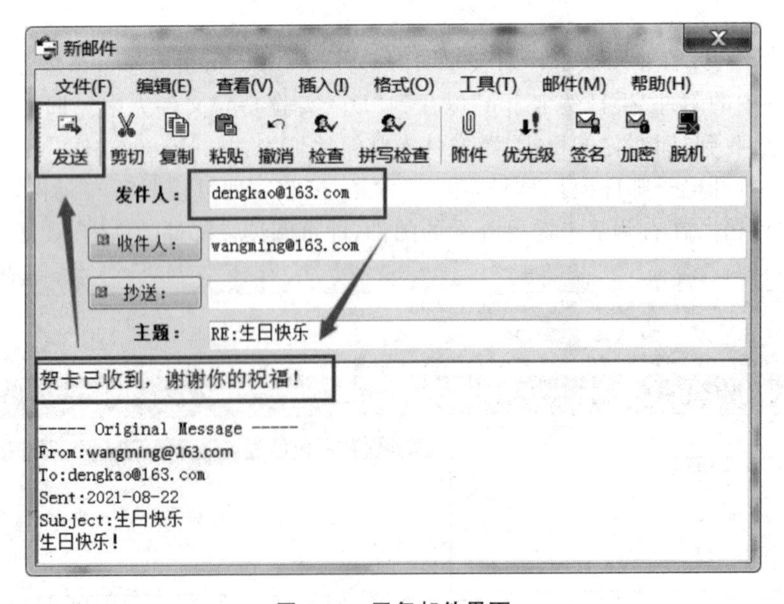


图 5-30 回复邮件界面

2. 发送邮件：向王老师(siling@163.com)发送邮件，并抄送给 ygxy@163.com，邮件主题为“学院教师任课信息”，邮件内容为“王老师：根据学校要求，请按照附件表格要求填写学院教师任课信息，并于本周四前返回，谢谢！”，将文件“统计.xlsx”作为附件一并发送。同时新建一个联系人分组，分组名为“学院同事”，并将收件人信息保存至通讯簿中。其中，“姓名”栏填写“王小令”，“电子邮箱”栏填写“siling@163.com”。

步骤(1)：打开邮件模拟软件，单击“创建邮件”，进入新邮件编辑页面，按要求填写下列邮件各项基本信息，如图 5-31 所示：

收件人地址：siling@163.com

抄送地址：ygxy@163.com

邮件主题：学院教师任课信息

邮件内容：王老师：根据学校要求，请按照附件表格要求填写学院教师任课信息，并于本周四前返回，谢谢！

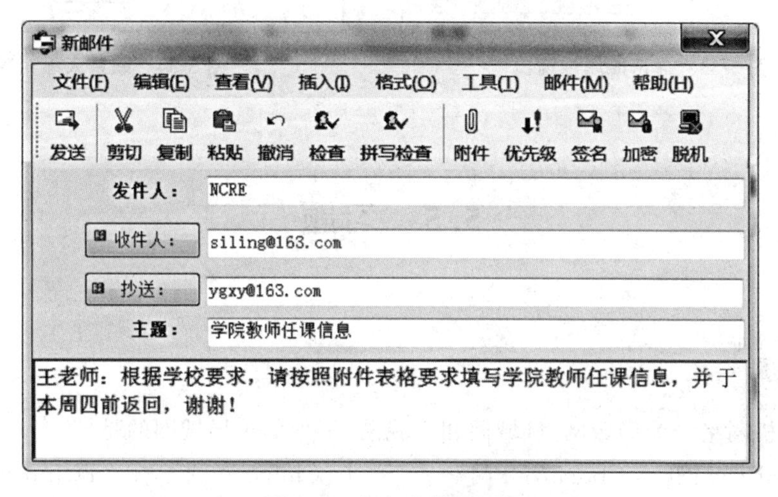


图 5-31　新邮件编辑页面

步骤(2)：单击“附件”按钮，选择实验目录下的“统计.xlsx”文件，即可完成附件的添加。

步骤(3)：单击“发送”按钮，即可完成邮件的发送，可在“已发送邮件”中查看邮件发送状态。

步骤(4)：执行“工具”菜单下的“通讯簿”，即可打开通讯簿窗口，如图 5-32 所示。单击“新建”→“新建组”，在弹出的属性窗口中，如图 5-33 所示，填写组名“学院同事”，继续单击“新建联系人”，在联系人属性窗口中，填写如下信息，如图 5-34 所示：

姓名：王小令

电子邮箱：siling@163.com

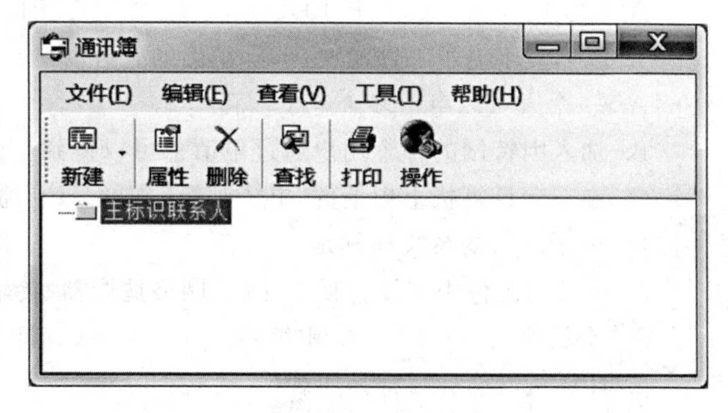


图 5-32　通讯簿编主窗口

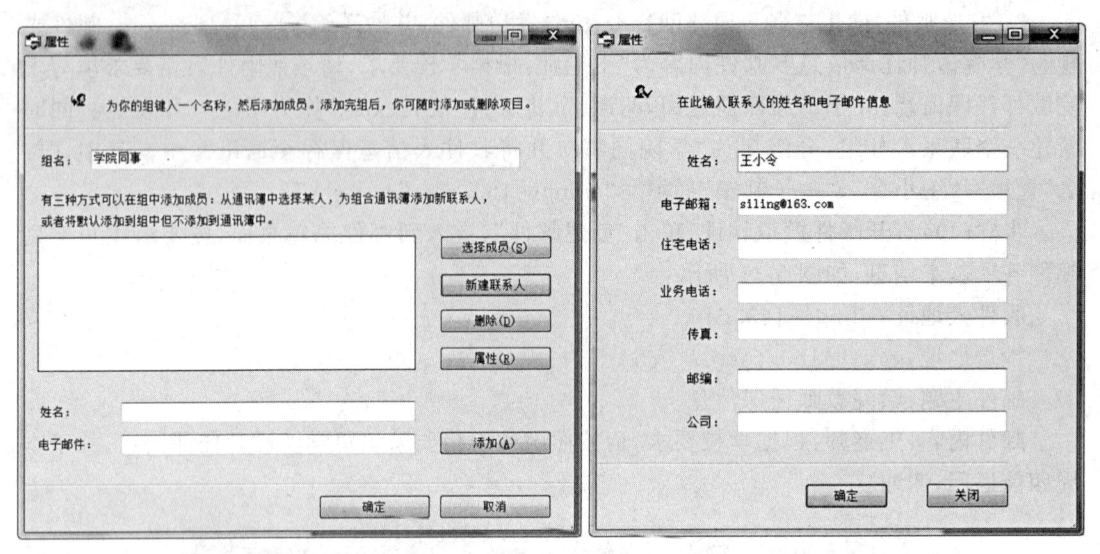


图 5-33　通讯簿属性窗口　　　　图 5-34　联系人编辑窗口

## 5.5　习题

一、选择题

1. 计算机网络分为局域网、城域网和广域网，下列属于局域网的是(　　)。

A. ChinaDDN 网　　B. Novell 网　　C. Chinanet 网　　D. Internet

2. Modem 是计算机通过电话线接入 Internet 时所必需的硬件，它的功能是(　　)。

A. 为了在上网的同时能打电话　　B. 将模拟信号和数字信号互相转换

C. 只将模拟信号转换为数字信号　　D. 只将数字信号转换为模拟信号

3. 域名 MH.BIT.EDU.CN 中主机名是(　　)。

A. CN　　B. EDU　　C. BIT　　D. MH

4. 以下关于电子邮件的说法，不正确的是(　　)。

A. 一个人可以申请多个电子信箱

B. 加入因特网的每个用户通过申请都可以得到一个“电子邮箱”

C. 在一台计算机上申请的“电子邮箱”，以后只有通过这台计算机上网才能收信

D. 电子邮件的英文简称是 E-mail

5. 局域网硬件中主要包括工作站、网络适配器、传输介质和(　　)。

A. 交换机　　B. 中继器　　C. 打印机　　D. Modem

6. 计算机网络的目标是实现(　　)。

A. 资源共享和信息传输　　B. 文献检索和收发邮件

C. 数据处理和网上聊天　　D. 信息传输和网络游戏

7. 因特网中 IP 地址用四组十进制数表示，每组数字的取值范围是(　　)。

A. 0～256　　B. 0～128　　C. 0～255　　D. 0～127

8. Internet 最初创建时的应用领域是(　　)。

A. 军事　　B. 经济　　C. 外交　　D. 教育

9. 计算机网络中传输介质传输速率的单位是 bps，其含义是(　　)。

A. 字段/秒　　B. 字/秒　　C. 二进制位/秒　　D. 字节/秒

10. 若网络的各个节点通过中继器连接成一个闭合环路，则称这种拓扑结构称为(　　)。

A. 树型拓扑　　B. 星型拓扑　　C. 环型拓扑　　D. 总线型拓扑

11. 下列各选项中，不属于 Internet 应用的是(　　)。

A. 新闻组　　B. 网络协议　　C. 索引引擎　　D. 远程登录

12. 若要将计算机与局域网连接，至少需要具有的硬件是(　　)。

A. 路由器　　B. 网卡　　C. 集线器　　D. 网关

13. Internet 实现了分布在世界各地的各类网络的互连，其最基础和核心的协议是(　　)。

A. HTTP　　B. TCP/IP　　C. HTML　　D. FTP

14. 能够利用无线移动网络上网的是(　　)。

A. 部分具有上网功能的手机　　B. 内置无线网卡的笔记本电脑

C. 部分具有上网功能的平板电脑　　D. 以上全部

15. 通常网络用户使用的电子邮件建在(　　)。

A. 收件人的计算机上　　B. 用户的计算机上

C. 发件人的计算机上　　D. ISP 的邮件服务器上

16. 下列度量单位中，用来度量计算机网络数据传输速率(比特率)的是(　　)。

A. MB/s　　B. GHZ　　C. Mbps　　D. MIPS

17. 计算机网络中，若所有的计算机都链接到一个中心节点上，当一个网络节点需要传输数据时，首先传输到中心节点上，然后由中心节点转发到目的节点，这种链接结构称为(　　)。

A. 总线结构　　B. 环型结构　　C. 星型结构　　D. 网状结构

18. 关于因特网防火墙，下列叙述中错误的是(　　)。

A. 可以阻止来自内部的威胁与攻击

B. 为单位内部网络提供了安全边界

C. 可以使用过滤技术在网络层对数据进行选择

D. 防止外界入侵单位内部网络

19. FTP 是因特网中(　　)。

A. 浏览网页的工具　　B. 用于传送文件的一种服务

C. 一种聊天工具　　D. 发送电子邮件的软件

20. 主要用于实现两个不同网络互连的设备是(　　)。

A. 路由器　　B. 调制解调器　　C. 集线器　　D. 转发器

21. 按照网络的拓扑结构划分的以太网(Ethernet)属于(　　)。

A. 总线型网络结构　　B. 星型网络结构　　C. 环型网络结构　　D. 树型网络结构

22. 在 Internet 上浏览时，浏览器和 www 服务器之间传输网页使用的协议是(　　)。

A. SMTP　　B. HTTP　　C. IP　　D. FTP

23. 要在 Web 浏览器中查看某一电子商务公司的主页，应知道(　　)。

A. 该公司的电子邮件地址　　B. 该公司的 WWW 地址

C. 该公司法人的电子邮箱　　D. 该公司法人的 QQ 号

24. 通信技术主要是用于拓展人的(　　)。

A. 传递信息功能　　B. 收集信息功能

C. 处理信息功能　　D. 信息的控制与使用功能

25. 广域网中采用的交换技术大多是(　　)。

A. 自定义变换　　B. 报文变换　　C. 电路交换　　D. 分组交换

26. 在因特网上，一台计算机可以作为另一台主机的远程终端，使用该主机的资源，该项服务称为(　　)。

A. FTP　　B. Telnet　　C. BBS　　D. WWW

27. 下列关于电子邮件的说法，正确的是(　　)。

A. 发件人必须有 E-mail 地址，收件人可以没有 E-mail 地址

B. 发件人必须知道收件人地址的邮政编码

C. 收件人和发件人都必须有 E-mail 地址

D. 收件人必须有 E-mail 地址，发件人可以没有 E-mail 地址

28. 接入因特网的每台主机都有一个唯一可识别的地址，称为(　　)。

A. TCP 地址　　B. URL　　C. IP 地址　　D. TCP/IP 地址

29. 写邮件时，除了发件人地址外，另一项必须要填写的是(　　)。

A. 信件内容　　B. 抄送　　C. 收件人地址　　D. 主题

30. 计算机网络中常用的传输介质中传输速率最快的是(　　)。

A. 双绞线　　B. 同轴电缆　　C. 光纤　　D. 电话线

31. 计算机网络最突出的优点是(　　)。

A. 共享资源　　B. 运算速度快　　C. 容量大　　D. 精度高

32. 为实现以 ADSL 方式接入 Internet，至少需要在计算机中配备的一个关键硬设备是(　　)。

A. 网卡　　B. 调制解调器　　C. 服务器　　D. 集线器

二、操作题

习题 1

(1)某网站的主页地址为 http://localhost/index.html，使用浏览器打开主页，浏览“福建名人”页面，查找介绍“林则徐”的页面内容。将页面中林则徐的照片保存到考生文件夹中，文件名为“linzexu.jpg”，并将此网页的文字内容以文本文件的格式保存到考生文件夹中，文件名为“linzexu.txt”。

(2)接收并阅读由 apple@163. com 发来的 E-mail，将邮件中的附件下载到考生文件夹中，并将此地址保存到通讯簿中，姓名为“王苹”。

习题2

(1)某网站的主页地址为 http://localhost/index.html,使用浏览器打开主页,找到最强选手“王峰”的页面,将此页面保存到考生文件夹,文件名为“Wangfeng”,保存类型为“网页,仅 HTML(*.htm;*.html)”,再将页面上人物的图像保存到考生文件夹下,文件名为“photo.jpg”。

(2)给王军同学(wj@163. com)发送 E-mail,同时将该邮件抄送给李亮老师(liliang@163. com)。

邮件内容:“资料已填写完毕,请查收。赵婷”;

将考生文件夹下的“个人资料汇总.xlsx”文件作为附件一同发送;

邮件主题:赵婷的资料。

习题3

(1)某网站的主页地址为 http://localhost/index.html,使用浏览器打开主页,将页面上所有最强选手的姓名作为 Word 文档的内容,每个姓名用逗号间隔,并将该 Word 文档保存到考生文件夹下,文件名为“allnames.docx”。

(2)接收并阅读由 xiaopingguo@163. com 发来的 E-mail,将此邮件地址保存到通讯簿中,姓名输入“小苹果”,并新建一个联系人分组,分组名为“大学同学”,将“小苹果”加入此分组中。

# 实验项目 6　实用工具软件的使用

## 6.1　拓展实践

### 实验 6-1　打印机的使用

打印机是计算机重要的输出设备，也是办公自动化系统的一个重要设备。打印机根据打印原理可以分为以下三类：针式打印机、喷墨打印机和激光打印机。针式打印机通过打印针对色带的机械撞击，在打印介质上产生小点，最终由小点组成所需打印的对象，一般用于银行、超市等票单打印；喷墨打印机是一种经济型非击打式的高品质打印机，通过将墨滴喷射到打印介质上形成文字或图像；激光打印机使用硒鼓粉盒，其打印原理是利用光栅图像处理器产生要打印页面的位图，然后将其转换为电信号等一系列的脉冲送往激光发射器，在这一系列脉冲的控制下，激光被有规律地放出。从打印速度来看，激光打印机打印速度最快，喷墨打印机次之，针式打印机最慢。

实验目的

1. 掌握打印机的安装方法；
2. 掌握打印机的打印设置方法。

实验内容

1. 安装打印机；
2. 文档打印设置。

实验步骤

1. 安装打印机。

法一：

步骤(1)：单击“开始”菜单→选择“设备和打印机”，如图 6-1 所示。

步骤(2)：在打开的窗口中单击“添加打印机”，如图 6-2 所示。

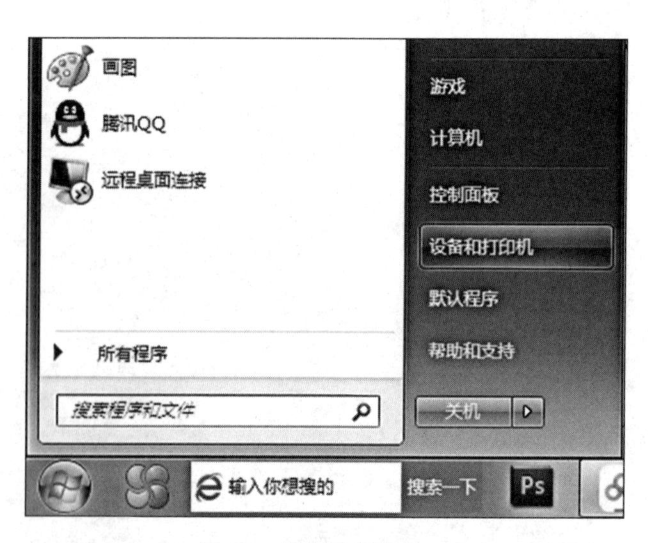


图 6-1　设备和打印机

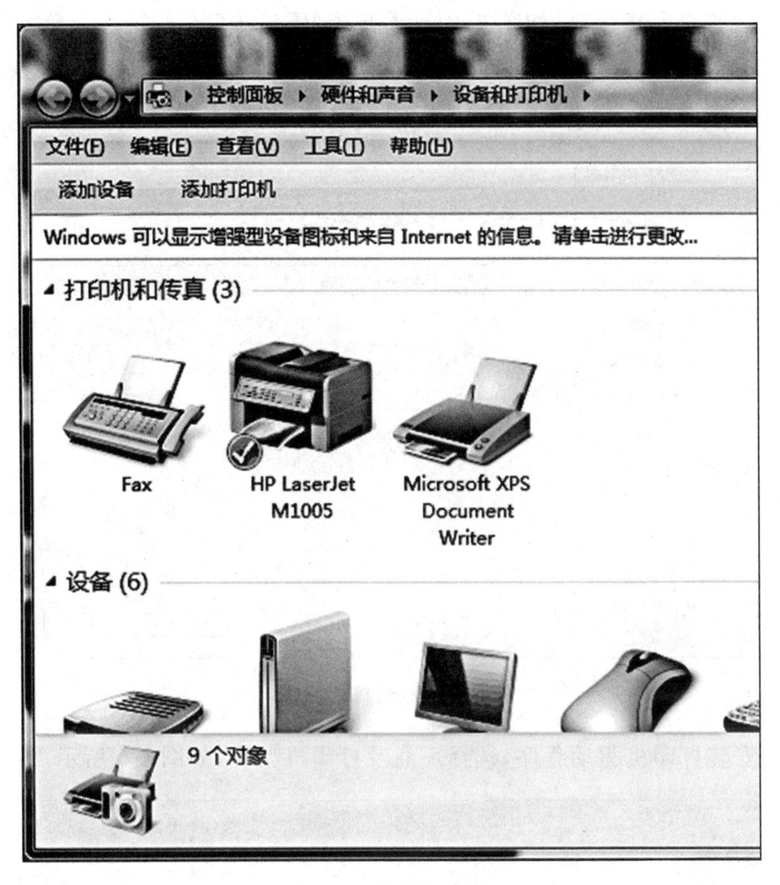


图 6-2　添加打印机

步骤(3):选择“添加本地打印机”,如图 6-3 所示,单击“下一步”。

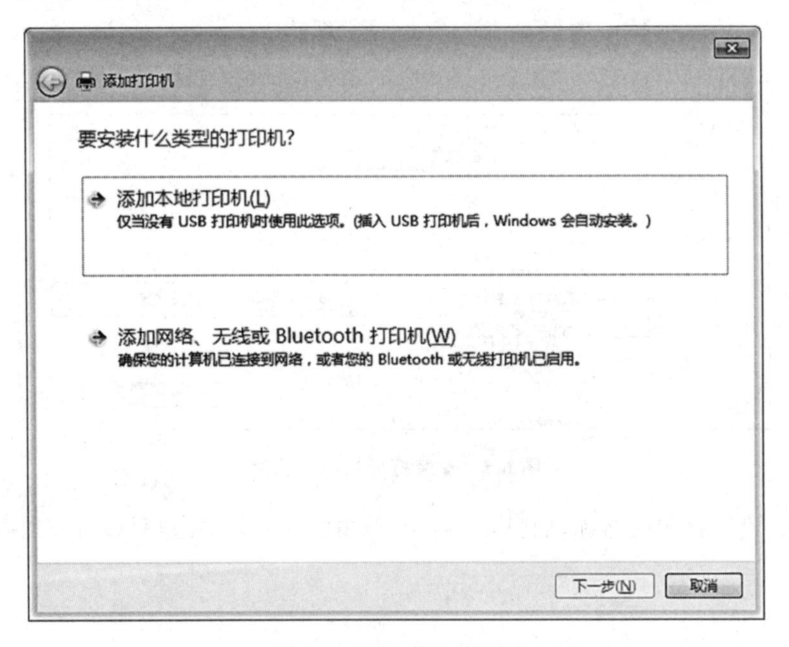


图 6-3　添加本地打印机

步骤(4):选择打印机端口,如图 6-4 所示,单击“下一步”。

图 6-4　选择打印机端口

步骤(5):安装打印机驱动程序,选择厂商及打印机型号,如图 6-5 所示。

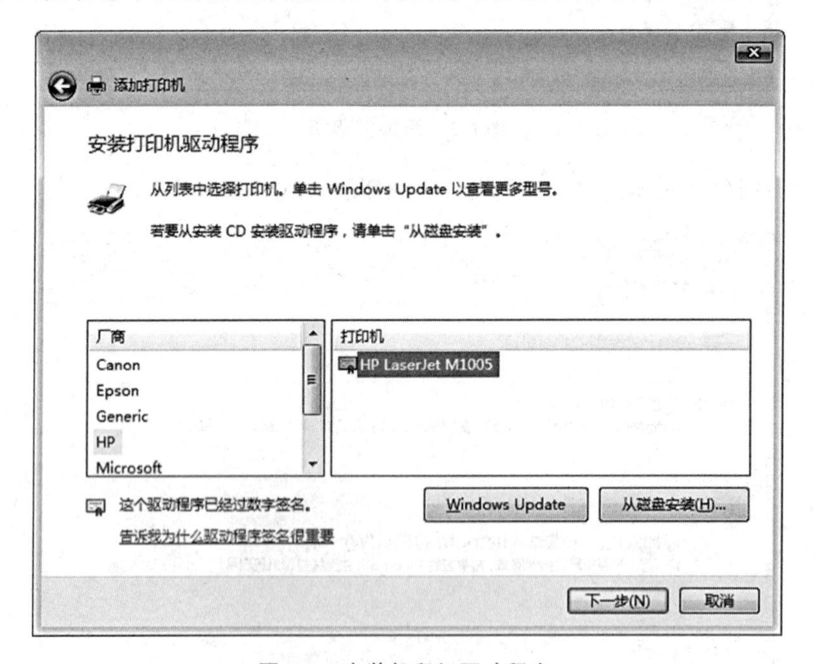


图 6-5　安装打印机驱动程序

步骤(6):设置打印机名称,如图 6-6 所示,单击“下一步”,完成打印机添加操作。

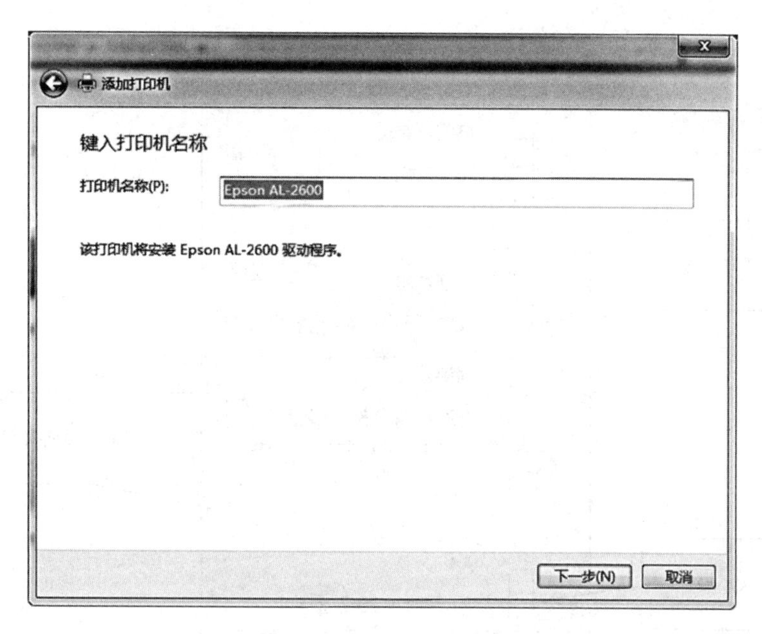


图 6-6　设置打印机名称

法二：

步骤(1)：接通打印机电源，并将打印机数据线与电脑连接。

步骤(2)：通过购买打印机时附带的驱动程序安装光盘找到打印机驱动程序，也可以通过打印机品牌官方网站下载相应型号的打印机驱动程序。

步骤(3)：找到扩展名为".exe"的安装程序，按照向导逐步完成安装，即可完成打印机安装操作。

2. 文档打印设置。

以 WORD 文档打印设置为例。

步骤：单击"文件"菜单→选择"打印"，打开如所图 6-7 所示的界面，各选项的功能如图 6-8 所示。

图 6-7　打印设置

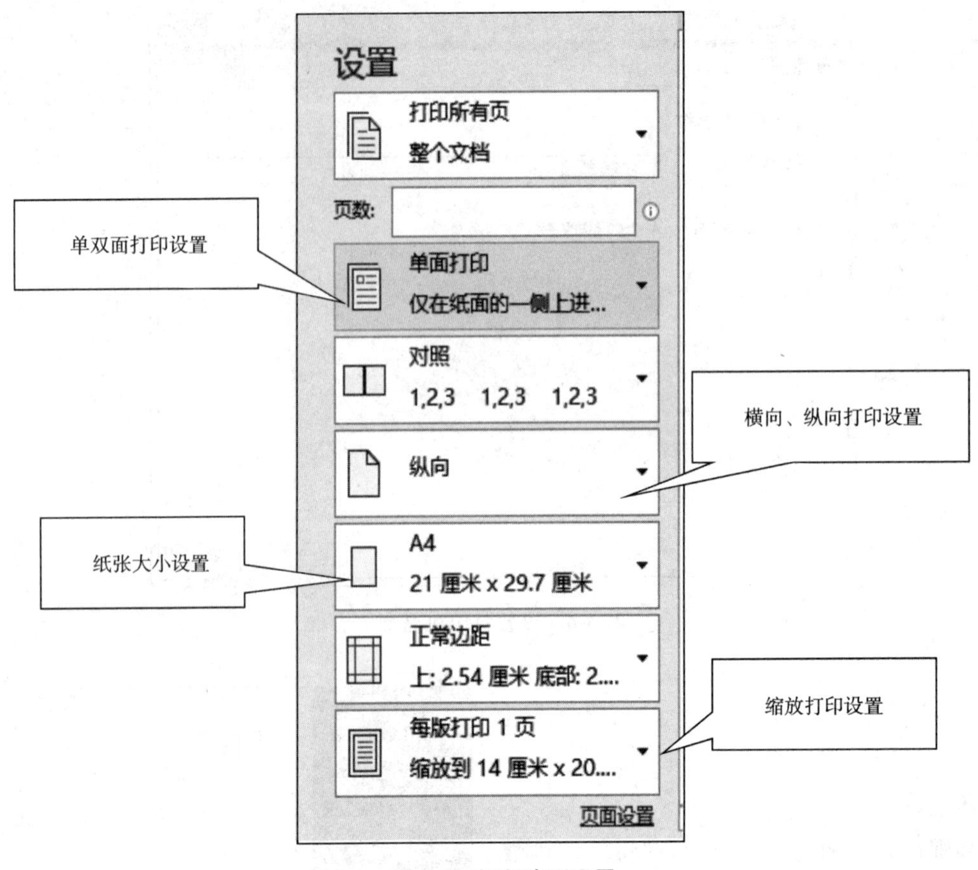


图 6-8 打印选项设置

## 实验 6-2 配置办公室无线网络

目前,大多数的办公室都配置了无线网络,相比有线网络,无线网络不需要进行网线布局。无线路由器是配置办公室无线网络的基础,用来实现外部网络与计算机数据的传输。下面介绍无线路由的设置与连接方法。

实验目的

学会配置无线网络。

实验内容

配置无线路由。

实验步骤

1. 配置无线路由。

步骤(1):将路由器接通电源→将路由器的 WAN 端口与外部网络连接→将路由器的 LAN 端口与计算机端连接。

步骤(2):打开浏览器→输入"192.168.1.1",打开路由器的登录页面,如图 6-9 所示,输入管理员密码,管理员密码一般在买回的路由器背面可以找到,完成后单击"确定"按钮。

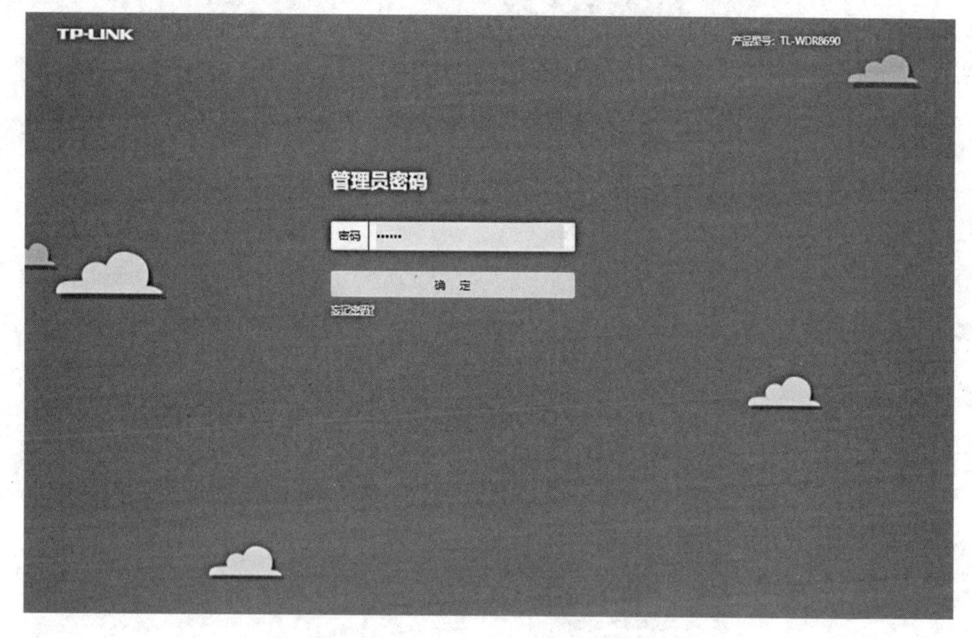


图 6-9　输入管理员密码

步骤(3):进入路由器配置界面,如图 6-10,单击"路由设置"。

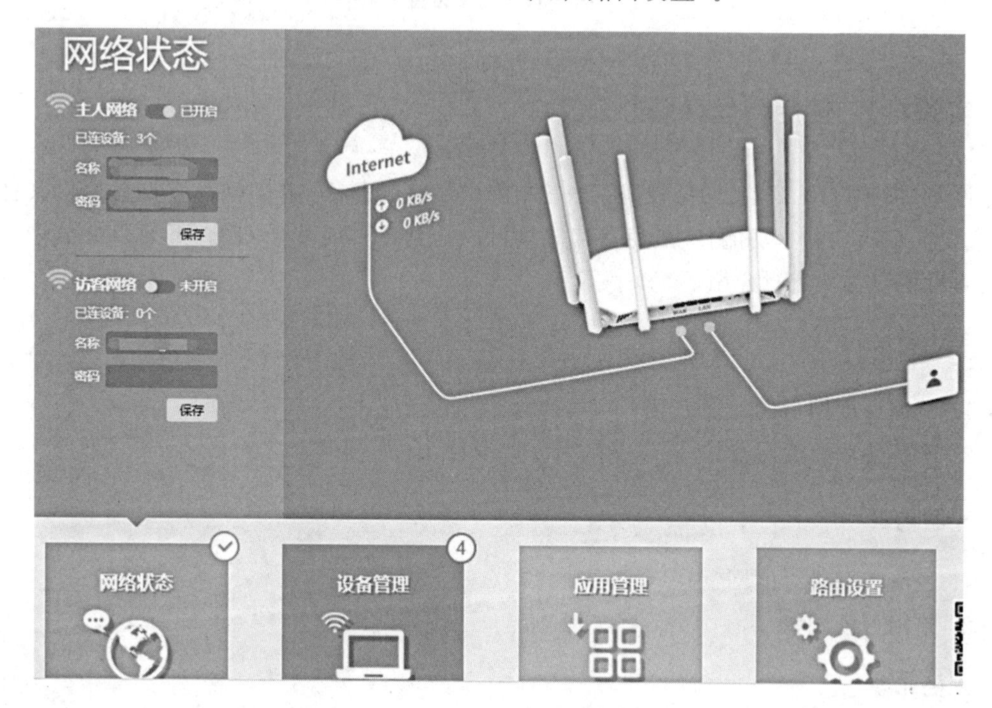


图 6-10　路由器配置界面

步骤(4):在进入的路由设置界面中,单击"无线设置"按钮,进入无线设置页面,如图 6-

11 所示,输入无线名称与无线密码,完成无线路由设置操作。

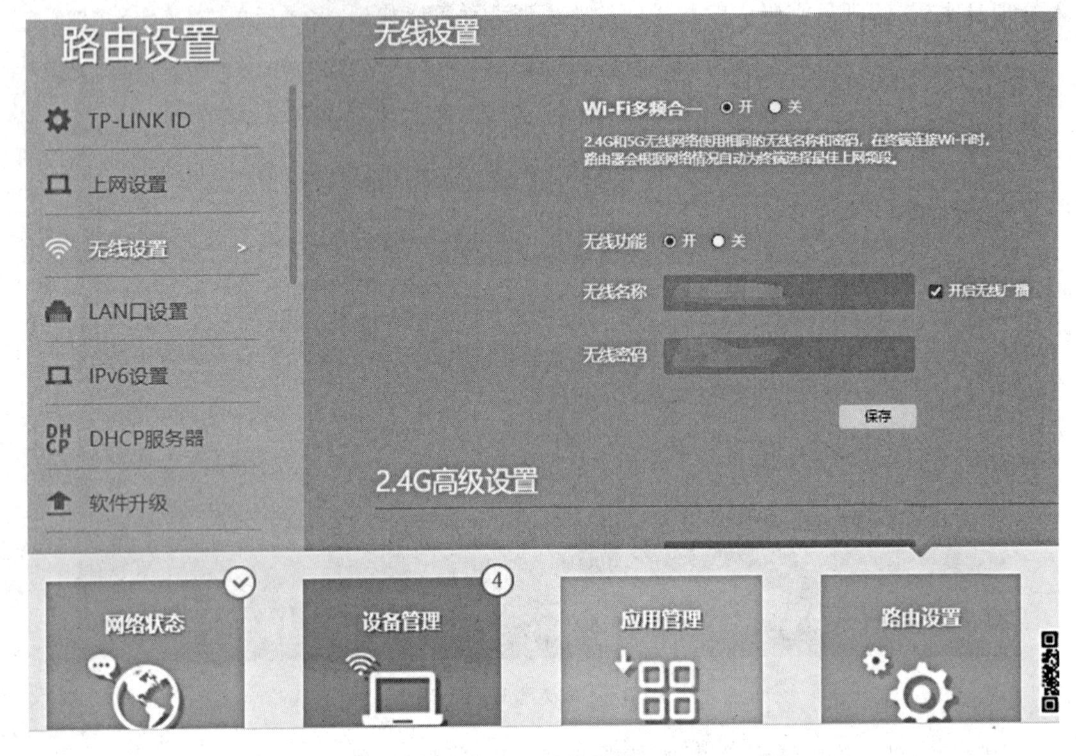


图 6-11 无线设置

## 实验 6-3 使用网盘存储办公文件

网盘,又称网络 U 盘、网络硬盘,是一种在线存储服务,为用户免费或收费提供文件的存储、访问、备份、共享功能,一般免费存储量可以达到几百或几千 GB。下面以办公中最常用的百度网盘为例进行介绍。

### 实验目的

1. 掌握百度网盘的注册方法;
2. 熟练使用百度网盘。

### 实验内容

1. 注册与登录百度网盘;
2. 使用百度网盘。

### 实验步骤

1. 注册与登录百度网盘。

步骤(1):下载百度网盘安装程序,完成安装,快捷方式如图 6-12 所示。

图 6-12　百度网盘快捷方式

步骤(2):双击快捷方式,打开百度网盘登录界面,如图 6-13 所示。

图 6-13　百度网盘登录界面

步骤(3):在登录界面下方,单击“注册账号”,按照系统提示逐步完成账号注册。同时,百度网盘支持用微信、QQ、微博快速登录。

2. 使用百度网盘。

步骤:登录百度网盘后,界面如图 6-14 所示,百度网盘工作界面主要包含切换窗格、工具栏和文件显示区。

切换窗格:用于文件存储分类,单击“图片”选项卡可查看图片文件,单击“文档”选项卡可查看文档文件,以此类推。

工具栏:工具栏主要用于文件的上传和下载等操作,单击“上传”按钮,可将计算机中的文件上传到网盘;单击“离线下载”可将网盘中的文件下载到计算机;另外,还可以实现新建文件夹及新建在线文档操作。

文件显示区:文件显示区用于显示网盘中存放的文件,选择某个或多个文件,可执行下载、删除等操作。

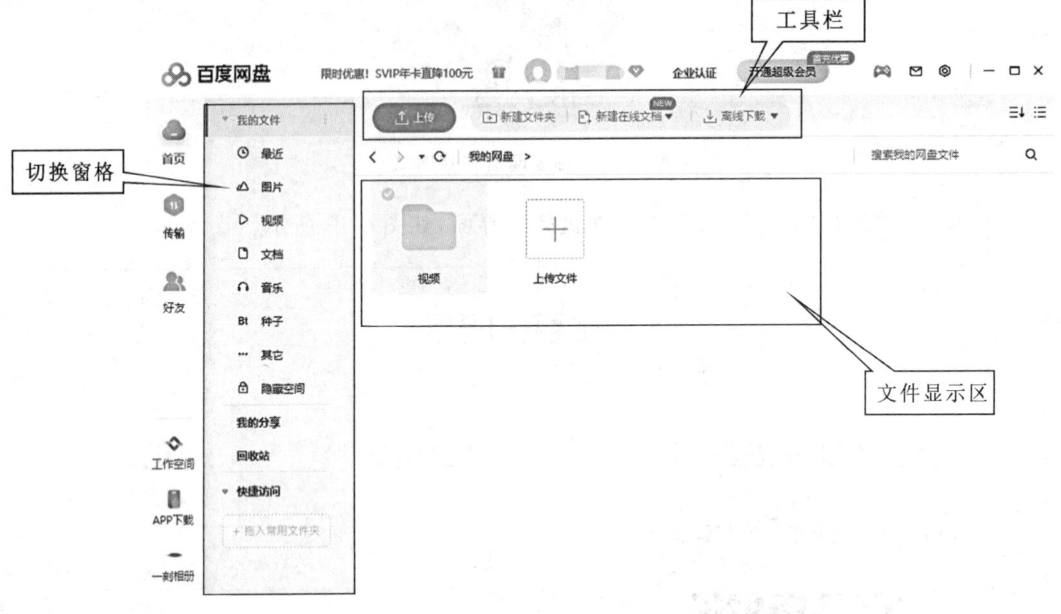


图 6-14　百度网盘窗口

## 实验 6-4　移动办公设备的使用

目前常用的移动办公设备主要有 U 盘(如图 6-15 所示)和移动硬盘(如图 6-16 所示),都属于即插即用型硬件,即不用安装驱动程序直接连接计算机使用。移动硬盘和 U 盘主要用于存储和传输文件,两者相比,U 盘体积小,携带方便,容量一般以 G 或 T 为单位,常用 U 盘有 64G、128G、512G、1T、2T 等大小容量,而移动硬盘体积相对较大,容量以 G 或 T 为单位,一般有 500G、1T、2T、3T、4T、5T 等大小容量。不管是 U 盘还是移动硬盘都可以使用 USB 接口将设备与计算机主机端口连接。下面以使用 U 盘为例进行介绍。

图 6-15　U 盘　　　图 6-16　移动硬盘

### 实验目的

1. 掌握U盘存储文件方法；
2. 掌握U盘拔出方法。

### 实验内容

1. U盘文件操作方法；
2. 正确拔出U盘。

### 实验步骤

1. U盘文件操作方法。

步骤(1)：将U盘通过USB接口连接计算机，连接成功后，计算机任务栏右侧出现图标，表示可以正常使用U盘。

步骤(2)：双击桌面的"计算机"图标，在打开的窗口中找到如图6-17所示的可移动磁盘图标。

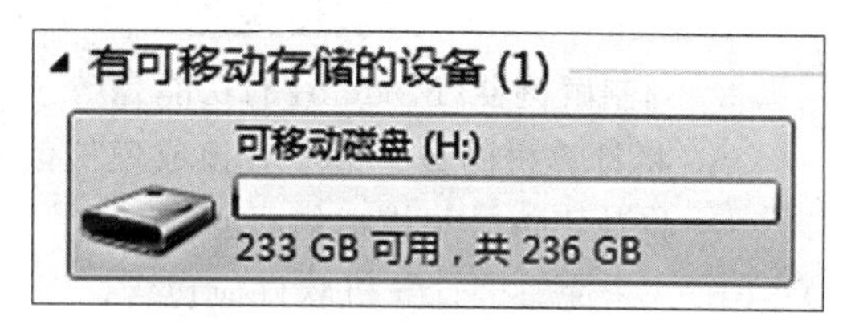


图6-17　可移动磁盘图标

步骤(3)：双击打开后即可对文件进行复制、粘贴、剪切等操作，方法同计算机中其他磁盘文件的操作方法。

2. 正确拔出U盘。

在移除U盘前，应先关闭所有与该硬件相关的程序或文件，否则将会提示该硬件无法停止。如果直接拔出U盘，有可能破坏U盘中的文件或损害U盘设备。

步骤：

法一：单击任务栏右侧图标→单击如图6-18所示的弹出移动设备图标→系统提示"安全地移除硬件"→拔出U盘。

图6-18　弹出移动设备

法二：双击桌面"计算机"图标→右击如图6-17所示的"可移动磁盘"图标→在弹出的快捷菜单中单击"弹出"→系统提示"安全地移除硬件"→拔出U盘。

## 6.2　习题

1. 打印一份编辑好的Word文档。
2. 拍摄一张照片并上传至网盘进行存储。

# 模拟试卷 1

## 一、选择题(20 分)

1. 在不同进制的四个数中,最小的一个数是(　　)。

A. 11011001 (二进制)　　B. 75(十进制)

C. 37 (八进制)　　D. 2A (十六进制)

2. 根据 Internet 的域名代码规定,域名中的(　　)表示商业组织的网站。

A. .net　　B. .com　　C. .gov　　D. .org

3. 调制解调器(Modem)的功能是(　　)。

A. 将计算机的数字信号转换成模拟信号　　B. 将模拟信号转换成计算机的数字信号

C. 将数字信号与模拟信号互相转换　　D. 为了上网与接电话两不误

4. 一个完整的计算机软件应包含(　　)。

A. 系统软件和应用软件　　B. 编辑软件和应用软件

C. 数据库软件和工具软件　　D. 程序、相应数据和文档

5. 下列说法中,正确的是(　　)。

A. 只要将高级程序语言编写的源程序文件(如 try.c)的扩展名更改为.exe,则它就成为可执行文件了

B. 高档计算机可以直接执行用高级程序语言编写的程序

C. 高级语言源程序只有经过编译和链接后才能成为可执行程序

D. 用高级程序语言编写的程序可移植性和可读性都很差

6. 下列叙述中,错误的是(　　)。

A. 硬盘在主机箱内,它是主机的组成部分

B. 硬盘属于外部存储器

C. 硬盘驱动器既可做输入设备又可做输出设备用

D. 硬盘与 CPU 之间不能直接交换数据

7. 下列 4 个 4 位十进制数中,属于正确的汉字区位码的是(　　)。

A. 9596　　B. 9678　　C. 8799　　D. 5601

8. 已知三个字符 a、Z 和 8,按它们的 ASCII 码值升序排序,结果是(　　)。

A. 8,a,Z　　B. a,8,Z　　C. a,Z,8　　D. 8,Z,a

9. 在计算机内部用来传送、存储、加工处理的数据或指令所采用的形式是(　　)。

A. 十六进制　　B. 十进制　　C. 二进制　　D. 八进制

10. 若网络的各个节点均连接到同一条通信线路上,且线路两端有防止信号反射的装置,这种拓扑结构称为(　　)。

A. 总线型拓扑　B. 星型拓扑　C. 树型拓扑　D. 环型拓扑

11. 以.wav 为扩展名的文件通常是(　　)。

A. 文本文件　B. 音频信号文件　C. 图像文件　D. 视频信号文件

12. 十进制数 121 转换成无符号二进制整数是(　　)。

A. 1111001　B. 111001　C. 1001111　D. 100111

13. 计算机的硬件主要包括中央处理器、存储器、输出设备和(　　)。

A. 键盘　B. 鼠标　C. 输入设备　D. 显示器

14. 下列叙述中，错误的是(　　)。

A. 内存储器一般由 ROM 和 RAM 组成

B. 存储在 ROM 中的数据断电后也不会丢失

C. RAM 中存储的数据一旦断电就全部丢失

D. CPU 不能访问内存储器

15. “32 位微机”中的 32 位指的是(　　)。

A. 内存容量　B. 存储单位　C. 机器字长　D. 微机型号

16. 移动硬盘或 U 盘连接计算机所使用的接口通常是(　　)。

A. RS-232C 接口　B. 并行接口　C. UBS　D. USB

17. 显示器的参数 1024×768 表示(　　)。

A. 显示器分辨率　B. 显示器颜色指标

C. 显示器屏幕大小　D. 显示每个字符的列数和行数

18. 计算机病毒(　　)。

A. 不会对计算机操作人员造成身体损害

B. 会导致所有计算机操作人员感染致病

C. 会导致部分计算机操作人员感染致病

D. 会导致部分计算机操作人员感染病毒，但不会致病

19. 计算机网络最突出的优点是(　　)。

A. 共享资源　B. 运算速度快　C. 容量大　D. 精度高

20. 广域网中采用的交换技术大多是(　　)。

A. 分组交换　B. 自定义交换　C. 电路交换　D. 报文交换

## 二、操作题(10 分)

1. 将考生文件夹下 COFF\JIN 文件夹中的文件 MONEY.TXT 设置成隐藏和只读属性。

2. 将考生文件夹下 DOSION 文件夹中的文件 HDLS.SEL 复制到同一文件夹中，文件命名为 AEUT.SEL。

3. 在考生文件夹下 SORRY 文件夹中新建一个文件夹 WINBJ。

4. 将考生文件夹下 WORD2 文件夹中的文件 EXCEL.MAP 删除。

5. 将考生文件夹下 STORY 文件夹中的文件夹 ENGLISH 重命名为 CHUN。

## 三、上网题(10 分)

请根据题目要求，完成下列操作：

1. 某模拟网站的主页地址是：HTTP://LOCALHOST/index. html，打开此主页，浏览“李白”页面，将页面中“李白”的图片保存到考生文件夹下，命名为“LIBAI.jpg”，查找“代表作”的页面内容并将它以文本文件的格式保存到考生文件夹下，命名为“LBDBZ.txt”。

2. 给王军同学(wj@mail.cumtb.edu.cn)发送 E-mail，同时将该邮件抄送给李明老师(lm@sina.com)。

(1)邮件内容为“王军：您好！现将资料发送给您，请查收。赵华”；

(2)将考生文件夹下的 jsjxkjj.txt 文件作为附件一同发送；

(3)邮件的“主题”栏中填写“资料”。

四、Word 文档处理(25 分)

1. 在考生文件夹下，打开文档 WORD1. docx，按照要求完成下列操作并以该文件名(WORD1. docx)保存文档。

(1)将文中所有“质量法”替换为“产品质量法”，设置页面纸张大小为 16 开(18.4 厘米×26 厘米)。

(2)将标题段文字(“产品质量法实施不力地方保护仍是重大障碍”)设置为三号、楷体、蓝色(标准色)、倾斜、居中并添加黄色(标准色)底纹；将标题段设置为段后间距为 1 行；为标题段添加脚注，脚注内容为“源自新浪网”。

(3)设置正文各段落(“为规范……身之地。”)左右各缩进 2 字符，行距为 20 磅，段前间距 0.5 行；设置正文第一段(“为规范……重大障碍。”)首字下沉 2 行，距正文 0.1 厘米。

(4)设置正文第二段(“安徽……‘打假’者。”)首行缩进 2 字符，并为第二段中的“安徽”一词添加超链接，链接地址为 http://www.ah.gov.cn/；为正文第三段(“大量事实……容身之地。”)添加项目符号“●”。

2. 在考生文件夹下，打开文档 WORD2. docx，按照要求完成下列操作并以该文件名(WORD2. docx)保存文档。

(1)将文中的后 5 行文字转换为一个 5 行 6 列的表格；设置表格居中，表格第一行文字水平居中，其余各行文字靠下右对齐；设置表格各列列宽为 2 厘米，各行行高为 0.7 厘米。

(2)在表格的最后增加一行，其行标题为“午休”，再将“午休”两字设置为黄色(标准色)底纹；合并第 6 行第 2 至 6 列单元格；设置表格外框线为 1.5 磅红色(标准色)双窄实线，内框线为 1.5 磅蓝色(标准色)单实线。

五、Excel 电子表格(20 分)

1. 在考生文件夹下打开 excel.xlsx 文件，完成如下操作：

(1)将 Sheet1 工作表的 A1:D1 单元格合并为一个单元格，内容水平居中，计算“全年总量”行的内容(数值型，小数位数为 0)，计算“所占百分比”列的内容(所占百分比＝月销售量/全年总量，百分比型，保留小数点后两位)。

(2)如果“所占百分比”列内容高于或等于 8%，在“备注”列内给出信息“良好”，否则内容为“ ”(一个空格)(利用 IF 函数)；利用条件格式的“图标集”“三向箭头(彩色)”修饰 C3:C14 单元格区域。

(3)选取“月份”列(A2:A14)和“所占百分比”列(C2:C14)数据区域的内容建立“带数

据标记的折线图”，标题为“销售情况统计图”，清除图例；将图表移动到工作表的 A17:F33 单元格区域内，将工作表命名为“销售情况统计表”，保存 excel.xlsx 文件。

2. 打开工作簿文件 exc.xlsx，完成如下操作：

对工作表“图书销售情况表”内数据清单的内容按主要关键字“季度”的升序次序和次要关键字“经销部门”的降序次序进行排序，对排序后的数据进行高级筛选（条件区域设在 A46:F47 单元格区域，将筛选条件写入条件区域的对应列上），条件为少儿类图书且销售量排名在前二十名（请用“＜＝20”），工作表名不变，保存 exc.xlsx 工作簿。

## 六、ppt 演示文稿（15 分）

打开考生文件夹下的演示文稿 yswg.pptx，按照下列要求完成对此文稿的修饰并保存。

1. 为整个演示文稿应用“穿越”主题。全部幻灯片切换方案为“旋转”，效果选项为“自左侧”。放映方式为“观众自行浏览”。

2. 第二张幻灯片的版式改为“两栏内容”，标题为“人民币精品收藏”，将考生文件夹下图片 ppt1.png 插到右侧内容区，设置图片动画为“进入/轮子”，效果选项为“8 轮辐图案”。

3. 在第一张幻灯片前插入版式为“标题幻灯片”的新幻灯片，主标题为“人民币收藏”，副标题为“见证国家经济发展和人民生活改善”。

4. 在第三张幻灯片后插入版式为“标题和内容”的新幻灯片，标题为“第一套人民币价格”，内容区插入 11 行 3 列的表格，第 1 行的 1、2、3 列内容依次为“名称”、“面值”和“市场参考价”，其他单元格的内容根据第二张幻灯片的内容按面值从小到大的顺序依次从上到下填写，例如第 2 行的 3 列内容依次为“壹元（工农）”、“1 元”和“3200 元”。

5. 在第四张幻灯片插入备注“第一套人民币收藏价格（2013 年 7 月 1 日北京报价）”。删除第二张幻灯片。

# 模拟试卷 2

一、选择题(20 分)

1. 英文缩写 CAI 的中文意思是(　　)。

A. 计算机辅助制造　　B. 计算机辅助设计

C. 计算机辅助教学　　D. 计算机辅助管理

2. 一个汉字的国标码需用 2 字节存储,其每个字节的最高二进制位的值分别为(　　)。

A. 0,1　　B. 1,0　　C. 1,1　　D. 0,0

3. 在标准 ASCII 码表中,已知英文字母 A 的十进制码值是 65,则英文字母 a 的十进制码值是(　　)。

A. 96　　B. 95　　C. 91　　D. 97

4. 以.txt 为扩展名的文件通常是(　　)。

A. 文本文件　　B. 图像文件　　C. 音频信号文件　　D. 视频信号文件

5. 下列关于计算机病毒的叙述中,正确的是(　　)。

A. 反病毒软件可以查、杀任何种类的病毒

B. 计算机病毒发作后,将对计算机硬件造成永久性的物理损坏

C. 感染过计算机病毒的计算机具有对该病毒的免疫性

D. 反病毒软件必须随着新病毒的出现而升级增强查、杀病毒的功能

6. 字长为 7 位的无符号二进制整数能表示的十进制整数的数值范围是(　　)。

A. 0～127　　B. 0～255　　C. 0～128　　D. 1～127

7. 计算机的系统总线是计算机各部件间传递信息的公共通道,它分为(　　)。

A. 地址总线和数据总线　　B. 数据总线和控制总线

C. 地址总线和控制总线　　D. 数据总线、控制总线和地址总线

8. 微机硬件系统中最核心的部件是(　　)。

A. 内存储器　　B. CPU　　C. 输入输出设备　　D. 硬盘

9. 当电源关闭后,下列关于存储器的说法中,正确的是(　　)。

A. 存储在 RAM 中的数据不会丢失　　B. 存储在 ROM 中的数据不会丢失

C. 存储在 U 盘中的数据会全部丢失　　D. 存储在硬盘中的数据会丢失

10. 计算机指令由两部分组成,它们是(　　)。

A. 运算符和运算数　　B. 操作数和结果

C. 数据和字符　　D. 操作码和操作数

11. 计算机的技术性能指标主要是指(　　)。

A. 显示器的分辨率、打印机的性能等配置

B. 计算机的可靠性、可维性和可用性

C. 字长、主频、运算速度、内/外存容量

D. 计算机所配备的程序设计语言、操作系统、外部设备

12. 下列选项中，不属于显示器主要技术指标的是(　　)。

A. 像素的点距　　B. 分辨率　　C. 重量　　D. 显示器的尺寸

13. Windows 操作系统是计算机系统中的(　　)。

A. 主要硬件　　B. 应用软件　　C. 系统软件　　D. 工具软件

14. 下列各组软件中，全部属于应用软件的是(　　)。

A. Word 2016、Windows 7、指挥信息系统

B. 管理信息系统、办公自动化系统、电子商务软件

C. 文字处理程序、编辑程序、Unix 操作系统

D. 程序语言处理程序、数据库管理系统、财务处理软件

15. 把用高级程序设计语言编写的程序转换成等价的可执行程序，必须经过(　　)。

A. 解释和编译　　B. 编辑和链接　　C. 汇编和解释　　D. 编译和链接

16. 下列说法正确的是(　　)。

A. 系统软件是买来的软件，应用软件是自己编写的软件

B. 计算机可以直接执行高级语言编写的程序

C. CPU 可直接处理外存上的信息

D. 计算机可以直接执行机器语言编写的程序

17. 计算机网络中常用的传输介质中传输速率最快的是(　　)。

A. 双绞线　　B. 同轴电缆　　C. 光纤　　D. 电话线

18. 接入因特网的每台主机都有一个唯一可识别的地址，称为(　　)。

A. TCP 地址　　B. URL　　C. IP 地址　　D. TCP/IP 地址

19. 通信技术主要是用于拓展人的(　　)。

A. 传递信息功能　　B. 收集信息功能

C. 处理信息功能　　D. 信息的控制与使用功能

20. 写邮件时，除了发件人地址外，另一项必须要填写的是(　　)。

A. 信件内容　　B. 抄送　　C. 收件人地址　　D. 主题

二、操作题(10 分)

1. 将考生文件夹下 FENG\WANG 文件夹中的文件 BOOK.PRG 移动到考生文件夹下 CHANG 文件夹中，并将该文件改名为 TEXT.PRG。

2. 将考生文件夹下 CHU 文件夹中的文件 JIANG.TMP 删除。

3. 将考生文件夹下 REI 文件夹中的文件 SONG.FOR 复制到考生文件夹下 CHENG 文件夹中。

4. 在考生文件夹下 MAO 文件夹中建立一个新文件夹 YANG。

5. 将考生文件夹下 ZHOU\DENG 文件夹中的文件 OWER.DBF 设置为隐藏属性。

三、上网题(10分)

请根据题目要求,完成下列操作:

1. 某模拟网站的主页地址是:HTTP://LOCALHOST/index.html,打开此主页,浏览“节目介绍”页面,将页面中的图片保存到考生文件夹下,命名为“JIEMU.jpg”。

2. 接收并阅读由 xuexq@mail.neea.edu.cn 发来的E-mail,将随信发来的附件以文件名 shenbao.doc 保存到考生文件夹下;并回复该邮件,主题为“工作答复”,正文内容为“你好,我们一定会认真审核并推荐,谢谢!”。

四、Word文档处理(25分)

在考生文件夹下打开文档 WORD.docx,按照要求完成下列操作并以该文件名(WORD.docx)保存文档。

1. 将文中所有错词“偏食”替换为“片式”。设置页面纸张大小为16开(18.4厘米×26厘米)。页面底端插入“带状物”页码,起始页码设置为“3”。

2. 将标题段文字效果(“中国片式元器件市场发展态势”)设置为发光(红色,11pt发光,强调文字颜色2)、三号、黑体、居中,段后间距0.8行。

3. 将正文第一段(“90年代中期以来……片式二极管。”)移至第二段(“我国……新的增长点。”)之后;设置正文各段落(“我国……片式化率达80%。”)右缩进2字符。设置正文第一段(“我国……新的增长点。”)首字下沉2行(距正文0.2厘米)。

4. 设置正文其余段落(“90年代中期以来……片式化率达80%。”)首行缩进2字符。

5. 将文中最后9行文字转换成一个9行4列的表格,设置表格居中,并按“2000年”列升序排序表格内容。

6. 设置表格第一列列宽为4厘米,其余列列宽为1.6厘米,表格各行行高为0.5厘米;设置表格外框线为3磅蓝色(标准色)双窄线,内框线为1磅蓝色(标准色)单实线。设置表格底纹为“白色,背景1,深色25%”。

五、Excel电子表格(20分)

1. 在考生文件夹下打开 excel.xlsx 文件,完成如下操作:

(1)将 Sheet1 工作表的 A1:G1 单元格合并为一个单元格,单元格内文字居中对齐;计算“上月销售额”和“本月销售额”列的内容(销售额=单价×数量,数值型,保留小数点后0位);计算“销售额同比增长”列的内容[同比增长=(本月销售额-上月销售额)/上月销售额,百分比型,保留小数点后1位]。

(2)选取“产品型号”列、“上月销售量”列和“本月销售量”列内容,建立“簇状柱形图”,图标题为“销售情况统计图”,图例置底部;将图移动到工作表的 A14:E27 单元格区域内,将工作表命名为“销售情况统计表”,保存 excel.xlsx 文件。

2. 打开工作簿文件 exc.xlsx,完成如下操作:

对工作表“产品销售情况表”内数据清单的内容按主要关键字“产品名称”的降序次序和次要关键字“分公司”的降序次序进行排序,以“产品名称”为汇总字段,完成对各产品销售额总和的分类汇总,汇总结果显示在数据下方,工作表名不变,保存 exc.xlsx 工作簿。

六、ppt 演示文稿(15 分)

在考生文件夹下新建演示文稿 yswg.pptx,按照下列要求完成对此文稿的修饰并保存。

1. 新建 7 张幻灯片,除了标题幻灯片外其他每张幻灯片中的页脚插入“秋季养生”四个字,也插入与其幻灯片编号相同的数字,例如第四张幻灯片,幻灯片编号内容为“4”;为整个演示文稿应用“流畅”主题,放映方式为“观众自行浏览”。

2. 第一张幻灯片版式为“标题幻灯片”,主标题为“秋季养生保健”,副标题为“社区卫生服务中心”;主标题设置为黑体、88 磅,副标题为微软雅黑、32 磅。

3. 第二张幻灯片版式为“标题和内容”,标题为“秋季养生”;将考生文件夹中 SC.docx 文档中的相应文本插入到内容区,内容文本设置动画“进入-飞入”,方向为“自右下部”;为标题设置动画“进入-劈裂”,方向为“中央向左右展开”;动画顺序是先标题后内容文本。

4. 第三张幻灯片版式为“两栏内容”,标题为“养生特点”;将考生文件夹下的图片文件 PPT1.jpg 插入第三张幻灯片右侧的内容区,图片样式为“金属椭圆”,图片效果为“发光-青绿,8 pt 发光,强调文字颜色 3”,图片动画设置为“强调-陀螺旋”,方向为“逆时针”;将考生文件夹中 SC.docx 文档中的相应文本插入左侧内容区,文本设置动画“进入-棋盘”;动画顺序是先文本后图片。

5. 第四张幻灯片版式为“标题和内容”,标题为“秋鱼推荐”,内容区插入 7 行 2 列表格,表格样式为“中度样式 1-强调 2”,第 1 列列宽为 3 厘米,第 2 列列宽为 20 厘米。第 1 行第 1、2 列内容依次为“鱼名”和“功效”,参考考生文件夹下 SC.docx 文档的内容,按鲫鱼、带鱼、青鱼、鲤鱼、草鱼、泥鳅的顺序从上到下将适当内容填入表格其余 6 行,表格文字全部设置为“居中”和“垂直居中”对齐方式。

6. 第五张幻灯片版式为“比较”,标题为“养生方法”,参考考生文件夹下 SC.docx 文档的内容,将幻灯片其他文本部分填写完整。

7. 第六张幻灯片版式为“标题和内容”,标题为“养肺为要”,将考生文件夹下 SC.docx 文档中的相应文本插入内容区。

8. 第七张幻灯片版式为“空白”,插入样式为“填充-青绿,强调文字颜色 2,双轮廓-强调文字颜色 2”的艺术字“祝身体安康”;艺术字形状效果设置为“预设 1”,动画设置为“强调-放大/缩小”;幻灯片的背景设置为“鱼类化石”纹理。

9. 将第四张幻灯片移动到第七张幻灯片的前面;设置幻灯片编号为奇数的幻灯片切换方式为“揭开”,效果选项为“从右下部”,设置幻灯片编号为偶数的幻灯片切换方式为“蜂巢”。

# 模拟试卷 3

一、选择题(20 分)

1. 办公室自动化(OA)是计算机的一项应用,按计算机应用的分类,它属于(　　)。

A. 实时控制　　B. 科学计算　　C. 信息处理　　D. 辅助设计

2. 1GB 的准确值是(　　)。

A. 1000×1000 KB　　B. 1024×1024 Bytes

C. 1024 KB　　D. 1024 MB

3. 在标准 ASCII 码表中,已知英文字母 K 的十六进制码值是 4B,则二进制 ASCII 码 1001000 对应的字符是(　　)。

A. J　　B. H　　C. G　　D. I

4. 某 800 万像素的数码相机,拍摄照片的最高分辨率大约是(　　)。

A. 2048×1600　　B. 1600×1200　　C. 1024×768　　D. 3200×2400

5. 为防止计算机病毒传染,应该做到(　　)。

A. 不要复制来历不明 U 盘中的程序

B. 无病毒的 U 盘不要与来历不明的 U 盘放在一起

C. U 盘中不要存放可执行程序

D. 长时间不用的 U 盘要经常格式化

6. 十进制数 100 转换成无符号二进制整数是(　　)。

A. 0110101　　B. 01100110　　C. 01100100　　D. 01101000

7. 组成一个计算机系统的两大部分是(　　)。

A. 主机和外部设备　　B. 硬件系统和软件系统

C. 主机和输入/输出设备　　D. 系统软件和应用软件

8. CPU 中,除了内部总线和必要的寄存器外,主要的两大部件分别是运算器和(　　)。

A. 存储器　　B. Cache　　C. 控制器　　D. 编辑器

9. 用来存储当前正在运行的应用程序和其相应数据的存储器是(　　)。

A. ROM　　B. CD-ROM　　C. RAM　　D. 硬盘

10. 移动硬盘与 U 盘相比,最大的优势是(　　)。

A. 兼容性好　　B. 容量大　　C. 速度快　　D. 安全性高

11. "32 位微型计算机"中的 32,是指下列技术指标中的(　　)。

A. CPU 主频　　B. CPU 字长　　C. CPU 型号　　D. CPU 功耗

12. 下列选项中,既可作为输入设备又可作为输出设备的是(　　)。

A. 磁盘驱动器　　B. 扫描仪　　C. 绘图仪　　D. 鼠标器

13. 操作系统的作用是(　　)。

A. 管理计算机系统的所有资源　　B. 管理计算机软件系统

C. 管理计算机硬件系统　　D. 用户操作规范

14. 下列软件中,属于应用软件的是(　　)。

A. Linux　　B. UNIX

C. PowerPoint 2016　　D. Windows 7

15. 早期的计算机语言中,所有的指令、数据都用一串二进制数 0 和 1 表示,这种语言称为(　　)。

A. 机器语言　　B. Basic 语言　　C. Java 语言　　D. 汇编语言

16. 面向对象的程序设计语言是一种(　　)。

A. 可移植性较好的高级程序设计语言

B. 执行效率较高的程序设计语言

C. 计算机能直接执行的程序设计语言

D. 计算机可以直接执行机器语言编写的程序

17. 计算机网络中传输介质传输速率的单位是 bps,其含义是(　　)。

A. 字段/秒　　B. 字/秒　　C. 二进制位/秒　　D. 字节/秒

18. 能够利用无线移动网络上网的是(　　)。

A. 部分具有上网功能的手机　　B. 内置无线网卡的笔记本电脑

C. 部分具有上网功能的平板电脑　　D. 以上全部

19. 下列各选项中,不属于 Internet 应用的是(　　)。

A. 新闻组　　B. 网络协议　　C. 搜索引擎　　D. 远程登录

20. 通常网络用户使用的电子邮箱建在(　　)。

A. 收件人的计算机上　　B. 用户的计算机上

C. 发件人的计算机上　　D. ISP 的邮件服务器上

## 二、操作题(10 分)

1. 将考生文件夹下 EDIT\POPE 文件夹中的文件 CENT.PAS 设置为隐藏属性。

2. 将考生文件夹下 BROAD\BAND 文件夹中的文件 GRASS.FOR 删除。

3. 在考生文件夹下 COMP 文件夹中建立一个新文件夹 COAL。

4. 将考生文件夹下 STUD\TEST 文件夹中的文件夹 SAM 复制到考生文件夹下的 KIDS\CARD 文件夹中,并将文件夹改名为 HALL。

5. 将考生文件夹下 CALIN\SUN 文件夹中的文件夹 MOON 移动到考生文件夹下 FLION 文件夹中。

## 三、上网题(10 分)

请根据题目要求,完成下列操作:

1. 某模拟网站的主页地址是:HTTP://LOCALHOST/index.html,打开此主页,浏览“绍兴名人”页面,查找介绍“周恩来”的页面内容,将页面中周恩来的照片保存到考生文件夹下,命名为“ZHOUENLAI.jpg”,并将此页面内容以文本文件的格式保存到考生文件夹下,命名为“ZHOUENLAI.txt”。

2. 打开邮件模拟软件，完成下列操作：

(1)接收并阅读由 wj@mail.cumtb.edu.cn 发来的 E-mail 邮件，将随信发来的附件以文件名 wj.txt 保存到考生文件夹下。

(2)回复该邮件，回复内容为“王军：您好！资料已收到，谢谢。李明”。

(3)将发件人添加到通讯簿中，并在其中的“电子邮箱”栏填写“wj@mail.cumtb.edu.cn”，“姓名”栏填写“王军”，其余栏目缺省。

## 四、Word 文档处理(25 分)

1. 在考生文件夹下，打开文档 WORD1. docx，按照要求完成下列操作并以该文件名(WORD1. docx) 保存文档。

(1)将文中所有“通讯”替换为“通信”，将标题段文字(“60 亿人同时打电话”)设置为小二号蓝色(标准色)、黑体、加粗、居中，并添加黄色(标准色)底纹。

(2)将正文各段文字(“15 世纪末……绰绰有余。”)设置为四号楷体；各段落首行缩进 2 字符，段前间距 0.5 行；将正文第二段(“无线电短波通……绰绰有余。”)中的两处“107”中的“7”设置为上标表示形式。将正文第二段(“无线电短波通……绰绰有余。”)分为等宽的两栏。

(3)在页面顶端插入“奥斯汀”样式页眉，并输入页眉内容“通信知识”。在页面底端插入“普通数字 3”样式页码，设置页码编号格式为“Ⅰ，Ⅱ，Ⅲ，…”起始页码为“Ⅱ”。

2. 在考生文件夹下，打开文档 WORD2. docx，按照要求完成下列操作并以该文件名(WORD2. docx)保存文档。

(1)计算表格 2、3、4 列单元格中数据的平均值并填入最后一行。按“基本工资”列升序排列表格前五行内容(含标题行)。

(2)设置表格居中，表格中的所有内容水平居中；设置表格各列列宽为 2.5 厘米，各行行高为 0.6 厘米；设置外框线为蓝色(标准色) 0.75 磅双窄线，内框线为绿色(标准色) 0.5 磅单实线。

## 五、Excel 电子表格(20 分)

1. 打开工作簿文件 EXCEL.xlsx 完成如下操作：

(1)将工作表 Sheet1 的 A1: C1 单元格合并为一个单元格，内容水平居中，计算人数的“总计”及“所占百分比”列(所占百分比＝人数/总计)，“所占百分比”列单元格格式为“百分比”型(保留小数点后两位)，将工作表命名为“情况表”。

(2)选取“年龄”列、“人数”列内容，建立“分离型三维饼图”，图标题为“新生年龄分布图”，图例靠左；将图表移动到工作表的 A8:G23 单元格区域内。

2. 打开工作簿文件 EXA. xlsx，对工作表“计算机动画技术”成绩单内的数据清单内容进行自动筛选，条件为“系别为自动控制或信息”，筛选后的工作表还保存在 EXA. xlsx 工作簿文件中，工作表名不变。

六、ppt 演示文稿(15 分)

打开考生文件夹下的演示文稿 yswg.pptx,按照下列要求完成对此文稿的修饰并保存。

1. 放映方式设置为“观众自行浏览”。

2. 将第一张幻灯片的版式改为“两栏内容”,将考生文件夹下的图片文件 ppt1.jpeg 插入第一张幻灯片右侧的内容区,将该图片动画设置为“进入/旋转”,左侧的文本动画设置为“进入/曲线向上”。动画顺序为先文本后图片。

3. 第二张幻灯片的主标题为“财务通计费系统”;副标题为“成功推出一套专业计费解决方案”;主标题设置为黑体、58 磅,副标题为 30 磅。

4. 第二张幻灯片背景设置渐变填充,预设颜色为“雨后初晴”,类型为“标题的阴影”,使第二张幻灯片成为第一张幻灯片。

# 全国计算机等级考试一级计算机基础及 MS Office 应用考试大纲(2021 年版)

## 基本要求

1. 掌握算法的基本概念。
2. 具有微型计算机的基础知识(包括计算机病毒的防治常识)。
3. 了解微型计算机系统的组成和各部分的功能。
4. 了解操作系统的基本功能和作用,掌握 Windows 7 的基本操作和应用。
5. 了解计算机网络的基本概念和因特网(Internet)的初步知识,掌握 IE 浏览器软件及 Outlook 软件的基本操作和使用。
6. 了解文字处理的基本知识,熟练掌握文字处理软件 Word 2016 的基本操作和应用,熟练掌握一种汉字(键盘)输入方法。
7. 了解电子表格软件的基本知识,掌握电子表格软件 Excel 2016 的基本操作和应用。
8. 了解多媒体演示软件的基本知识,掌握演示文稿制作软件 PowerPoint 2016 的基本操作和应用。

## 考试内容

### 一、计算机基础知识

1. 计算机的发展、类型及其应用领域。
2. 计算机中数据的表示与存储。
3. 多媒体技术的概念与应用。
4. 计算机病毒的概念、特征、分类与防治。
5. 计算机网络的概念、组成和分类;计算机与网络信息安全的概念和防控。

### 二、操作系统的功能和使用

1. 计算机软、硬件系统的组成及主要技术指标。
2. 操作系统的基本概念、功能、组成及分类。
3. Windows 7 操作系统的基本概念和常用术语,文件、文件夹、库等。
4. Windows 7 操作系统的基本操作和应用:

(1)桌面外观的设置,基本的网络配置。

(2)熟练掌握资源管理器的操作与应用。

(3)掌握文件、磁盘、显示属性的查看、设置等操作。

(4)中文输入法的安装、删除和选用。

(5)掌握对文件、文件夹和关键字的搜索。

(6)了解软、硬件的基本系统工具。

5. 了解计算机网络的基本概念和因特网的基础知识,主要包括网络硬件和软件,TCP/IP 协议的工作原理,以及网络应用中常见的概念,如域名、IP 地址、DNS 服务等。

6. 能够熟练掌握浏览器、电子邮件的使用和操作。

## 三、文字处理软件的功能和使用

1. Word 2016 的基本概念,Word 2016 的基本功能、运行环境、启动和退出。

2. 文档的创建、打开、输入、保存、关闭等基本操作。

3. 文本的选定、插入与删除、复制与移动、查找与替换等基本编辑技术;多窗口和多文档的编辑。

4. 字体格式设置、文本效果修饰、段落格式设置、文档页面设置、文档背景设置和文档分栏等基本排版技术。

5. 表格的创建、修改;表格的修饰;表格中数据的输入与编辑;数据的排序和计算。

6. 图形和图片的插入;图形的建立和编辑;文本框、艺术字的使用和编辑。

7. 文档的保护和打印。

## 四、电子表格软件的功能和使用

1. 电子表格的基本概念和基本功能,Excel 2016 的基本功能、运行环境、启动和退出。

2. 工作簿和工作表的基本概念和基本操作,工作簿和工作表的建立、保存和退出;数据输入和编辑;工作表和单元格的选定、插入、删除、复制、移动;工作表的重命名和工作表窗口的拆分和冻结。

3. 工作表的格式化,包括设置单元格格式、设置列宽和行高、设置条件格式、使用样式、自动套用模式和使用模板等。

4. 单元格绝对地址和相对地址的概念,工作表中公式的输入和复制,常用函数的使用。

5. 图表的建立、编辑、修改和修饰。

6. 数据清单的概念,数据清单的建立,数据清单内容的排序、筛选、分类汇总,数据合并,数据透视表的建立。

7. 工作表的页面设置、打印预览和打印,工作表中链接的建立。

8. 保护和隐藏工作簿和工作表。

## 五、PowerPoint 的功能和使用

1. PowerPoint 2016 的基本功能、运行环境、启动和退出。

2. 演示文稿的创建、打开、关闭和保存。

3. 演示文稿视图的使用,幻灯片的基本操作(编辑版式、插入、移动、复制和删除)。

4. 幻灯片的基本制作方法(文本、图片、艺术字、形状、表格等的插入及格式化)。

5. 演示文稿主题选用与幻灯片背景设置。
6. 演示文稿放映设计(动画设计、放映方式设计、切换效果设计)。
7. 演示文稿的打包和打印。

## 考试方式

上机考试,考试时长 90 分钟,满分 100 分。

### 一、题型及分值

单项选择题(计算机基础知识和网络的基本知识)20 分;
Windows 7 操作系统的使用 10 分;
Word 2016 操作 25 分;
Excel 2016 操作 20 分;
PowerPoint 2016 操作 15 分;
浏览器(IE)的简单使用和电子邮件收发 10 分。

### 二、考试环境

操作系统:Windows 7。
考试环境:Microsoft Office 2016。

# 参考文献

[1]胡致杰.大学计算机基础教程[M].成都:电子科技大学出版社,2020.

[2]郭金兰.计算机应用技术教程[M].西安:西安交通大学出版社,2016.

[3]教育部考试中心.全国计算机等级考试一级教程——计算机基础及 MS Office 应用(2021 年版)[M].北京:高等教育出版社,2021.

[4]教育部考试中心.全国计算机等级考试一级教程——计算机基础及 MS Office 应用上机指导(2021 年版)[M].北京:高等教育出版社,2020.

[5]陈侃.大学信息技术基础实训教程[M].北京:中国铁道出版社,2019.

[6]王艳玲.大学计算机基础案例教程[M].北京:中国铁道出版社,2019.

[7]李可,王庆宇.办公自动化技术[M].北京:人民邮电出版社,2019.

[8]刘志成.大学计算机基础上机指导与习题集[M].北京:人民邮电出版社,2016.